A TERRA É EXCEPCIONAL?
A busca por vida no cosmos

MARIO LIVIO
JACK SZOSTAK

A TERRA É EXCEPCIONAL?

A busca por vida no cosmos

Tradução
Marina Vargas

Revisão técnica
Gilberto Stam

1ª edição

EDITORA RECORD
RIO DE JANEIRO • SÃO PAULO
2025

CIP-BRASIL. CATALOGAÇÃO NA PUBLICAÇÃO
SINDICATO NACIONAL DOS EDITORES DE LIVROS, RJ

L762t

Livio, Mario
    A terra é excepcional? : a busca por vida no cosmos / Mario Livio, Jack Szostak ; tradução Marina Vargas. - 1. ed. - Rio de Janeiro : Record, 2025

    Tradução de: Is Earth exceptional? : the quest for cosmic life
    ISBN 978-85-01-92381-3

    1. Exobiologia. 2. Vida em outros planetas. 3. Vida - Origem. 4. Evolução (Biologia). 5. Terra (Planeta) - Origem. I. Szostak, Jack. II. Vargas, Marina. III. Título.

24-95625

CDD: 576.83
CDU: 573.5

Meri Gleice Rodrigues de Souza - Bibliotecária - CRB-7/6439

Copyright © Mario Livio e Jack Szostak, 2024

Título original em inglês: Is Earth exceptional?: the quest for cosmic life

Todos os direitos reservados. Proibida a reprodução, armazenamento ou transmissão de partes deste livro, através de quaisquer meios, sem prévia autorização por escrito.

Texto revisado segundo o Acordo Ortográfico da Língua Portuguesa de 1990.

Direitos exclusivos de publicação em língua portuguesa para o Brasil adquiridos pela
EDITORA RECORD LTDA.
Rua Argentina, 171 – 20921-380 – Rio de Janeiro, RJ – Tel.: (21) 2585-2000, que se reserva a propriedade literária desta tradução.

Impresso no Brasil

ISBN 978-85-01-92381-3

Seja um leitor preferencial Record.
Cadastre-se em www.record.com.br
e receba informações sobre nossos
lançamentos e nossas promoções.

Atendimento e venda direta ao leitor:
sac@record.com.br

Sumário

1. Um acidente químico insólito ou um imperativo cósmico? ... 7
2. A origem da vida: O Mundo de RNA ... 33
3. A origem da vida: Da química à biologia ... 49
   Apêndice: Estruturas e reações químicas ... 79
4. A origem da vida: Aminoácidos e peptídeos ... 85
5. A origem da vida: O caminho até a protocélula ... 95
6. Unindo tudo: Da astrofísica e da geologia à química e biologia ... 133
7. Existe vida extraterrestre em outros planetas do sistema solar? ... 155
8. Existe vida extraterrestre nas luas do sistema solar? ... 183
9. Vida no cosmos: A busca astronômica ... 205
10. A vida como ela é (ou não é): A concepção de formas de vida naturais e não naturais ... 239
11. À procura de inteligência: Considerações preliminares ... 251
12. À procura de inteligência: As buscas ... 277
13. Epílogo: Uma descoberta iminente? ... 291

Agradecimentos ... 307
Leitura complementar ... 309
Índice ... 333

1. Um acidente químico insólito ou um imperativo cósmico?

É tão grande quanto a vida e duas vezes mais natural!
Lewis Carroll, *Alice através do espelho*

Na vida cotidiana, estamos acostumados ao fato de que a direção da nossa "seta do tempo" psicológica nos permite examinar, estudar, refletir e recordar eventos passados. Da mesma forma, estamos cientes de que não podemos nos lembrar do futuro. Podemos, na melhor das hipóteses, tentar prever, especular, sobre ele ou visualizá-lo em nossa imaginação. Como o poeta Khalil Gibran escreveu de maneira expressiva: "Porque a vida não anda para trás nem se detém no dia de ontem."

De forma um tanto paradoxal, quando se trata do fenômeno da vida biológica na Terra, temos certeza de como a Mãe Natureza um dia vai acabar com ela em um futuro distante, mas não sabemos como exatamente ela começou. A extinção natural (não causada pelas ações autodestrutivas de nossa espécie atualmente dominante) da vida como a conhecemos será ditada por processos astrofísicos e atmosféricos relativamente bem compreendidos e previsíveis (a menos que imprevistos cósmicos, como o impacto de um asteroide ou uma explosão de raios gama nas proximidades, provoquem um fim prematuro).

Sabemos, por exemplo, que em aproximadamente 5 bilhões de anos, quando nosso Sol se expandir enormemente para se tornar uma estrela gigante vermelha, a Terra vai ser tomada por chamas e pode até ser engolida pelo envelope circunstelar em expansão desse mesmo Sol. A vida multicelular complexa será extinta muito antes, daqui a cerca de 1 bilhão de anos, à medida que a biosfera da Terra se deteriorar perigosamente devido ao aumento das temperaturas associado aos estágios finais da evolução do Sol.

A *origem* da vida, por outro lado, ainda permanece envolta em mistério. Embora tenha havido enorme progresso na compreensão dos componentes básicos da biologia, ainda não sabemos exatamente o que deu início à vida de maneira espontânea ou como as primeiras células de repente passaram a existir. Como diz o químico britânico John Sutherland, tudo o que podemos afirmar sobre esse momento crucial em que a química deu origem à biologia é que a vida surgiu "do nada". De forma espirituosa, Sutherland também estava se referindo ao "azul"* associado ao cianeto, que, como veremos, desempenhou um papel essencial na origem da vida.

Intimamente relacionada ao enigma da origem da vida está outra questão, que intriga a humanidade pelo menos desde a época dos pitagóricos da Grécia antiga: estamos sozinhos no universo? Ou, de forma mais moderna e um pouco mais prática: nossa galáxia está tão habitada quanto muitas obras de ficção científica nos fazem acreditar? Em outras palavras, gostaríamos de saber se a humanidade está finalmente prestes a acabar com a solidão de sua jornada pela Via Láctea.

Embora um de nós seja astrofísico e o outro químico-biólogo, nós dois sempre fomos fascinados por esses enigmas cósmicos durante a nossa trajetória como cientistas. Essas questões nos intrigam, é verdade, mas por um bom tempo não pudemos fazer muito além de especular, porque até bem recentemente essas dúvidas eram consideradas muito complexas, impossíveis de solucionar em nosso tempo de vida, talvez até mesmo à margem da ciência. Elas tendiam a ser relegadas à categoria "difícil demais".

---

* A expressão em inglês para "do nada" ou "de maneira inesperada" é *"out of the blue"*, usada inicialmente em referência à improbabilidade de um raio surgir em um céu azul (*a bolt out of the blue sky*). [N. da T.]

UM ACIDENTE QUÍMICO INSÓLITO OU UM IMPERATIVO CÓSMICO?

A situação mudou drasticamente nas últimas três décadas. As tentativas de responder a estas exatas perguntas — Como começou a vida na Terra? Estamos sozinhos na Via Láctea? — tornaram-se duas das fronteiras mais vibrantes e dinâmicas da investigação científica.

Notavelmente, as respostas para essas questões dependem de uma terceira pergunta, que é relativamente simples de formular, certamente bem definida e, sem dúvida, possível de responder (pelo menos em princípio): *qual é a probabilidade de surgir vida na superfície de um planeta potencialmente habitável?*

Essa última questão está sendo abordada por duas linhas de pesquisa completamente distintas e, em grande parte, independentes. Em primeiro lugar, os estudos laboratoriais atuais têm como objetivo determinar se a biologia pode, de fato, emergir da química pura. Em segundo, grande parte da astronomia tem se dedicado à busca de sinais inequívocos de vida em outros planetas ou luas (seja no sistema solar ou em torno de outras estrelas). Ambas as abordagens atraem grande interesse atualmente e são objeto de esforços entusiasmados de comunidades de cientistas dedicados. Na verdade, a busca por vida em planetas ao redor de outras estrelas que não o Sol — os planetas extrassolares — é agora um objetivo consensual da comunidade astronômica nos Estados Unidos, conforme descrito em um relatório divulgado em novembro de 2021 pelas Academias Nacionais de Ciências, Engenharia e Medicina. Nós, os autores, participamos humildemente (cada um em sua própria disciplina) dessas buscas.

Um dos pontos principais que buscamos destacar neste livro é que a investigação sobre a origem da vida na Terra e a busca por vida extraterrestre são duas aspirações científicas com uma relação simbiótica poderosa. O sucesso em uma delas forneceria uma pista extremamente encorajadora e forte motivação para a outra. A razão é simples: se conseguirmos encontrar um caminho para a vida a partir da química no laboratório, significa que há uma boa chance de a natureza, com seu vasto arsenal de diversos ambientes e eras ao seu dispor, ter feito o mesmo, talvez até em lugares distintos do cosmos, incluindo a galáxia em que está o nosso planeta, a Via Láctea. Além disso, se conseguirmos compreender de forma profunda uma sequência convincente de eventos, processos e condições ambientais que possam ter estado envolvidos na origem da vida na Terra, poderemos avaliar muito melhor a probabilidade ou improbabilidade de a vida surgir espontaneamente em outros planetas ou luas. Esses insights poderiam, portanto, orientar nossa busca por vida alienígena.

Por outro lado, se descobríssemos, por meio de observações astronômicas, que a vida extraterrestre é relativamente comum, isso reforçaria de forma significativa nossa convicção de que existe um caminho geoquímico inevitável para a vida. Essa certeza, por sua vez, motivaria fortemente os esforços para descobrir as condições iniciais corretas, as substâncias originárias, as fontes de energia necessárias e a rede de reações químicas que poderiam servir como pré-requisitos para o surgimento da vida. De forma ainda mais abrangente, análises minuciosas dos problemas envolvidos tanto na origem da vida quanto na busca por vida extraterrestre oferecem uma oportunidade única de explorar uma ampla gama de campos e disciplinas, desde a astronomia e a geologia até a química e a biologia.

Há outro ponto importante a considerar. Sabemos que, em muitos domínios e circunstâncias, pode-se aplicar o chamado princípio zero-um-infinito (ZOI). Ou seja, uma entidade deve ser totalmente proibida, tão rara que apenas um exemplar deve ser permitido ou tão comum que um número muito grande de exemplares deve ser esperado. Se alguma forma de vida alienígena, totalmente independente da vida na Terra, fosse prontamente descoberta (o que tem sido chamado de *segunda gênese*), isso implicaria (aplicando o ZOI) que é razoável presumir que existem virtualmente infinitos exemplos de vida no universo.

Este livro conta a história desses dois esforços fascinantes e paralelos: um com o objetivo explícito de descobrir, em laboratório, um caminho da química para a vida e o outro com o objetivo de encontrar vida extraterrestre. Essas buscas cooperam de maneira implícita, competem de tempos em tempos (para ver quem alcançará primeiro seu objetivo), mas são sempre fascinantes e se complementam em seu entusiasmo por resolver enigmas fundamentais para nossa existência como seres humanos: de onde viemos? Por que estamos aqui? Estamos sozinhos? Em outras palavras, correndo o risco de soarmos um pouco escandalosos, o desejo final dessas buscas é literalmente entender nossas origens e nosso lugar neste cosmos vasto, antigo e intrincado.

Vida: que grande conceito

Embora as perguntas "Como a vida começou?" e "Existe vida extraterrestre?" tenham fascinado a humanidade desde tempos remotos, durante a maior parte da história registrada, quase todos acreditavam que a resposta para a primeira pergunta era simples: "Deus a criou." Na verdade, até o início do século XIX, até mesmo os cientistas estavam convencidos de que os seres vivos tinham de ser dotados de um "vitalismo" quase místico que os diferenciava da matéria inanimada. A segunda pergunta, por outro lado, gerou um debate, com especulações desvairadas que remontam a milênios, tanto a favor quanto contra a ideia de uma "pluralidade de mundos habitados". Por exemplo, já no século I a.C., o poeta epicurista romano Tito Lucrécio Caro escreveu:

> *Por que então não admitir*
> *Que outros mundos existam em outras regiões do céu,*
> *E diferentes tribos de homens, espécies de animais selvagens?*

Um marco óbvio nessa disputa teórica foi o modelo heliocêntrico de Copérnico, uma vez que ele forneceu não apenas uma perspectiva inteiramente nova sobre a importância da Terra no grande esquema cósmico, mas também um quadro realista no qual a existência de outros mundos semelhantes à Terra tornou-se, no mínimo, imaginável. Expandindo esses conceitos copernicanos, até então inéditos, o frade dominicano e filósofo italiano Giordano Bruno elaborou a famosa conjectura, no final do século XVI, de que "no espaço, há inúmeras constelações, sóis e planetas; vemos apenas os sóis porque eles emitem luz; os planetas permanecem invisíveis, pois são pequenos e escuros. Há também incontáveis terras orbitando em torno de seus sóis, nem piores nem menos importantes do que o nosso globo". A imaginação perspicaz de Bruno antecipou a ciência moderna e o levou ainda mais longe, concluindo que: "Nenhuma mente razoável é capaz de supor que corpos celestes que podem ser muito mais grandiosos do que o nosso não abriguem criaturas semelhantes, ou até superiores, às que habitam nossa Terra humana." Tragicamente, como resultado da tenacidade com que defendeu outras ideias éticas e teológicas não ortodoxas, à época consideradas heréticas, Bruno foi queimado na fogueira pela Inquisição romana em 17 de fevereiro de 1600.

No século XVII, outros começaram a fazer afirmações relacionadas ao pluralismo cósmico. Cientistas proeminentes, como os astrônomos Johannes Kepler e Christiaan Huygens, e outros intelectuais influentes, como o divulgador científico francês Bernard Le Bovier de Fontenelle, não hesitaram em defender a existência de seres extraterrestres. Depois que Galileu Galilei descobriu quatro luas orbitando Júpiter, Kepler rapidamente deduziu: "A conclusão é bastante clara. Nossa Lua existe para nós na Terra, não para outros globos. Aquelas quatro pequenas luas existem para Júpiter, não para nós. Cada planeta, por sua vez, juntamente com seus habitantes, é orbitado por seus próprios satélites. A partir dessa linha de raciocínio, deduzimos, com o mais alto grau de probabilidade, que Júpiter é habitado." O próprio Galileu, por outro lado, era mais descrente quanto à pluralidade de mundos habitados, observando com cautela: "De minha parte, não devo nem afirmar nem negar [a vida em outros planetas], mas deixar a decisão para homens mais sábios do que eu."

Em concomitância com as vozes que adotavam a posição do pluralismo cósmico, havia negações tão veementes quanto as afirmações sobre a existência de vida extraterrestre. As visões opostas surgiram principalmente devido ao fato de que a mera ideia da existência de habitantes em

UM ACIDENTE QUÍMICO INSÓLITO OU UM IMPERATIVO CÓSMICO?

outros planetas trazia implicações potencialmente perturbadoras para certas doutrinas da Igreja Católica. Os opositores levantaram questões eclesiásticas como: "Se de fato houvesse pessoas em outros mundos, elas também seriam descendentes de Adão e Eva?" Ou: "Jesus Cristo também seria seu Salvador?"

Dada a grande influência das ideias religiosas ao longo de grande parte da história humana, não surpreende que tanto a crença no "vitalismo" quanto a noção de que a vida deve permear o cosmos tenham se baseado inicialmente mais em argumentos teológicos do que em argumentos científicos. O vitalismo se inspirava em grande medida em uma interpretação literal do texto bíblico: "E formou o Senhor Deus o homem do pó da terra, e soprou em suas narinas o *fôlego da vida* [ênfase nossa]; e o homem foi feito alma vivente." Aristóteles também insistia que uma alma é "a realidade de um corpo que tem vida". Ainda com base em crenças religiosas, alguns pensadores do século XIX defendiam a existência de mundos extraterrestres habitados, pois, caso contrário, a vastidão do espaço seria um grande desperdício dos esforços do Criador.

No século XX, filósofos e cientistas, quando se punham a filosofar, empreenderam várias tentativas de *definir* a vida. Até mesmo Erwin Schrödinger, um dos fundadores da mecânica quântica, publicou em 1944 um pequeno livro intitulado *O que é vida?*, que gerou entusiasmo por descobrir as bases químicas da hereditariedade. De modo geral, porém, os esforços para definir a vida resultaram em quase tantas definições quanto definidores. O biofísico molecular Edward Trifonov reuniu 123 definições de diversos pesquisadores e, após analisar seu vocabulário, chegou em 2011 ao que ele considerava a definição condensada e consensual: "A vida é autorreprodução com variações." Uma definição anterior, que, como a maioria das outras, gerou um debate considerável, foi adotada pela divisão de astrobiologia da Nasa: "A vida é um sistema químico autossustentável capaz de evolução darwiniana." O que nos interessa, no entanto, não é uma definição universal de vida.

Acreditamos que, de modo geral, a discussão "O que é vida?" não tem sido particularmente proveitosa para ajudar a compreender a origem da vida. Também está mergulhada na confusão que surge quando se usa uma palavra para englobar fenômenos distintos. Em vez disso, acreditamos que o que realmente importa é identificar um caminho pelo qual a biologia possa surgir das condições de um planeta jovem. O desafio de desvendar essa rota obscura é amplificado pelo fato de que, até o momento, conhecemos apenas um exemplo de vida em todo o universo: a vida na Terra. A vida em outros lugares pode, em princípio, assumir formas que não reconheceríamos ou talvez nem sejamos capazes de conceber.

Para avançar, os biólogos identificaram alguns elementos essenciais que parecem necessários para a vida, além de um pequeno número de atributos que caracterizam (e são cruciais para) pelo menos todas as formas de vida na Terra. Os ingredientes indispensáveis são: (1) uma fonte de *energia* para alimentar as reações metabólicas, (2) um *solvente líquido* que possa facilitar essas (e outras) reações e (3) *nutrientes* necessários para produzir biomassa.

Já as propriedades que caracterizam a vida na Terra são as seguintes: (i) a vida é composta de *células*, (ii) ela pode realizar o *metabolismo* (ou seja, obter energia e substâncias do ambiente e usá-las para crescer e se reproduzir), (iii) utiliza *catalisadores* para auxiliar e acelerar as reações químicas e (iv) contém um sistema *informacional*. Essa última propriedade significa que a vida pode reproduzir suas próprias características e submeter-se à evolução darwiniana — ela tem as instruções químicas para as operações e informações que podem ser transmitidas de uma geração para a próxima. Em resumo, a vida *como a conhecemos* precisa, de alguma forma, integrar de forma harmoniosa os quatro subsistemas de compartimentalização (células), metabolismo, catálise e genética.

Embora todos os pesquisadores da origem da vida concordem que essas características são compartilhadas por todos os seres vivos da Terra, durante várias décadas esses mesmos pesquisadores discordaram, e até discutiram vigorosamente, a respeito de uma dessas propriedades ser a mais fundamental e, em caso afirmativo, qual seria. Especificamente, qual característica teve que aparecer primeiro na Terra para permitir o surgimento da vida? Como veremos em breve, essa confusão específica parece ter sido resolvida nas últimas duas décadas, de uma maneira um tanto inesperada.

O Livro da Vida

Na peça *Uma mulher sem importância*, de Oscar Wilde, lorde Illingworth declara: "O Livro da Vida começa com um homem e uma mulher em um jardim." Ao que a sra. Allonby responde espirituosamente: "E termina com o Apocalipse."

Apesar do forte apego religioso e emocional à ideia de que a vida deveria conter algum tipo de misticismo ou intervenção divina, as opiniões começaram a mudar no início do século XIX. Um passo importante no sentido de libertar a vida da necessidade de uma "força vital" que estivesse além da compreensão da ciência foi dado em 1828, quando o químico alemão Friedrich Wöhler conseguiu sintetizar acidentalmente a ureia — uma substância encontrada na urina, que até então se pensava ser exclusiva dos organismos vivos — a partir de substâncias químicas comuns. Maravilhado com seu sucesso em imitar a natureza no laboratório, Wöhler escreveu em êxtase para seu professor e colaborador, o químico Jöns Jacob Berzelius: "Não consigo mais, digamos assim, controlar meus impulsos químicos e preciso lhe contar que sou capaz de produzir ureia sem precisar de um rim, seja de homem ou de cachorro; o sal de amônio do ácido ciânico é ureia."

O salto dramático correspondente na compreensão da biologia veio com a teoria da evolução por meio da seleção natural de Charles Darwin. Embora a teoria de Darwin se esquivasse completamente da questão da origem da vida, não dizendo absolutamente nada sobre como os primeiros organismos surgiram, em 1871 Darwin refletiu em uma carta a seu amigo Joseph Dalton Hooker sobre como a vida na Terra poderia ter iniciado. Ele escreveu o famoso trecho: "Se (e, ah, trata-se de um grande 'se') pudéssemos conceber, em um pequeno lago morno com todo tipo de sais de amônia e fósforo, luz, calor, eletricidade etc. presentes, que um composto proteico fosse quimicamente formado, pronto para sofrer alterações ainda mais complexas, nos dias de hoje tal composto seria instantaneamente devorado ou absorvido, o que não teria sido o caso no período que antecedeu a formação dos seres vivos!"

A especulação premonitória de Darwin é notável por pelo menos cinco motivos. Primeiro, elimina completamente a necessidade de qualquer intervenção sobrenatural na origem da vida. Segundo, sugere que a vida pode ter se originado em um "pequeno lago morno", uma visão que, como veremos, é surpreendentemente compatível com nosso pensamento atual. Terceiro, identifica a amônia e os fosfatos (compostos que contêm nitrogênio e fósforo) como substâncias potencialmente necessárias para a vida, mais uma vez, uma clarividência incrível. Quarto, propõe que algum tipo de "composto proteico" pode ter desempenhado um papel na química que levou à vida. E quinto, para evitar a impressão de que organismos vivos podem surgir repetidamente, Darwin aponta que as condições sob as quais as primeiras formas de vida surgiram não existem mais hoje.

Essa ideia — de que a vida nada mais é do que uma combinação de sistemas químicos altamente sofisticados — foi de início abominada por muitos. A vida, como proclamavam esses céticos, é arquitetada de maneira engenhosa demais para ter simplesmente surgido por uma sequência de processos acidentais, obedecendo apenas às leis da física e da química. Consequentemente, mesmo muitos daqueles que em princípio estavam dispostos a aceitar uma origem química para a vida ainda acreditavam que deveria ter sido necessário um acontecimento incrivelmente raro para reunir ao mesmo tempo todos os componentes das primeiras células vivas.

UM ACIDENTE QUÍMICO INSÓLITO OU UM IMPERATIVO CÓSMICO?

A ideia de criar complexidade de uma só vez a partir de uma mistura caótica de componentes básicos foi ainda mais motivada pela complexidade impressionante de toda a vida celular existente na Terra hoje. O aspecto mais intrigante dessa convolução é que todas as partes e os processos da vida hoje dependem de todas as outras partes e processos de maneira circular. Por exemplo, é necessário um metabolismo complexo para produzir as substâncias bioquímicas indispensáveis para a montagem das enzimas proteicas essenciais para catalisar as reações... do próprio metabolismo! Da mesma forma, as moléculas de ácidos nucleicos, DNA e RNA, são fundamentais para codificar as informações que especificam a montagem das proteínas — as moléculas de trabalho da vida — que, por sua vez, são necessárias para produzir... sim, isso mesmo, DNA e RNA.

Para tornar as coisas ainda mais intrincadas, todas essas moléculas precisam de membranas celulares que mantenham todos os componentes moleculares reunidos para que possam cumprir suas funções. Mas as membranas celulares são feitas de compostos gordurosos conhecidos como lipídios, que são sintetizados por enzimas proteicas. Esse tipo de atividade autorreferencial ou recursiva (que lembra um famoso desenho do artista gráfico M. C. Escher, no qual duas mãos desenham uma à outra) está enraizado tão profundamente na estrutura dos organismos vivos modernos que, por muitos anos, parecia que algum acontecimento milagroso teria sido necessário para fazer a ponte entre uma mistura aleatória de substâncias químicas e a estrutura altamente organizada de uma célula viva. Ainda em 1981, Francis Crick, o codescobridor da estrutura de dupla hélice do DNA, enfatizou que "um homem honesto, munido de todo o conhecimento disponível para nós agora, só poderia afirmar que, de certo modo, a origem da vida parece, no momento, quase um milagre, tantas são as condições que teriam que ter sido satisfeitas para que ela surgisse".

Não é preciso dizer que a ideia de que o surgimento da vida na Terra poderia ter sido um acidente químico extraordinário gerou um pessimismo profundo em relação às chances de encontrar vida em outros planetas. Afinal, a origem da vida é o passo crucial que marca a transição de um lugar extraterrestre meramente "habitável" para um habitado. Como resultado, pouquíssimos astrônomos ousavam, na década de 1950 e até mesmo no início da de 1960, professar a crença na existência de vida extraterrestre em geral, e de vida extraterrestre inteligente em particular.

As coisas começaram a se mover na direção oposta no fim da década de 1960, primeiro no campo da química e da biologia. Ainda assim, a superação das barreiras conceituais, erguidas pela convicção de que o surgimento da vida a partir da química era quase inconcebível, exigiu duas descobertas premiadas com o Nobel, bem como uma reviravolta completa em nossa maneira de pensar sobre a origem da vida.

A primeira descoberta envolveu a determinação da estrutura de uma molécula de RNA específica, o chamado RNA transportador, ou tRNA, que é parte do mecanismo de síntese de proteínas. A complexa figura tridimensional formada pela fita desse ácido nucleico foi um choque para a comunidade científica. Bem diferente do DNA, com sua dupla hélice relativamente desinteressante e um tanto rígida e repetitiva, descobriu-se que o RNA é uma molécula de fita única, intrincadamente dobrada, quase como uma proteína. Robert Holley, químico da Universidade Cornell, o primeiro pesquisador a decifrar a sequência e a estrutura química bidimensional do tRNA, recebeu o Prêmio Nobel de Fisiologia ou Medicina em 1968, junto com Har Gobind Khorana, da Universidade de Wisconsin, e Marshall Nirenberg, do National Institutes of Health. Pouco depois, Aaron Klug, do Medical Research Council, em Cambridge, e Alexander Rich, do MIT, estabeleceram a surpreendente arquitetura tridimensional dobrada do RNA.

Alguns cientistas, incluindo o próprio Francis Crick e o químico britânico Leslie Orgel, perceberam de imediato as potenciais implicações dessa estrutura impressionante — isso significava que o RNA poderia atuar como uma enzima, um catalisador biológico, assim como as proteínas. Orgel, então, teve a ideia revolucionária de que a vida primitiva na Terra devia ter prescindido do DNA e das proteínas. Ele sugeriu que, em vez disso, a vida começou apenas com o RNA! Foi uma especulação ousada para a época, e a ideia de que o RNA poderia *tanto* transportar informações em sua sequência *quanto* acelerar as reações químicas (algo que até então a biologia considerava território exclusivo das enzimas proteicas) foi muito difícil de digerir para a maioria dos pesquisadores.

Somente vinte anos mais tarde, em outra impressionante proeza premiada com um Nobel, as enzimas de RNA foram de fato descobertas pelo químico Thomas Cech e pelo biólogo molecular Sidney Altman. Esse foi o passo que revolucionou completamente o pensamento sobre a origem da vida. Isso significava que, em tese, o RNA poderia atuar como uma enzima para catalisar até mesmo *sua própria replicação*, resolvendo assim o espinhoso dilema "O que veio primeiro, o ovo ou a galinha?". De repente, tornou-se possível imaginar uma célula primitiva muito mais simples do que qualquer célula existente nos dias atuais. Nessa "protocélula" hipotética, as moléculas de RNA desempenhavam um papel duplo, tanto como portadoras de informações genéticas quanto como enzimas celulares, executando as funções básicas da célula. Entre essas funções estava, sobretudo, a replicação das informações genéticas. Nesse novo cenário, o DNA e as proteínas poderiam ser vistos como "invenções" posteriores da evolução, projetados especificamente para as tarefas de armazenar informações e catalisar reações químicas, respectivamente. A concepção tentadora de uma época mais simples na história da vida, em que o RNA, sozinho, desempenhava ao mesmo tempo todos os papéis fundamentais no elenco dos principais atores celulares — sendo tanto a "galinha" quanto o "ovo" —, ficou conhecida como o *Mundo de RNA*.

No âmbito da astronomia, o progresso foi um pouco mais lento de início, então as coisas começaram a avançar a uma velocidade vertiginosa. Especificamente, em 6 de outubro de 1995, os astrônomos Michel Mayor e Didier Queloz, da Universidade de Genebra, anunciaram a primeira detecção definitiva de um planeta orbitando uma estrela semelhante ao

Sol fora do sistema solar. Não surpreende que tenham compartilhado o Prêmio Nobel de Física de 2019 por sua descoberta revolucionária.

Uma abundância de mundos com vida?

Seria correto dizer que, com relação à questão da pluralidade de mundos habitados, hoje estamos muito mais próximos de uma resposta do que trinta anos atrás, mas a questão permanece em aberto.

Até o segundo semestre de 2023, os astrônomos haviam descoberto mais de 5.500 planetas extrassolares (*exoplanetas*) confirmados em mais de 4.100 sistemas planetários. Mais de 930 desses sistemas possuem mais de um planeta. Além disso, havia mais de 7.400 candidatos a planetas extrassolares, descobertos sobretudo pelo telescópio espacial Kepler e pelo Transiting Exoplanet Survey Satellite (TESS), aguardando confirmação definitiva. Você consegue imaginar a dimensão disso? Em apenas cerca de trinta anos, a astronomia passou de um estágio em que não se conhecia um único planeta orbitando uma estrela além do Sol para uma mina de ouro de milhares e milhares deles! A implicação estatística imediata é que nossa galáxia, a Via Láctea, está repleta de planetas.

Ainda mais empolgante do que isso, astrofísicos agora estimam que na Via Láctea pelo menos uma em cada cinco estrelas semelhantes ao Sol, ou menores do que ele, tenha um planeta mais ou menos do tamanho da Terra, na chamada *zona habitável* da estrela (e a taxa de ocorrência pode chegar a uma em cada três estrelas ou mais). A zona habitável circunstelar é aquela faixa favorável de distâncias em forma de anel em torno de uma estrela hospedeira, na qual a temperatura da superfície de um planeta em órbita semelhante à da Terra não é nem muito quente, nem muito fria, mas "ideal" para que água líquida (e potencialmente vida) possa existir de forma estável. Geralmente, uma vez que a órbita de um exoplaneta do tamanho da Terra e as propriedades da estrela hospedeira (como temperatura da superfície, luminosidade e massa) são conhecidas, os limites da zona habitável podem pelo menos ser estimados, supondo-se uma composição para a atmosfera do planeta. Em geral, considera-se que as atmosferas contenham principalmente uma combinação de nitrogênio, dióxido de carbono e vapor d'água, sendo que os dois últimos componentes devem atuar como gases do efeito estufa. Embora outros fatores — como a massa e a composição atmosférica, as forças geológicas e geoquímicas, a taxa de rotação do planeta, a presença de nutrientes, a disponibilidade de uma fonte de energia, a proteção contra radiação nociva e, certamente, o tipo e a estabilidade da própria estrela hospedeira — sejam importantes para determinar se um planeta é de fato "habitável", estudos sugerem que, em teoria, poderia haver centenas de milhões, talvez até alguns bilhões, de planetas habitáveis na Via Láctea.

Essas descobertas astronômicas impressionantes, junto com as novas e promissoras constatações químico-biológicas, deram um enorme impulso tanto à busca por vida extraterrestre, quanto às tentativas de criar vida por meio da química em laboratório. Quando esses avanços científicos são combinados com as descobertas geológicas já existentes sobre a Terra, pode-se concluir de forma prematura que a vida (de alguma forma) pode ser onipresente. De maneira significativa, geólogos demonstraram que a vida na Terra já era abundante havia algo entre 3,5 e 3,7 bilhões de anos — "apenas" algumas centenas de milhões de anos depois de a superfície da Terra ter esfriado o suficiente para permitir a existência de água líquida. Não deveríamos nos surpreender, portanto, com o fato de muitos terem contraído o otimismo contagiante do falecido astrônomo Carl Sagan, historicamente talvez o mais apaixonado e eficaz defensor da busca por vida fora da Terra. Certa vez, Sagan declarou de maneira otimista: "A origem da vida deve ser um acontecimento altamente provável; assim que as condições permitem, ela surge!" Vários biólogos concordaram na época. Christian de Duve, ganhador do Prêmio Nobel de Fisiologia ou Medicina, foi ainda mais longe ao declarar que o surgimento da vida no universo era "um imperativo cósmico".

A verdade é que não podemos ter certeza. Ainda há muitas perguntas sem resposta e sérias incertezas em todos os níveis. Por exemplo, nas últimas décadas, os biólogos têm discutido sobre qual das características cruciais da vida — o fato de ser composta por células, o metabolismo, a catálise ou a genética — surgiu primeiro. Talvez de forma previsível, os cientistas se dividiram em quatro campos principais. Havia o grupo do "metabolismo primeiro", cujos membros afirmavam que a capacidade de aproveitar recursos do ambiente para manter o organismo vivo foi a primeira e mais importante habilidade a se desenvolver. Um segundo grupo defendia a genética ou a "replicação primeiro" — a capacidade de gerar descendentes —, sem dúvida uma pedra angular da evolução por meio da seleção natural. Um terceiro grupo argumentava que era difícil imaginar a genética e o metabolismo sem agentes que pudessem facilitar e acelerar as reações químicas e, portanto, apoiava a "catálise primeiro", ou seja, que as enzimas proteicas deveriam ser um pré-requisito para o surgimento da vida. Por fim, havia o grupo da "compartimentalização primeiro" — aqueles que insistiam que a vida não poderia nem ter começado sem que houvesse algum tipo de compartimento minúsculo, uma célula primitiva, uma protocélula, para manter todos os principais agentes moleculares unidos e separá-los do ambiente circundante. Com o passar dos anos, os membros de cada um desses grupos se tornaram tão fervorosamente comprometidos com sua escolha e tão inabaláveis em suas opiniões que, em congressos científicos sobre a origem da vida, não era incomum que repórteres de ciência presentes ouvissem um cientista de um dos grupos criticando — sem nenhum pudor — as ideias de todos os outros. A ciência estava quase imitando a política.

Bem, esse problema específico parece ter sido resolvido. Surpreendentemente, as descobertas mais recentes das pesquisas sobre a origem da vida tendem a sugerir que toda a perspectiva sobre essa questão nas últimas quatro décadas pode ter estado equivocada. O debate sobre "o que veio primeiro" originou-se do fato de que o cenário predominante presumia que seria necessário encontrar uma maneira de construir as primeiras células, uma peça por vez, com cada componente abrindo caminho para o próximo. Isso mudou radicalmente nos últimos anos.

UM ACIDENTE QUÍMICO INSÓLITO OU UM IMPERATIVO CÓSMICO?

Correntes de pensamento atuais sugerem que seria possível criar os *componentes básicos* dos subsistemas todos de uma só vez. Pesquisadores conseguiram demonstrar que alguns compostos simples, que estavam prontamente disponíveis na Terra primitiva, poderiam desencadear uma rede de reações químicas (a ser descrita em detalhes nos próximos cinco capítulos) que poderiam ter produzido — essencialmente de forma simultânea — ácidos nucleicos (o núcleo das moléculas genéticas), aminoácidos (as moléculas a partir das quais as proteínas são feitas) e lipídios (os componentes das paredes celulares). Em outras palavras, experimentos no laboratório do próprio Jack Szostak, estudos pioneiros no laboratório do químico John Sutherland e pesquisas de muitos de seus colegas sugerem que, apesar de serem entidades muito complexas e precisas, as primeiras células podem ter surgido a partir de uma coleção relativamente pequena apenas dos *componentes básicos* certos. Dessa forma, o que os pesquisadores estão tentando realizar agora é mais ambicioso.

Em vez de examinar separadamente os componentes individuais, eles buscam traçar um esboço completo e unificado, ou seja, um cenário que integre com sucesso todos os dados existentes de experimentos laboratoriais com *química prebiótica* (a química que precedeu a vida e por meio da qual os componentes básicos da vida podem ter sido sintetizados) com observações da astrofísica, da geologia e da ciência atmosférica, a fim de mapear um caminho robusto para a vida. Nesse sentido, a futura exploração geoquímica direta de Marte (que será possibilitada pelo retorno de amostras de Marte à Terra) pode oferecer novas oportunidades empolgantes. Suas descobertas podem representar um salto na compreensão das origens da vida, permitindo que tenhamos acesso a um ambiente primitivo, do tipo que foi apagado do registro geológico da Terra devido à reciclagem promovida pela dinâmica da crosta do nosso planeta.

É claro que nem as espetaculares descobertas astronômicas nem os resultados promissores obtidos até agora em laboratório trazem uma resposta definitiva à questão de saber se a vida é um acidente químico insólito ou um imperativo cósmico. Pode-se argumentar, com razão, que, na ausência de evidências diretas de uma rota química ininterrupta para a vida, não podemos ter certeza de que, mesmo com as condições favoráveis, o surgimento da vida seja inevitável. Da mesma forma, o fato de os astrônomos não terem encontrado (novamente, até agora) nenhum sinal convincente de vida extraterrestre nos deixa no escuro quanto às chances de tal vida existir. Não é possível calcular de forma confiável a probabilidade de um processo desconhecido ou de um fenômeno ainda não descoberto. O físico britânico Paul Davies é um dos cientistas que apontam corretamente que o fato de haver muitos planetas "habitáveis" na Via Láctea não significa necessariamente que um deles (além da Terra) seja realmente habitado. Ainda não sabemos qual é a probabilidade da vida começar, mesmo que a temperatura e a composição química de um planeta extrassolar sejam propícias. As condições biofílicas da Terra podem ter surgido completamente contra todas as probabilidades e a evolução de uma espécie inteligente pode ter sido um acaso ainda mais raro, em vez de um resultado genérico da evolução. A existência dos seres humanos, em particular, pode ter sido facilitada por uma série de contingências cósmicas. Por exemplo, os humanos talvez não tivessem surgido se não fosse pelo impacto inesperado de um asteroide, há cerca de 66 milhões de anos, que levou à extinção dos dinossauros.

Esse último ponto levanta uma questão que é, indiscutivelmente, tão intrigante quanto a probabilidade de existir vida extraterrestre. Será que existe alguma forma de vida complexa ou "inteligente" na Via Láctea? Na verdade, a aparente contradição entre a ausência de qualquer evidência da existência de vida inteligente até o momento e a expectativa de que já deveríamos ter visto algum sinal de civilização tecnológica (*tecnoassinaturas*) foi chamada de "Paradoxo de Fermi". Essa designação é baseada em um famoso incidente no qual o célebre físico Enrico Fermi perguntou a alguns colegas: "Onde está todo mundo?" Ele estava expressando seu espanto diante do fato de nenhum sinal da existência de outros seres inteligentes na Via Láctea jamais ter sido detectado. Fermi estimava que, de acordo com o que ele considerava um conjunto razoável de suposições,

UM ACIDENTE QUÍMICO INSÓLITO OU UM IMPERATIVO CÓSMICO?

uma civilização tecnológica avançada poderia ter alcançado todos os cantos da nossa galáxia em um tempo muito menor do que a idade do sistema solar. A ausência de detecção era, portanto, motivo de extrema perplexidade.

Embora muitas resoluções potenciais para o Paradoxo de Fermi tenham sido sugeridas ao longo dos anos, ainda não há consenso sobre qual delas está correta, se é que existe alguma. Poderíamos até concluir de maneira sensata que o simples fato de haver tantas explicações provisórias sugere, por si só, que nenhuma delas é de fato convincente. O mais importante, no entanto, é que o Paradoxo de Fermi levanta a possibilidade inquietante de que possa existir algum tipo de "grande filtro" — um gargalo — que torna o *surgimento, alguns estágios da evolução ou a sobrevivência em longo prazo* de civilizações inteligentes extremamente difíceis de atravessar. Esse conceito foi apresentado originalmente em 1996 pelo economista Robin Hanson, da Universidade George Mason. Se for verdade, isso pode ter implicações importantes até mesmo para a vida na Terra. O filtro, ou limiar de probabilidade, pode ter ficado no passado da nossa civilização e, nesse caso, podemos ser uma das poucas civilizações (ou talvez até mesmo a primeira!) a tê-lo superado com êxito, colocando uma enorme responsabilidade sobre nossos ombros. Mas o filtro também pode estar em nosso futuro e, assim sendo, a pandemia de covid-19 ou a atual crise climática representariam ensaios infantis comparadas ao futuro desafio descomunal de sobreviver com sucesso a esse filtro. Voltaremos a falar sobre o Paradoxo de Fermi e suas ramificações no Capítulo 11.

Esperamos que esta breve introdução demonstre que astrônomos, cientistas planetários, cientistas atmosféricos, geólogos, químicos e biólogos (uma grande comunidade que inclui nós dois, os autores) estão tentando resolver alguns quebra-cabeças desafiadores dos quais ainda não temos todas as peças. Mesmo com o enorme progresso científico que testemunhamos nas últimas décadas, ainda não sabemos se a vida é um acidente químico extremamente raro — caso em que poderíamos estar sozinhos em nossa galáxia — ou uma inevitabilidade química, o que nos tornaria potencialmente parte de um enorme conjunto galáctico. Cada uma dessas perspectivas tem profundas implicações científicas, filosóficas, práticas e até religiosas. Essas possibilidades podem até ditar o caminho que vamos seguir com relação a uma série de riscos existenciais prováveis, sejam eles autoimpostos pela humanidade ou de origem cósmica. De certa forma, a vida extraterrestre, ou a inexistência dela, pode funcionar como um espelho no qual podemos examinar e contemplar nossas conquistas, mas também nossas responsabilidades e limitações. Os alienígenas, se existirem, podem nos ajudar a identificar e definir o que exatamente significa ser humano.

Para resolver esses enigmas, precisamos tomar algumas medidas específicas. Há cerca de quatro séculos, Galileu foi um dos que nos forneceu um roteiro para o caminho que devemos seguir se quisermos decifrar o cosmos. A única forma de descobrir verdades sobre a natureza, segundo ele, é por meio da experimentação paciente e da observação meticulosa, que, por fim, podem levar a teorizações ponderadas. As teorias, por sua vez, precisam ser testadas por mais experimentos e observações. Essa é a base do chamado Método Científico — o processo empírico um tanto idealizado de aquisição de conhecimento. Como até Sherlock Holmes observou certa vez: "É um erro capital teorizar antes de obter dados. De maneira insensível, começa-se a distorcer os fatos para que se adaptem às teorias, em vez de adequar as teorias aos fatos." Precisamos continuar a realizar simultaneamente experimentos de laboratório voltados para encontrar um caminho químico para a vida (se houver) e observações astronômicas com o objetivo de detectar sinais de vida extraterrestre (mais uma vez, se não forem extremamente raros).

Os próprios experimentos laboratoriais envolvem dois grandes passos. Primeiro, os químicos precisam entender plenamente como os componentes básicos da biologia podem ter sido sintetizados em um planeta jovem. Depois, uma vez que as moléculas biológicas certas existam, os bioquímicos precisam descobrir como um conjunto dessas moléculas pode se organizar para começar a funcionar como uma célula viva. Essas revelações, por sua vez, podem informar geólogos, cientistas planetários, cientistas atmosféricos e astrônomos sobre como seriam os ambientes planetários necessários para permitir o surgimento da vida.

Como descreveremos em detalhes mais adiante no livro, dadas as dificuldades objetivas que a busca por vida em um universo incomensuravelmente vasto (ou mesmo apenas em nossa própria galáxia) envolve e a fim de aumentar as chances de sucesso, os astrônomos adotaram um plano de ataque em três frentes. Um primeiro esforço concentrado em procurar vida extraterrestre, passada ou presente, no sistema solar. Um segundo com o objetivo de buscar sinais de vida (*bioassinaturas*) na atmosfera de planetas extrassolares semelhantes à Terra que estejam na zona habitável de sua estrela hospedeira. E uma terceira empreitada empenhada em encontrar um atalho no processo de busca, tentando detectar assinaturas de uma civilização tecnológica inteligente. Eis uma breve descrição de apenas algumas das instalações astronômicas, existentes e futuras, dedicadas à procura de vida. Com o lançamento bem-sucedido do Telescópio Espacial James Webb (JWST) no Natal de 2021, e a identificação preliminar de planetas extrassolares que fossem alvos adequados para o JWST pelo Transiting Exoplanet Survey Satellite (TESS), os astrônomos tiveram a primeira chance de caracterizar (ou pelo menos detectar) a atmosfera de exoplanetas relativamente pequenos e rochosos, e de exoplanetas oceânicos um pouco maiores (sub-Netuno). O objetivo final dos pesquisadores é procurar gases que estejam muito fora do equilíbrio químico, de forma que não poderiam ter sido produzidos por processos puramente abióticos (não relacionados à vida). Como explicaremos no Capítulo 9, por exemplo, a descoberta de uma atmosfera muito rica em oxigênio sugeriria um potencial candidato a planeta habitável, já que sabemos que o oxigênio na atmosfera da Terra se originou quase que inteiramente de uma única fonte: *a vida*.

Outros projetos empolgantes também estão em andamento. O Extremely Large Telescope (ELT) europeu, um telescópio com 39 metros de diâmetro, está programado para entrar em operação em 2028. Esse telescópio, que será o maior olho óptico/infravermelho próximo voltado para o céu, tentará obter *imagens* de planetas extrassolares semelhantes à Terra. Da mesma forma, o Giant Magellan Telescope (GMT), um telescópio de 25 metros de diâmetro, está em construção no Observatório Las Campanas, no deserto do Atacama, no Chile, e o Thirty Meter Telescope (TMT) possivelmente será instalado em Mauna Kea, no Havaí. Espera-se que esses telescópios iniciem suas observações do espaço por volta de 2030.

A busca por tecnoassinaturas extraterrestres (que começou com o Projeto SETI, Search for Extraterrestrial Intelligence) também vem ganhando impulso. Além do conjunto de telescópios do Allen Telescope Array, cujos primeiros 42 componentes já foram construídos no rádio-observatório de Hat Creek, na zona rural ao norte da Califórnia, há projetos como o Breakthrough Listen, que capta o comprimento de ondas de rádio e de luz visível de cerca de 1 milhão de estrelas próximas. No fim de 2019, o Breakthrough Listen iniciou uma colaboração com o TESS, o que lhe permite escanear planetas descobertos pelo telescópio espacial. O Five-hundred-meter Aperture Spherical Telescope (FAST), da China, também lista a "detecção de sinais de comunicação interestelar" como parte de sua missão científica. Além disso, o Projeto Galileo atua de maneira complementar ao tradicional SETI, pois busca objetos físicos — em vez de sinais eletromagnéticos —, artefatos que poderiam estar associados a equipamentos tecnológicos extraterrestres.

Seria um exagero afirmar que sabemos que a descoberta da vida extraterrestre está logo ali na esquina. Mas todos esses empreendimentos, e outros, nos dão motivos realistas para o otimismo. Se a vida for onipresente na Via Láctea (ou se simplesmente tivermos muita sorte!), poderemos descobrir um planeta que abrigue vida nos próximos dez ou vinte anos.

UM ACIDENTE QUÍMICO INSÓLITO OU UM IMPERATIVO CÓSMICO?

Acreditamos que a descoberta de vida extraterrestre (em especial de vida inteligente) ou a produção sintética de vida em laboratório constituiriam uma revolução que superaria as revoluções copernicana e darwiniana juntas. O que queremos compartilhar com você, leitor, é uma visão privilegiada das fascinantes buscas por esses grandes objetivos. Acreditamos que a nossa geração é a que tem mais chances de desempenhar esse papel crucial na história da humanidade, sendo a primeira a saber de onde viemos e se estamos sozinhos em nossa galáxia. Não há nada que nós dois, autores, temamos mais, intelectualmente, do que a ideia de que talvez não estejamos aqui para presenciar essas descobertas monumentais. Talvez não surpreenda que a inevitabilidade da morte apenas acentue o significado da busca pela vida.

Sem dúvida há pessoas que verão as tentativas de criar vida a partir de experimentos químicos em laboratório como esforços para desvendar algum "conhecimento proibido" — tentativas de "brincar de Deus", de certo modo. De fato, uma pesquisa realizada pelo Pew Research Center em novembro de 2021 revelou que apenas um em cada seis norte-americanos não acredita em vida após a morte, e quase três quartos dos adultos norte-americanos acreditam no Paraíso (o que equivale a acreditar que há mais coisas envolvidas na origem da vida do que apenas a química pura).

Não acreditamos que investigar a origem da vida deva ser um tabu. Uma forte curiosidade epistemológica sempre levou os seres humanos a tentarem decifrar os segredos da natureza e responder a inúmeros "Como?", "O quê?" e "Por quê?". Em se tratando de algo como a *vida* — sem dúvida a coisa mais preciosa para nós, seres humanos —, seria inconcebível que não desejássemos descobrir suas origens ou saber se ela é algo exclusivo do planeta Terra. Como o próprio Galileu disse certa vez: "Não me sinto obrigado a acreditar que o mesmo Deus que nos deu nossos sentidos, nossa razão e nossa inteligência gostaria que abandonássemos seu uso." É apenas no que *fazemos* com o conhecimento adquirido que devemos, sem dúvida, aplicar nossos princípios éticos, morais e humanos, a fim de decidir o que é certo e o que é errado.

A TERRA É EXCEPCIONAL?

Algumas pessoas até se opõem a empreendimentos de exploração astronômica e à busca por vida alienígena por acreditarem que seja algo perigoso de se fazer. Mais uma vez, embora de fato não haja nenhuma garantia quanto ao tipo de relacionamento que a humanidade pode desenvolver com seres que podem ser drasticamente diferentes de nós, não acreditamos que a curiosidade humana — que sempre impulsionou esforços muito além daqueles necessários para a mera sobrevivência — possa ser contida.

Em seu encantador livro *O pequeno príncipe*, Antoine de Saint-Exupéry conta uma inspiradora conversa entre o narrador e o protagonista, antes de este último retornar ao seu planeta/asteroide natal. O príncipe diz: "Todos os homens têm estrelas, só que elas são diferentes para cada pessoa. (...) Mas todas essas estrelas são silenciosas. Você — e somente você — terá estrelas como ninguém mais tem." O narrador pergunta: "O que você está tentando dizer?" Ao que o protagonista responde: "Em uma das estrelas eu estarei vivendo. Em uma delas, estarei rindo. (...) Será como se todas as estrelas estivessem rindo. (...) Você — e somente você — terá estrelas capazes de rir!" Imagine então como nos sentiríamos se de fato soubéssemos que um determinado planeta extrassolar é habitado, ou se entendêssemos como a vida surgiu aqui na Terra.

Começamos nossa jornada de exploração em nosso planeta natal. Como a vida na Terra é a única forma de vida que conhecemos até agora, a primeira pergunta com a qual os químicos têm se defrontado é: a vida na Terra pode realmente ter surgido a partir de reações químicas comuns? Ou, de modo mais específico, protocélulas vivas poderiam ter surgido a partir da combinação de substâncias químicas que se espera que estivessem presentes na Terra primitiva? Para responder a essa pergunta crucial, os pesquisadores da química prebiótica começaram a tentar identificar um caminho para a produção dos componentes básicos do RNA e das proteínas. O objetivo da próxima etapa era óbvio: construir um sistema celular que pudesse passar pela evolução darwiniana. Descreveremos esses esforços fascinantes, suas vicissitudes e seus sucessos, e as revoluções conceituais que tiveram de ocorrer, nos próximos quatro capítulos. Inevitavelmente, há uma boa dose de química envolvida, e estamos cientes de que os conhecimentos de bioquímica de muitos leitores podem estar um pouco "enferrujados". No entanto, acreditamos que temos uma oportunidade única de oferecer aos interessados, possivelmente pela primeira vez, um relato verdadeiramente atualizado e detalhado dos incríveis avanços e conquistas nesse campo, nas duas últimas décadas. Acreditamos que as três questões fundamentais mais intrigantes da ciência estão relacionadas às *origens*: a origem do universo, a origem da vida e a origem da mente ou consciência. Dessas, a origem da vida parece ser a mais solucionável no momento, dadas as ferramentas e tecnologias de pesquisa atuais.

2. A origem da vida

O Mundo de RNA

Você sabe como é a vida... É como abrir uma lata de sardinhas. Todos estamos procurando a chave.

Alan Bennett, *Beyond the Fringe*

As tentativas de encontrar um caminho que ligasse a química na superfície da Terra primitiva ao início da biologia enfrentaram muitos problemas logo de cara. Primeiro, havia a questão espinhosa que mencionamos no Capítulo 1, sobre a complexidade da biologia moderna, em que tudo depende crucialmente de todos os elementos de forma circular. Lembre-se, por exemplo, de que as moléculas de DNA e RNA são necessárias para codificar as informações que especificam a montagem das mesmas proteínas indispensáveis para a produção de DNA e RNA. Essa característica complicadora introduziu dilemas óbvios de causalidade como "o ovo ou a galinha". Havia, porém, um segundo problema, ainda mais fundamental: a questão de saber se uma via química, na qual as substâncias iniciais são transformadas em produtos desejáveis por meio de uma série de etapas, poderia existir sem que fosse conduzida por enzimas e sistemas de controle da biologia. De fato, alguns pesquisadores afirmaram explicitamente que as chances de uma síntese química em várias etapas ocorrer de maneira espontânea na natureza são extremamente baixas. O cosmólogo e astrobiólogo Paul Davies, por exemplo, apresentou o seguinte argumento probabilístico: suponhamos que a origem da vida exija uma sequência específica de dez etapas químicas cruciais e precisas (ele suspeitava que dez representava, na melhor das hipóteses, uma subestimação do número de etapas cruciais realmente necessárias). Imaginemos, ainda, que cada uma dessas etapas tenha uma probabilidade de ocorrência (durante o período em que o planeta permanece habitável) de 1% (mais uma vez, um valor que ele considerava otimista). Então, a probabilidade combinada da vida se originar é espantosamente baixa: uma em cem bilhões de bilhões, ou uma em cem quintilhões, para sermos exatos.

Durante muitos anos, essas e outras dificuldades aparentes foram encaradas como obstáculos intransponíveis. Surpreendentemente, no entanto, os pesquisadores da origem da vida agora acreditam ter descoberto maneiras pelas quais a natureza poderia, pelo menos em princípio, ter conseguido resolver esse tipo de problema espinhoso. Neste e nos quatro capítulos subsequentes, acompanharemos o notável progresso alcançado nos últimos anos no que diz respeito à nossa compreensão da origem da vida. É inevitável que esta breve revisão envolva alguns nomes de compostos difíceis de pronunciar, em geral associados à bioquímica, além de uma coleção de processos químicos e físicos complexos. Tentaremos nos concentrar nas partes da história que foram de fato essenciais ao longo do caminho das descobertas e dos avanços. Também tentaremos destacar as dificuldades conceituais que tiveram de ser superadas e as soluções engenhosas para esses obstáculos. Esperamos que essa abordagem, mesmo que desafiadora, possibilite uma apreciação da lógica, da beleza, do brilhantismo e da paciência inerentes ao processo científico.

A solução proposta para o primeiro problema — o da natureza autorreferencial da biologia moderna — foi postular a existência de uma célula biológica primordial bastante diferente e extremamente simples: uma *protocélula*. No entanto, essa hipótese, por si só, levou de imediato a novos desafios (além da questão fundamental de como essas estruturas teriam surgido em primeiro lugar). Em particular, os pesquisadores tiveram que entender como essas protocélulas poderiam crescer e se dividir sem nenhum dos complexos mecanismos disponíveis nas células modernas.

Para enfrentar esse obstáculo específico, os cientistas tiveram que adotar um processo de "inversão completa de suposições": pegar as concepções fundamentais sobre o assunto e virá-las de ponta-cabeça. Foi algo um pouco semelhante ao que aconteceu nos últimos anos com o serviço de táxi. Sua primeira suposição, caso quisesse abrir uma empresa de táxi, talvez fosse de que para isso seria necessário possuir carros. A inversão seria assumir que as empresas de táxi não possuem nenhum carro, o que poderia parecer um conceito absurdo há apenas duas décadas. No entanto, hoje a Uber e a Lyft são as maiores empresas de "táxi" que já existiram. O ponto que os pesquisadores da origem da vida tiveram que compreender foi que, enquanto as células modernas possuem um aparato bioquímico *interno* que coordena o crescimento e a divisão celular (e permite que as células se ajustem a um ambiente planetário em constante mudança), o mais provável é que o exato oposto se aplicasse às células primordiais. Ou seja, era o *ambiente* que fornecia tudo em termos de substâncias e energia para as protocélulas, e eram as *flutuações no ambiente* que funcionavam como mecanismo que efetivamente controlava o crescimento, a divisão e a replicação celular.

Para nos aprofundarmos em qualquer discussão sobre a provável origem e estrutura das primeiras células, devemos considerar muitas outras questões, que vão desde cenários geológicos e química prebiótica até a própria natureza dessas células e os eventos evolutivos que podem ter levado à vida moderna. É importante ressaltar que não devemos esperar que seja possível responder a todas essas perguntas de uma só vez, e precisamos antecipar que haverá vários falsos pontos de partida, becos sem saída, desvios e retrocessos enquanto tentamos desenhar um cenário mais abrangente. Eis apenas uma lista parcial das perguntas que precisamos responder: quais foram as principais substâncias iniciais necessárias para despertar o processo de formação das células? Quais foram as fontes mais prováveis de energia que alimentaram as reações químicas primordiais? Quais foram os requisitos para construir um ambiente receptivo para as primeiras células? E, talvez ainda mais importante, quantos nichos ambientais foram necessários para o surgimento da vida? Em outras palavras, a vida na Terra precisou de determinados ambientes para gerar os componentes básicos da vida, mas de ambientes diferentes para nutrir a vida depois que ela teve início?

Além dessas perguntas fundamentais, há muitas outras, algumas ainda mais específicas. Por exemplo, embora o cenário que há várias décadas conhecemos como o *Mundo de RNA* — o estágio na evolução da vida na Terra, no qual as moléculas autorreplicantes de RNA dominavam os processos vitais — tenha proporcionado uma visão atraente de uma época mais simples na história da vida, ele também levantou uma série de dúvidas e controvérsias, muitas ainda não resolvidas. O principal problema, é claro, está em descobrir como os montes de substâncias químicas que se acumularam na superfície da Terra primitiva poderiam, de alguma forma, ter levado até mesmo às mais simples células do Mundo de RNA.

Há enigmas em outros níveis também. Por exemplo, experimentos realizados no laboratório do Conselho de Pesquisa Médica do Reino Unido, dirigido pelo químico John Sutherland, juntamente com o trabalho de outros colegas, nos ensinaram muito sobre os caminhos químicos que podem ter levado ao surgimento dos componentes básicos do RNA — unidades moleculares conhecidas como *ribonucleotídeos*. Mas esses mesmos experimentos também mostraram que outras moléculas intimamente relacionadas seriam inevitavelmente sintetizadas junto com as substâncias iniciais do RNA. Sem a restrição das enzimas proteicas que controlam a síntese de tudo nas células modernas, a química prebiótica teria gerado uma mistura muito mais desorganizada de substâncias químicas. Por que, então, o RNA, e não uma dessas moléculas "aparentadas", se materializou a partir dessa confusão? Há também uma questão importante relacionada a essa: em planetas extrassolares, será que algo diferente do RNA poderia ter surgido como a primeira molécula genética da vida? Ou há algo na própria natureza da química que, de alguma forma, favorece o RNA, de modo que a vida em qualquer lugar do cosmos teria que começar com a mesma química do RNA? Essas perguntas abrangentes podem parecer, à primeira vista, pertencer ao domínio da metafísica e não da bioquímica, mas trabalhos recentes demonstraram que uma exploração sistemática da química envolvida pode nos fornecer respostas convincentes.

O problema de como navegar até o Mundo de RNA foi apresentado como um desafio para a comunidade científica há cerca de trinta anos pelos químicos Leslie Orgel e Gerald Joyce. As primeiras tentativas de enfrentar essa questão colocaram em evidência o desafio de partir do tipo de mistura caótica que os primeiros esforços de origem da vida pareciam produzir nas tentativas de replicar de maneira experimental a química prebiótica. Esse obstáculo — a transição de um emaranhado caótico para a química homogênea e bem controlada que observamos nas células vivas — pareceu intransponível por muitos anos, mas uma série de surpreendentes descobertas recentes sugere que a solução pode ser bastante simples, quase trivial (em retrospecto, é claro).

Acontece que uma resposta potencial para pelo menos esse enigma fundamental da vida, de por que o RNA, e não outra coisa, pode ser expressa por uma afirmação inesperada: *porque o RNA sempre vence!* Eis uma breve explicação. Considere que nosso ponto de partida é uma "sopa" desordenada de substâncias químicas, das quais apenas algumas são as substâncias corretas para a produção do RNA. Imagine agora que essas substâncias químicas estejam dissolvidas em uma poça de água na superfície da Terra primitiva, onde são expostas à intensa luz ultravioleta (UV) do jovem Sol. Surpreendentemente (ou talvez inevitavelmente, dependendo do ponto de vista), experimentos mostraram que os componentes básicos do RNA tendem a ser os mais resistentes à radiação UV, enquanto muitas de suas moléculas primas são destruídas pela luz UV. Isso sem dúvida ajuda, mas ainda temos uma mistura bastante complexa.

A próxima etapa para produzir RNA requer que os componentes básicos se unam em cadeias (*se polimerizem*) — essencialmente criando pequenos fragmentos de material genético de fita simples. Embora essa etapa ainda não tenha sido suficientemente estudada, as evidências preliminares sugerem que algumas moléculas se unem em cadeias mais rapidamente do que outras. Como resultado, as moléculas menos reativas são deixadas para trás. Por fim, há a química da replicação em si, na qual essas pequenas cadeias são copiadas, e as cópias são novamente copiadas, produzindo cada vez mais moléculas descendentes. Szostak e seus colegas começaram a estudar cuidadosamente esse processo, comparando de maneira sistemática os resultados obtidos com diferentes substâncias iniciais.

Os resultados até agora parecem indicar que o RNA sempre vence. Os componentes básicos dos nucleotídeos do RNA sempre reagem mais rapidamente do que seus concorrentes, de modo que o RNA tende a ser criado, enquanto as alternativas são formadas mais lentamente ou nem chegam a ser formadas e, portanto, falham. Podemos pensar nessas três etapas — primeira, resistência à radiação UV; segunda, polimerização mais rápida, e terceira, replicação mais eficaz — como uma série de filtros de purificação. À medida que passa por essas fases, a mistura original é progressivamente destilada, primeiro pela luz UV, depois pela montagem das cadeias e, por fim, pela química da cópia. No final, surge um RNA relativamente homogêneo, limpo e pronto para cumprir seu destino de dar origem ao Mundo de RNA.

Não queremos dar aos leitores a impressão de que essa história de como o RNA pode ter triunfado sobre seus rivais, e emergido como o campeão para dar início à vida e dominar sua evolução, esteja isenta de críticas ou livre de controvérsias. Na verdade, há uma intensa discussão sobre todos os aspectos dessa narrativa. Se é ou não verdade que, de todas as inúmeras possibilidades, apenas o RNA tem as propriedades certas para dar início à vida, é uma questão muito complexa, para a qual provavelmente não teremos resposta definitiva por um bom tempo.

Embora não haja dúvida de que um exame e uma síntese sistemática das alternativas excluirão muitos parentes do RNA, essa abordagem sempre nos deixará imaginando se há algo mais que seja tão adequado quanto o RNA e que simplesmente não consideramos ainda. O que poderia nos dar uma resposta (pelo menos em tese)? A evidência mais convincente, é claro, viria da descoberta de vida em algum mundo distante (de modo que pudéssemos ter certeza de que ela evoluiu independentemente da vida na Terra). Mas mesmo isso não nos daria uma resposta imediata. O primeiro passo seria, na verdade, encontrar sinais convincentes de vida em outros planetas. Essa descoberta, se e quando ocorrer, pelo menos demonstraria que o surgimento da vida não é algo incrivelmente difícil — que não há um gargalo intransponível. Nesse momento, saberíamos de maneira instantânea que devemos esperar que exista um caminho relativamente simples da química para o início da vida, no qual cada etapa tem uma probabilidade razoavelmente alta de sucesso. Ainda assim, descobrir se a vida em exoplanetas também começou com o RNA continuará sendo um grande desafio, a menos que essa vida alienígena inclua seres inteligentes que estejam dispostos a se comunicar conosco.

Olhando para trás, da vida moderna para o passado: o Mundo de RNA

No início deste capítulo, descrevemos como a complexidade desconcertante da vida moderna ergueu uma barreira conceitual que, por muitos anos, obstruiu o pensamento racional sobre a origem da vida. O reconhecimento de que a vida primitiva tinha de ser extremamente simples, com o RNA desempenhando um papel central, tanto como meio de armazenar informações (embora não de forma tão robusta quanto o DNA) quanto como a base molecular das primeiras enzimas catalisadoras (embora o RNA não seja um catalisador tão eficaz quanto as enzimas proteicas), proporcionou aos pesquisadores uma nova perspectiva e permitiu uma descoberta simplificadora.

No final da década de 1960, três cientistas foram os primeiros a perceber a importância do que ficou conhecido como o Mundo de RNA: Carl Woese, hoje famoso por seu trabalho sobre a árvore evolutiva da vida; Francis Crick, conhecido por descobrir a estrutura da molécula de DNA; e Leslie Orgel, um dos verdadeiros pioneiros da química prebiótica (conforme mencionado no Capítulo 1). Todos os três perceberam que o fato das cadeias de RNA poderem se dobrar em complexas formas tridimensionais implicava que o RNA poderia atuar como uma enzima — catalisando reações químicas — assim como as proteínas. As ramificações dessa compreensão foram surpreendentes: se o RNA podia catalisar sua própria síntese, a origem da vida poderia se resumir simplesmente à origem de um RNA autorreplicante ou de uma *replicase de RNA* (uma enzima que catalisa a replicação do RNA a partir de uma matriz de RNA). Infelizmente, como a atenção da comunidade científica na época estava concentrada em desvendar os mistérios das enzimas proteicas, ninguém levou a sério a ideia de que o RNA poderia atuar como uma enzima, e esse fator crucial para a origem da vida permaneceu na obscuridade por cerca de quinze anos.

A notícia de que as moléculas de RNA poderiam atuar como enzimas atingiu a comunidade científica como um raio apenas em 1982. Naquele ano, dois grupos distintos de cientistas descobriram enzimas de RNA escondidas num lugar óbvio, em duas partes muito diferentes da biologia moderna. Tom Cech, bioquímico da Universidade do Colorado, em Boulder, vinha estudando o processo de *splicing* de RNA havia vários anos.

O *splicing* de RNA é por si só um processo um tanto intrigante, no qual as células copiam as informações armazenadas no DNA em longas cadeias de RNA e, em seguida, misteriosamente removem e descartam pedaços dessa cadeia, cortando-a duas vezes ao meio e unindo as extremidades de novo. O *splicing* de RNA é amplamente difundido na biologia, mas o modo exato como ele ocorre era desconhecido no início da década de 1980, e muitos laboratórios estavam em uma corrida para desvendar o mecanismo subjacente. Tom Cech decidiu estudar o *splicing* em um micro-organismo esotérico com o nome bastante complicado de *Tetrahymena thermophila* — um organismo unicelular ciliado comumente encontrado nadando em pequenos lagos. Esse organismo tinha a conveniente propriedade de produzir uma quantidade muito abundante de um RNA específico, que era então cortado e emendado de maneira bastante simples, o que o tornava um sistema ideal para estudar o funcionamento do *splicing*. Na época, a suposição geral era de que o processo de *splicing* era realizado por enzimas proteicas, assim como todas as outras reações químicas conhecidas nas células. Para testar essa hipótese, Cech decidiu purificar a proteína ou as proteínas responsáveis pelo *splicing*, primeiro purificando o RNA que não havia passado pelo *splicing* e, em seguida, adicionando novamente proteínas celulares, na esperança de observar o processo enquanto ele ocorria. Entretanto, para sua frustração, ele não conseguiu separar a atividade de *splicing* do próprio RNA. Depois de vários esforços árduos e malsucedidos, ele se sentiu compelido a concluir que o RNA deveria estar catalisando seu próprio *splicing*.

Não é preciso dizer que essa conclusão foi recebida com certo ceticismo pela comunidade científica, que ainda estava apegada à ideia de que todas as enzimas são proteínas. Os críticos chegaram a afirmar que Cech simplesmente não devia ter conseguido remover a proteína catalítica de sua preparação de RNA. Essa reação incrédula inspirou Cech a fazer as coisas de maneira diferente. Ele obteve RNA que não havia passado por *splicing* não a partir de células de *Tetrahymena* (um processo que poderia ter levado a uma contaminação inadvertida com a tão procurada enzima de *splicing*); em vez disso, produziu o RNA sem *splicing* em um tubo de ensaio, a partir de DNA e apenas uma enzima bacteriana capaz de transcrever o DNA em RNA. O que ele descobriu foi surpreendente: embora o RNA preparado dessa forma não pudesse conter nenhuma enzima de *splicing*, ele ainda realizava o *splicing*, sozinho! Em outras palavras, dessa forma indireta, uma busca infrutífera para purificar uma proteína que no fim das contas nem existia, abriu uma nova e empolgante janela para a biologia: a descoberta das enzimas de RNA, também conhecidas como *ribozimas*.

Esse não foi o fim da história. Em uma daquelas coincidências surpreendentes do tipo "na hora certa", ao mesmo tempo que Cech tentava, sem sucesso, purificar sua enzima de *splicing*, o biólogo molecular Sidney Altman, da Universidade Yale, e seus colegas estavam estudando uma enzima de processamento de RNA conhecida como *Ribonuclease P* (*RNase P*, para abreviar). Essa enzima corta certos RNAs celulares de uma maneira muito específica, e Altman descobriu que ela consistia parte em RNA e parte em proteína.

Mais uma vez, a suposição inicial era de que o componente proteico estava de fato fazendo todo o trabalho, enquanto o componente de RNA desempenhava um papel auxiliar, talvez reconhecendo os RNAs a serem cortados pela enzima proteica. Nesse processo, descobriu-se que a proteína possuía uma carga elétrica positiva muito grande, o que fazia sentido, já que ela precisava se ligar ao componente de RNA da enzima, que tem carga altamente negativa — e que, por sua vez, tinha de se ligar ao substrato de RNA de carga negativa que precisava cortar. Essa descoberta (da grande carga positiva) levou Altman à ideia não convencional de que talvez a proteína não passasse de uma espectadora passiva, cuja função seria simplesmente estabilizar o complexo de RNA, neutralizando a grande quantidade de carga negativa. Nesse caso, ele raciocinou, talvez as cargas positivas pudessem ser fornecidas de uma maneira totalmente diferente. De fato, Altman e seus colegas descobriram que, ao adicionar uma quantidade suficiente de íons de magnésio (cada um dos quais carrega duas cargas positivas) ao componente de RNA da RNase P, era possível observar atividade enzimática sem a adição de nenhuma proteína. Como é comum acontecer na ciência, esse segundo exemplo de ribozima foi logo seguido por uma enxurrada de descobertas de pequenos RNAs autocortantes, consolidando a ideia de que as moléculas de RNA podem realmente catalisar reações químicas.

A descoberta de que as moléculas de RNA poderiam atuar como enzimas revolucionou totalmente o pensamento sobre a origem da vida, e a importância dessa descoberta foi destacada pelo Prêmio Nobel de Química de 1989, concedido a Cech e Altman. De repente, as ideias anteriores de Crick, Orgel e Woese sobre a centralidade do RNA pareciam óbvias. Com uma constatação simplificadora, não era mais necessário imaginar um esquema complicado por meio do qual o RNA e as proteínas surgissem juntos. Em vez disso, era possível imaginar uma forma de vida anterior e mais simples, na qual as moléculas de RNA desempenhavam papéis duplos, tanto como portadoras de informações hereditárias quanto como catalisadoras das principais reações bioquímicas celulares. Essa ideia de uma forma de vida anterior, na qual o RNA era o principal agente molecular, foi popularizada pelo bioquímico de Harvard Walter "Wally" Gilbert na famosa expressão "o Mundo de RNA".

De todas as reações químicas hipotéticas catalisadas pelo RNA do Mundo de RNA, a mais importante provavelmente foi a replicação do próprio genoma do RNA celular. Imaginava-se que isso fosse tarefa de uma suposta ribozima (enzima de RNA), que mencionamos anteriormente como uma replicase de RNA. Esse RNA quase mágico teria sido uma sequência especial de RNA capaz de copiar a si mesma, iniciando assim a replicação exponencial que é uma das marcas registradas da vida. Devido ao seu papel fundamental na origem da vida, o sonho de produzir uma replicase de RNA em laboratório tem sido perseguido por laboratórios de todo o mundo.

Embora a descoberta das ribozimas tenha sido fundamental para a formulação da hipótese do Mundo de RNA, havia outras pistas que apontavam para um estágio da vida anterior, centrado no RNA. Uma dessas pistas veio de um aspecto intrigante do metabolismo celular, por muito tempo visto como um enigma, mas agora elevado ao status de evidência crucial da natureza da vida primitiva. Todas as células modernas usam enzimas proteicas para catalisar (quase) todas as inúmeras reações químicas que constituem o metabolismo celular. No entanto, centenas dessas enzimas não conseguem realizar sua função sozinhas.

Em vez disso, precisam da ajuda de moléculas menores, chamadas de *cofatores*. É interessante notar que muitos desses cofatores (mas não todos) são compostos de dois constituintes, um dos quais é a substância química que ajuda a enzima a acelerar uma reação química. O outro é um nucleotídeo — um dos componentes básicos do RNA. Por que tantos cofatores distintos teriam um pequeno pedaço de RNA como parte de sua estrutura? Esse fato não fazia sentido até que a hipótese do Mundo de RNA forneceu uma possível explicação: essas moléculas enigmáticas poderiam ser resquícios, "fósseis", em certo sentido, do Mundo de RNA. Talvez em um momento em que o RNA estava lutando para catalisar o metabolismo celular, esses RNAs tenham recebido um reforço químico de pequenos cofatores que podiam diversificar o repertório químico do RNA com grupos químicos adicionais. Se estivessem ligados ao início ou ao fim de uma cadeia de RNA, esses cofatores estariam convenientemente posicionados para auxiliar na catálise. Mais tarde, no processo de evolução da vida, pode-se imaginar que as ribozimas foram pouco a pouco substituídas por enzimas proteicas, com o componente de RNA diminuindo e o componente proteico aumentando gradualmente, até que a única coisa que restasse do RNA e de seu cofator fosse o que vemos hoje: um cofator de aparência bizarra que é metade ogiva química e metade RNA.

As células modernas contêm ainda mais indícios de seu passado remoto, e um deles é agora encarado como a prova definitiva da realidade do distante Mundo de RNA. Para entender esse importante indicador, precisamos examinar a maneira pela qual as proteínas são produzidas dentro de todas as células vivas existentes. Embora o processo em si seja bastante complicado, o ponto-chave é não se perder nos detalhes e focar no cerne da questão.

Vejamos primeiro como as informações usadas para direcionar a síntese de uma determinada proteína são transmitidas e decodificadas. A produção de proteínas começa com a *transcrição* (de DNA para RNA) e continua com a *tradução* (do RNA para proteína). A informação é armazenada na sequência específica das bases do DNA (nas células, ou no RNA em alguns vírus). Ou seja, cada componente básico (nucleotídeo) do DNA contém uma das quatro bases químicas integradas por nitrogênio (cujos nomes são geralmente indicados pelas abreviações A, T, C e G), e a codificação das instruções genéticas necessárias para criar uma determinada proteína está contida na ordem específica dessas quatro letras na sequência. Na estrutura de dupla hélice do DNA, o C sempre se conecta (ou se emparelha) com o G, e o A sempre se emparelha com o T, formando algo parecido com os degraus de uma escada de corda.

A primeira etapa da expressão gênica é a transcrição dessas informações codificadas em uma molécula de RNA de fita simples conhecida como *RNA mensageiro*, ou *mRNA*. (A propósito, o RNA mensageiro tornou-se amplamente conhecido como o principal componente da vacina contra a covid-19). Quando um mRNA é transcrito do DNA, ele contém a sequência de bases que codifica uma determinada proteína, mas essa sequência de mRNA precisa ser decodificada para que possa ser traduzida na sequência de *aminoácidos* — os componentes básicos das proteínas — em uma cadeia proteica. Por exemplo, a sequência de DNA GCT resulta em uma sequência de mRNA que codifica o aminoácido alanina; o código genético relaciona sequências de três nucleotídeos a cada um dos vinte aminoácidos. O processo envolve vários outros RNAs (o que por si só já é uma pista, se pensarmos bem, do papel central do RNA), e o maior desses RNAs são os componentes de RNA do *ribossomo* — a máquina molecular responsável pela síntese de todas as proteínas codificadas em todas as células de todos os organismos da Terra. O ribossomo é um aparato molecular enorme, com uma história evolutiva extremamente antiga. Os ribossomos de diferentes organismos têm estruturas intimamente relacionadas, e seus RNAs ribossômicos também estão relacionados, apontando para uma única origem comum.

Mas por que o ribossomo tem esses grandes componentes de RNA? Durante muitos anos, os RNAs ribossômicos (ou rRNAs) foram vistos como uma espécie de andaime passivo, cuja função era organizar e posicionar o grande número de proteínas que compõem o restante da estrutura ribossômica (da mesma forma que o componente de RNA da RNase P foi inicialmente considerado uma entidade de apoio passiva). Esse ponto de vista começou a mudar gradualmente à medida que nossa compreensão sobre a bioquímica e a estrutura do ribossomo evoluiu.

Eis como o ribossomo decodifica as informações em um mRNA para direcionar a síntese de proteínas: o ribossomo tem duas "metades", uma "metade pequena" e uma "metade grande", chamadas de subunidades pequena e grande. O processo de decodificação em si é realizado pela subunidade pequena. Ela mantém o mRNA de uma maneira específica, de modo que ele seja dobrado exatamente entre a última unidade do código genético que foi traduzida e a próxima a ser traduzida (essas unidades do código genético são chamadas de *códons*). Essa dobra permite que os dois códons sejam identificados por duas pequenas moléculas de RNA conhecidas como RNAs transportadores (tRNAs), que atuam como adaptadores e se ligam aos códons com suas sequências complementares de nucleotídeos.

Em última análise, esse reconhecimento molecular é o que une os tRNAs corretos na ordem certa. Distantes desse local, ligados às extremidades das moléculas de tRNA, estão os aminoácidos que, por sua vez, serão unidos. Esses aminoácidos são mantidos próximos uns dos outros e na orientação correta para reagirem, no centro da "metade grande" — a subunidade grande do ribossomo. Essa é a verdadeira "enzima" que acaba formando as proteínas e, notadamente, esse local é composto inteiramente de RNA. Ou seja, a "enzima" é, na verdade, uma enzima de RNA. Nas palavras do bioquímico Thomas Steitz, da Universidade Yale: *"O ribossomo é uma ribozima."*

Mesmo que você ache todas essas etapas bioquímicas desconhecidas um tanto confusas, o ponto principal é muito simples: *os componentes de RNA do ribossomo não são apenas espectadores passivos; eles são, na verdade, as moléculas que catalisam a síntese de todas as nossas proteínas!*

As implicações dessas descobertas surpreendentes são claras: como os RNAs produzem proteínas, os RNAs devem ter surgido primeiro. Essa é a prova decisiva que confirma a hipótese do Mundo de RNA, de um tempo anterior e mais simples, antes da evolução da síntese moderna. Um tempo em que as enzimas eram feitas de RNA.

Dois outros aspectos do metabolismo celular moderno também sustentam a ideia da antiga primazia do RNA. Em todas as células modernas, as informações genômicas ficam armazenadas no DNA. De forma surpreendente e sem uma razão óbvia, os componentes básicos do DNA (*desoxinucleotídeos*) são sintetizados nas células por meio da modificação dos *ribonucleotídeos*, os componentes básicos do RNA. Por que isso aconteceria? Uma explicação interessante seria a de que as células primordiais não continham DNA e, portanto, só precisavam produzir ribonucleotídeos para a síntese de RNA. Mais tarde, quando as células evoluíram para usar o DNA, a maneira mais simples de produzir DNA pode ter sido transformar ribonucleotídeos em desoxinucleotídeos.

Por fim, a multiplicidade de papéis desempenhados pelo RNA em todas as células modernas fornece, por si só, evidências circunstanciais da origem primordial e do domínio inicial do RNA. Por exemplo, nas bactérias, RNAs conhecidos como *riboswitches* regulam várias atividades metabólicas, enquanto nos eucariontes (organismos cujas células contêm um núcleo; os seres humanos estão nessa categoria), outros tipos de RNAs não codificantes regulam a expressão gênica (o processo por meio do qual a informação codificada em um gene é transformada em uma função). Ou seja, os RNAs reguladores podem controlar quais genes são expressos em uma célula específica, determinando assim o que a célula pode fazer. Isso é alcançado por meio do controle da estabilidade dos mRNAs e de sua capacidade de serem traduzidos. Mais uma vez, a explicação mais simples para as múltiplas funções do RNA é que a vida se desenvolveu usando o RNA como seu material genético e também o utilizou para catálise e atividades regulatórias. Posteriormente, conforme a vida evoluiu, o papel do RNA no armazenamento de informações foi suplantado pelo DNA, uma molécula quimicamente mais estável, cuja robustez a torna uma opção melhor para arquivar informações valiosas. De maneira similar, a função do RNA na catálise de reações químicas foi amplamente substituída pelas enzimas proteicas, que são catalisadores mais eficazes por possuírem uma maior diversidade de grupos químicos.

Depois de compreendermos que o RNA foi fundamental para a origem da vida e de termos visto evidências convincentes da realidade do cenário do Mundo de RNA, agora estamos prontos para a próxima etapa de nossa tentativa de entender o surgimento da vida: explorar se existe um caminho natural para a produção química dos componentes básicos do RNA.

3. A origem da vida

Da química à biologia

> *Levantar novas questões, novas possibilidades, abordar velhos problemas por um novo ângulo requer uma imaginação criativa e marca os verdadeiros avanços da ciência.*
>
> Albert Einstein e Leopold Infeld, *A evolução da física*

> *A diversão na ciência não está em descobrir fatos, mas em descobrir novas maneiras de pensar sobre eles.*
>
> Sir Lawrence Bragg, *A Short History of Science*

Tivemos que passar por uma enorme inversão conceitual, deixando de considerar a complexidade da vida moderna para pensar na simplicidade da vida primordial, com o RNA como seu único polímero biológico. Mas isso ainda nos deixa com o problema nada insignificante de como passamos de uma coleção desordenada de substâncias químicas na superfície da Terra primitiva para a estrutura organizada da primeira célula viva. Não é nem mesmo óbvio que esse seja um problema solucionável. Alguns podem argumentar que não se trata de um tema legítimo para a investigação científica, uma vez que não podemos voltar no tempo para observar o que de fato aconteceu e, portanto, nenhuma hipótese pode ser genuinamente testada. Essas objeções, no entanto, são pessimistas demais, já que certamente somos capazes de desenvolver cenários hipotéticos que sejam falseáveis, no sentido de que os caminhos propostos devem ser quimicamente realistas, devem ocorrer em condições ambientais geologicamente razoáveis e devem ser consistentes entre si, levando aos poucos desde substâncias iniciais e fontes de energia abundantes até as substâncias químicas mais complexas, necessárias para formar uma célula simples.

Trajetórias e processos que se degeneram em misturas de milhões de compostos ou que terminam em polímeros improdutivos e insolúveis (como o querogênio ou o alcatrão) podem ser descartados, direcionando nossa atenção para outros caminhos. Dada a relativa complexidade das estruturas e reações químicas, incluímos a seguir um pequeno número de diagramas químicos que acreditamos ser úteis para visualizar os processos e rearranjos moleculares envolvidos. No fim deste capítulo, acrescentamos um Apêndice no qual esclarecemos como ler esses diagramas.

A questão crucial é se podemos traçar os contornos de rotas produtivas a partir de substâncias iniciais simples até os compostos centrais da biologia. Para começar, temos que identificar as matérias-primas e as fontes de energia necessárias, mas também precisamos saber para onde vamos, ou seja, o que é necessário para dar início à biologia. Os compostos essenciais para a vida na Terra são formados principalmente de carbono, nitrogênio, oxigênio e hidrogênio, com proporções menores de fósforo e enxofre. Como o hidrogênio é onipresente no universo e na química, não vamos nos preocupar explicitamente com ele no que se segue (e nas ilustrações das estruturas químicas nem sequer mostramos a maioria dos átomos de hidrogênio — por favor, consulte o Apêndice).

Para construir o RNA necessário para as primeiras células, precisamos produzir seus componentes básicos, os nucleotídeos, que são compostos químicos bastante complexos, compostos de três partes: uma base nitrogenada (a unidade química que carrega a informação), um carboidrato (ribose, no caso do RNA) e um grupo fosfato (que liga os nucleotídeos em uma cadeia).

O nucleotídeo 5'-AMP, com a base nitrogenada adenina à direita, o carboidrato ribose no centro e o fosfato à esquerda.

as bases nitrogenadas pirimidinas

citosina   uracila

as bases nitrogenadas purinas

adenina   guanina

No RNA, há quatro bases nitrogenadas, representadas pelas abreviações (a primeira letra de seu nome) A, G, C e U, e elas são compostas de carbono, nitrogênio e oxigênio (como vimos, o T do DNA é substituído pelo U no RNA). O carboidrato é composto de carbono e oxigênio, e o grupo fosfato consiste em fósforo e oxigênio. Para produzir as bases nitrogenadas, o ideal seria um material de partida que contivesse tanto carbono quanto nitrogênio e, de fato, há mais de cinquenta anos foi reconhecido que a *adenina* (a base nitrogenada abreviada como A) nada mais é do que cinco moléculas do extremamente venenoso e inflamável cianeto de hidrogênio (quimicamente, HCN) ligadas de uma maneira muito específica. Em uma série de experimentos clássicos no período entre 1959 e 1962, o bioquímico Joan Oró, da Universidade de Houston, ferveu uma solução de HCN (com muito cuidado!) e obteve, entre outros compostos, a adenina.

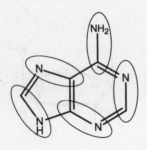

Na figura acima, da estrutura da adenina, pares de átomos de carbono e nitrogênio estão delimitados por elipses, sendo que cada par representa uma unidade de cianeto. Esses experimentos geraram um otimismo de que caminhos simples para todas as outras bases nitrogenadas e os nucleotídeos correspondentes logo seriam descobertos. Infelizmente, não foi o que aconteceu. Em experimentos voltados para gerar A e G (as chamadas bases *purinas*), foram obtidos apenas traços de G, junto com muitos outros compostos relacionados que não fazem parte da composição do RNA. As duas bases nitrogenadas restantes, C e U, pareciam ser mais simples de lidar, em especial porque a U pode ser obtida a partir de C por meio de uma reação com a água. Notadamente, a base nitrogenada C pôde ser obtida por meio de uma reação de dois compostos mais simples, ambos os quais poderiam ter estado presentes em concentrações razoavelmente altas em ambientes locais na Terra primitiva. O primeiro deles é a ureia, um metabólito comum na biologia moderna e famoso por ter sido o primeiro composto orgânico produzido em laboratório. Lembre-se de que, no fim da década de 1820, o químico alemão Friedrich Wöhler produziu ureia simplesmente aquecendo cianato de amônio (ele próprio um derivado do cianeto). É interessante notar que a ureia também é o produto da reação com água de outro derivado do cianeto chamado cianamida, que, por sua vez, pode ser gerada de várias maneiras. Por exemplo, a cianamida pode ser produzida em atmosferas redutoras (aquelas em que não há oxigênio e outros gases oxidantes) ricas em hidrogênio e expostas à luz ultravioleta. (Esse composto foi detectado na atmosfera de uma das luas de Saturno, Titã, que, como veremos no Capítulo 8, é um dos alvos na busca por possível vida extraterrestre.) A outra substância inicial necessária para produzir C é um composto com o nome mais complicado de *cianoacetaldeído*, que é o produto da reação do *cianoacetileno* (um composto orgânico também detectado na atmosfera de Titã) com água. Em condições laboratoriais adequadas, a ureia muito concentrada e o cianoacetaldeído se combinam de forma eficiente para gerar a base nitrogenada C, conforme demonstrado por Leslie Orgel e Stanley Miller na década de 1970 (embora esses dois químicos tenham se envolvido em intensos debates sobre a plausibilidade dessa síntese).

A essa altura, o cenário da origem da vida apresentava-se promissor, uma vez que parecia que as principais bases nitrogenadas da biologia poderiam ser (relativamente) fáceis de produzir em condições prebióticas. Infelizmente, um exame mais detalhado das etapas seguintes revelou dificuldades inesperadas. O problema crucial era que, embora as bases nitrogenadas estivessem disponíveis, isso não era suficiente, já que elas precisam estar conectadas ao carboidrato ribose para formar o RNA, e descobriu-se que essa reação específica simplesmente não funciona. Na biologia, a reação é catalisada por enzimas, e o processo usa a ribose com grupos fosfato ligados a ela em locais específicos. Nenhum desses requisitos demonstra-se plausível na química prebiótica conhecida. Na verdade, a frustração é que até mesmo a produção do carboidrato (ribose) em si apresenta um grave problema.

A princípio, produzir a ribose parecia simples, uma vez que ela pode ser obtida aquecendo o composto orgânico simples formaldeído (CH_2O, que se acredita que fosse abundante na atmosfera da Terra primitiva) em água, com um pouco de hidróxido de cálcio (muitas vezes chamado de cal hidratada).

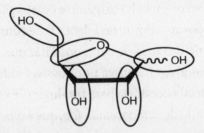
Ribose, vista como cinco unidades de formaldeído unidas

Esse processo resulta em um conjunto complexo de processos químicos chamado reação de *formose*, que, basicamente, transforma o formaldeído venenoso em carboidratos de sabor doce. Curiosamente, da mesma forma que a adenina pode ser produzida a partir de cinco moléculas de cianeto, a ribose é composta por cinco unidades de formaldeído unidas em um anel. Na figura acima, cada elipse circunscreve um par de átomos de carbono e oxigênio ligados, derivados de uma unidade de formaldeído. Isso parece promissor, exceto pelo fato de que a ribose especificamente necessária para a construção do RNA em geral representa menos de 1% da mistura complexa de carboidratos que é formada. Além disso, reações subsequentes criam vários produtos confusos que acabam transformando tudo em um alcatrão inútil. No entanto, devido à sua simplicidade e em especial a sua natureza autocatalítica (ou seja, a reação é catalisada por um de seus produtos), a reação de formose continua a ser estudada como um meio simples de produzir carboidratos a partir de uma matéria-prima abundante. Várias abordagens foram exploradas na tentativa de "domar" a reação de formose, como conduzi-la na presença de sais de borato. Embora o borato seja um mineral comum em alguns contextos geológicos, sua relevância em cenários prebióticos ainda é incerta. Além disso, mesmo que o borato de fato simplifique a mistura de produtos gerados pela reação de formose, a rede de reações ainda permanece complexa e muitos carboidratos são gerados. Em uma interessante abordagem recente, experimentos nos quais a reação de formose é realizada na presença de outras moléculas de matéria-prima prováveis (como cianeto e cianamida) estão apenas começando a ser explorados. Então, por enquanto, vamos deixar a reação de formose de lado, mantendo em mente que ela é uma fonte potencial de carboidratos alternativa.

Como já vimos algumas vezes em outros contextos, encontrar uma solução para os complicados problemas da síntese de nucleotídeos exigiu uma revolução conceitual. Nesse caso específico, foram necessárias várias dessas revoluções. O principal obstáculo psicológico ao progresso veio da maneira como instintivamente percebemos a estrutura química dos nucleotídeos. É tentador separar mentalmente essa estrutura em três partes: uma base nitrogenada (carbono e nitrogênio), um carboidrato (carbono e oxigênio) e um fosfato (fósforo e oxigênio). Consequentemente, para os químicos, era natural imaginar que esses componentes fossem feitos separadamente e depois combinados em etapas para gerar primeiro um *nucleosídeo* (uma base nitrogenada mais um carboidrato) e depois um nucleotídeo (adicionando um fosfato no final). Na prática, realizar a química do cianeto na presença do formaldeído resulta de imediato na síntese de um produto chamado *cianoidrina* (formado pela rápida reação do cianeto com o formaldeído), que por muito tempo foi considerado um produto final inútil. Essa combinação intuitiva de suposições, por um lado, e a química correta, mas enganosa, por outro, trabalharam em conjunto para bloquear o progresso por décadas.

A primeira tentativa de superar esse obstáculo foi extremamente criativa, embora de início não tenha parecido muito promissora. A ideia era romper com o conceito de produzir a base nitrogenada e o carboidrato separadamente (e depois combiná-los para formar um nucleosídeo). Em vez disso, o novo plano era produzir um composto intermediário anterior, que pudesse depois ser transformado no cobiçado nucleosídeo. O primeiro passo nessa direção foi dado por Orgel, que demonstrou que a ribose reagia de forma muito limpa com a cianamida, parente próxima do cianeto que já encontramos como possível precursor da base nitrogenada citosina, ou C. Notavelmente, a reação da cianamida com a ribose forma um belo composto cristalino com o nome um tanto complicado de *ribose amino-oxazolina*, que chamaremos de *RAO*, para simplificar. O fato de a RAO se cristalizar fora da mistura da reação oferece uma vantagem impressionante para essa abordagem, pois é possível imaginar um depósito de RAO se acumulando lentamente, aumentando com o tempo, enquanto os subprodutos são lavados, resultando, assim, em um processo de purificação natural. Esse esquema de acumular um depósito de um composto intermediário purificado reduz muito a dificuldade aparente de gerar um composto complexo, como um nucleotídeo, em que uma série de reações deve ocorrer em uma ordem definida. Como veremos, esse tipo de processo ocorre repetidas vezes na química prebiótica e é um dos principais conceitos que sustentam a plausibilidade da síntese prebiótica dos componentes básicos da biologia.

Deixando de lado, por enquanto, o aspecto problemático da produção da RAO a partir da ribose, a questão é como passaríamos da RAO para o nucleosídeo desejado. Como se descobriu, duas etapas simples podem nos aproximar do nucleosídeo C, mas ainda há um obstáculo, pois a versão de C que obtemos não é exatamente igual à forma de C usada na biologia. No tipo de C produzido a partir da RAO, a base nitrogenada C está apontando para baixo do carboidrato, e não para cima. Tecnicamente, a versão biológica é chamada de β-anômero (um tipo de isômero — os mesmos átomos, mas com uma estrutura diferente), enquanto a versão obtida da RAO é chamada de α-anômero. Podemos contornar esse novo problema? A exposição à luz ultravioleta de fato causa uma pequena e tentadora conversão para a forma biológica de C, mas com um rendimento muito baixo, de apenas cerca de 4%. A este ponto, podemos ver pelo menos dois grandes obstáculos nesse caminho hipotético para a produção de C: primeiro, iniciar a síntese da RAO a partir de ribose pura não é realista na ausência de uma maneira de purificar e armazenar esse carboidrato instável; segundo, acabamos com o anômero errado de

C e não temos como converter o α-anômero no β-anômero necessário. A questão permaneceu assim por cerca de vinte anos, até o início da década de 1990, quando o químico britânico John Sutherland decidiu repensar todo o processo de síntese de nucleotídeos.

Em uma série de artigos publicados ao longo de quinze anos, Sutherland e sua equipe foram aos poucos se aproximando de uma solução, culminando em um artigo de 2009 que marca um verdadeiro ponto de virada no estudo da química prebiótica. Primeiro, Sutherland adiou o início da síntese, para que substâncias iniciais mais simples do que o carboidrato ribose pudessem ser usadas.

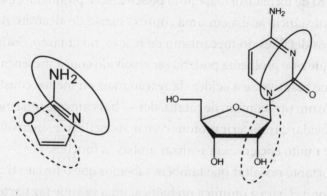

Relação entre 2AO (à esquerda) e o nucleosídeo C (à direita). Os átomos de 2AO que se tornam parte do carboidrato ribose de C, conforme mostrado dentro das elipses tracejadas. Os átomos de 2AO que se tornam parte da base nitrogenada de C, conforme mostrado dentro das elipses de linha contínua.

Assim, na etapa inicial de seu processo, Sutherland e seus colegas permitiram que o carboidrato mais simples possível (*glicolaldeído*), que tem apenas dois átomos de carbono, reagisse com cianamida (o mesmo composto relacionado ao cianeto usado anteriormente para produzir a RAO). Esses dois compostos reagem entre si para formar a molécula em anel simples *2-amino-oxazol*, que chamaremos de *2AO*, para abreviar. A vantagem dessa etapa é que uma nova ligação carbono-nitrogênio é criada, e é precisamente essa ligação que, no final, vai ligar o carboidrato à base nitrogenada (para produzir o nucleosídeo, o componente básico desejado). O ponto importante é que a mesma ligação C-N que anteriormente não se formava pela reação direta do carboidrato com a base nitrogenada agora é introduzida logo no início do caminho, onde se forma prontamente. O composto 2AO já era, na verdade, bem conhecido, então é interessante entender por que ele não havia sido considerado anteriormente um bom caminho intermediário na formação da base nitrogenada C. A resposta vem das tradições históricas da química orgânica, em que as reações tendem (ou tendiam, já que os tempos mudaram bastante) a ser consideradas isoladamente. Quando o carboidrato simples glicolaldeído e a cianamida são misturados e podem reagir um com o outro de forma isolada, muito pouco 2AO é produzido, e a maior parte da substância acaba em uma confusa massa de alcatrão. Ao levar em conta os detalhes do mecanismo de reação, no entanto, Sutherland concluiu que esse problema poderia ser resolvido com a presença de um tampão que mantivesse a acidez da reação mais ou menos constante, e também de um tipo comum de catalisador — basicamente uma molécula que pode ajudar a transferir prótons com mais facilidade. Incrivelmente, o fosfato é muito eficiente em realizar ambas as funções.

É importante ressaltar que também sabemos que o fosfato tinha que estar disponível para a química prebiótica, uma vez que faz parte da estrutura dos nucleotídeos e do RNA. Assim, o grupo de Sutherland adicionou fosfato à sua mistura e eis que uma reação que antes produzia apenas traços do produto desejado tornou-se altamente específica e eficiente. O simples passo de adicionar outro componente a uma reação, mesmo que ele não apareça no produto final, tornou-se um dos exemplos icônicos da *química de sistemas* — a ideia de usar substâncias que sem dúvida precisavam estar presentes (como o fosfato deveria estar, pois faz parte dos nucleotídeos e do RNA). Ainda assim, devemos enfatizar que essa etapa não era nada óbvia, pois o conhecimento convencional da época era de que o fosfato só estaria disponível em concentrações mínimas, devido à sua precipitação na presença de cálcio, como o mineral apatita. O uso de altas concentrações de fosfato foi um salto no escuro que, por si só, trouxe à tona outra questão: o chamado problema do fosfato. Deixando essa dificuldade de lado por enquanto, ainda temos que lidar com o fato de que o 2AO é uma molécula muito pequena e simples, que parece bastante distante do nucleosídeo C, que, em última análise, é o objetivo da nossa investigação.

No entanto, passar do primeiro intermediário, 2AO, para o próximo intermediário, RAO, é uma tarefa ao mesmo tempo simples e problemática. A boa notícia é que o 2AO reage rapidamente com um carboidrato de três carbonos (*gliceraldeído*) essencial, produzindo a RAO, que, como antes, poderia se cristalizar a partir mistura de reação em um processo de purificação natural. Além disso, é gerado um importante subproduto chamado AAO, que permanece em solução. Entretanto, essa etapa exigiu um segundo salto no escuro, pois criou o novo problema da síntese do próprio carboidrato de três carbonos, e o problema ainda mais difícil, de como o carboidrato de dois carbonos (e *somente* o carboidrato de dois carbonos) poderia ser usado na primeira etapa, e o carboidrato de três carbonos (e *somente* o carboidrato de três carbonos) na segunda etapa. Pior ainda, o relevante carboidrato de três carbonos é instável, e se converte com relativa rapidez em uma configuração dos átomos (um isômero) que não produziria a RAO. Por fim, estamos mais uma vez presos na etapa de RAO, que, como já havíamos descoberto, nos dá a forma errada (não biológica) de C.

Nos encontramos, então, em um beco sem saída, como antes? Não exatamente, porque Sutherland tinha mais uma cartada: mudar o foco para o outro produto da reação de 2AO com o gliceraldeído, ou seja, o subproduto AAO. Esse composto havia sido negligenciado no passado porque envolve um carboidrato que, embora seja um parente próximo da ribose, é diferente o bastante para não formar um polímero genético como o RNA. Esse carboidrato, a arabinose, difere da ribose apenas pelo fato de o átomo de oxigênio ligado ao carbono 2' estar acima do anel do carboidrato, e não abaixo, como na ribose. Considerando essa questão, por que Sutherland decidiu, a essa altura, optar pela AAO em vez da

RAO? Foi o fosfato que mais uma vez veio resolver o problema. Depois da reação da AAO com o cianoacetileno (o passo que forma a base nitrogenada C), Sutherland conseguiu ligar um fosfato ao carboidrato de tal forma que o fosfato pudesse atacar o átomo de carbono adjacente e, quase em um passe de mágica, gerar um nucleosídeo C adequado (um diagrama dessa reação é mostrado na seção 6 do Apêndice deste capítulo). O princípio por trás dessa etapa crítica é o princípio da *reatividade intramolecular*, uma maneira elegante de dizer que dois grupos químicos têm maior probabilidade de reagir um com o outro se estiverem próximos.

Portanto, é fascinante constatar que, no artigo seminal publicado por Sutherland e seus colegas em 2009, vemos a operação de três conceitos importantes: *química de sistemas* (no uso do fosfato para produzir 2AO), *reatividade intramolecular* (no fosfato atacando o átomo vizinho) e, talvez tão importante quanto, o *adiamento criterioso de problemas não resolvidos para um momento posterior* (por exemplo, a origem e o momento da adição do gliceraldeído). Reconsideremos agora a longa lista de problemas adiados, e vejamos como o caminho para os componentes básicos essenciais do RNA foi sendo simplificado aos poucos a partir daquele artigo revolucionário. Ao fazer isso, veremos surgir lentamente uma imagem de como essa intrincada série de reações químicas poderia ter acontecido de forma realista na Terra primitiva.

Do laboratório para a natureza

O principal problema que os pesquisadores vinham enfrentando era, e ainda é, transformar uma cadeia de reações químicas, de uma mera demonstração em laboratório, em algo relevante para as condições da Terra primitiva. No laboratório, as reações químicas costumam ser examinadas uma por vez, e os intermediários são purificados antes de seguir para a próxima etapa. Há muitas maneiras sofisticadas de purificar compostos no laboratório, mas a questão é se há algo análogo no mundo natural. Felizmente, uma breve reflexão revela que existe sim: a precipitação ou cristalização de minerais puros na geologia é comum, na verdade, é universal. Belos cristais de várias substâncias — desde o quartzo comum até minerais raros e exóticos, podem ser vistos em qualquer museu de história natural. Mas na Terra moderna, cristais de compostos orgânicos são extremamente raros. A razão é, em parte, pelo fato de que os compostos orgânicos servem de alimento para microrganismos e tendem a ser rapidamente consumidos por bactérias e fungos. Além disso, a química natural do mundo moderno é completamente diferente daquela da Terra primitiva — imagine nossa atmosfera rica em oxigênio e compare-a com as condições do nosso jovem planeta, onde não havia oxigênio. Então, podemos pensar em maneiras pelas quais certos compostos-chave poderiam se precipitar (ser depositados na forma sólida) ou cristalizar, efetivamente formando reservatórios de substâncias purificadas que poderiam se acumular ao longo do tempo, sendo depuradas à medida que a água subterrânea filtrasse através da massa cristalina, removendo as impurezas? De fato, há vários compostos muito interessantes com o potencial de se comportar exatamente dessa maneira. Vamos considerá-los agora, começando pelo mais simples (cianeto) e progredindo até o mais complexo (RAO).

Como o cianeto é considerado há muito tempo um dos materiais iniciais mais prováveis para a síntese prebiótica de biomoléculas, vamos examinar com mais detalhes como ele pode ter sido produzido e subsequentemente armazenado em uma forma concentrada, adequada para reações sintéticas. Uma das propriedades que o torna tão potente é o fato de que há uma quantidade considerável de energia armazenada na ligação tripla que liga seus átomos de carbono e nitrogênio. Isso significa que o cianeto, de certa forma, está preparado para reagir com outras moléculas, e essas transformações podem ocorrer de forma energeticamente favorável, evitando a complexidade de ter que injetar mais energia no sistema para impulsionar as reações desejadas. Entretanto, essa mesma propriedade também cria um problema, pois o cianeto reage (ainda que lentamente) com a água. Essa reação, chamada de hidrólise (a decomposição química de compostos pela água), degrada nosso precioso cianeto a um produto menos reativo chamado *formamida*, que, embora seja interessante por si só (é líquido em temperaturas moderadas e excelente para dissolver algumas moléculas quase insolúveis em água), é menos útil como componente básico sintético. Além disso, a formamida também reage lentamente com a água, dessa vez gerando amônia e ácido fórmico.

O problema, então, está em como salvar o cianeto de sua destruição aparentemente inevitável pela água. Essa é uma questão de fato incômoda, uma vez que o cianeto provavelmente foi formado na atmosfera, onde sua concentração teria sido bastante baixa. O cianeto atmosférico teria sido levado para a superfície depois de se dissolver nas gotas de chuva, mas o resultado da condensação de cianeto seria mais uma vez uma solução muito diluída em água. Por muitos anos, acreditou-se que esse cianeto diluído e dissolvido fosse um beco sem saída devido à sua hidrólise inevitável.

$$\left[\begin{array}{c} N \\ \| \\ C \\ N\!\equiv\!C\,{\cdots}\,\overset{|}{\underset{|}{Fe^{2+}}}\,{\cdots}\,C\!\equiv\!N \\ C \\ \| \\ N \end{array} \right]^{4-}$$

Como muitas vezes acontece, uma solução potencial para esse problema do cianeto era de conhecimento comum no campo da química, mas ninguém havia aplicado tal conhecimento para resolver essa questão crítica na química prebiótica.

A solução para a aparente dificuldade de concentrar o cianeto surge da interação extremamente forte e rápida do cianeto dissolvido com determinados íons metálicos. O mais notável a esse respeito é o fato de que o ferro ferroso dissolvido (um átomo de ferro que perdeu seus dois elétrons mais fracamente ligados) reage com o cianeto para formar um complexo que consiste em um átomo de ferro cercado por seis cianetos. Esse complexo, conhecido como *ferrocianeto*, é bastante estável e, o que é mais importante, pode se precipitar de uma solução em várias condições. Por exemplo, a substância intimamente relacionada, conhecida como azul da Prússia, é um complexo de cianeto de ferro altamente insolúvel que pode facilmente se formar e se precipitar. Além disso, os sais de ferrocianeto também podem se precipitar, por exemplo, quando as soluções se concentram por evaporação.

Cálculos detalhados feitos pelos cientistas planetários Jonathan Toner e David Catling, da Universidade de Washington, sugerem que os sais de ferrocianeto poderiam se acumular e se precipitar em lagos de carbonato alcalino, semelhantes a uma classe de lagos encontrados na Terra moderna, como o lago Mono, na Califórnia, e o lago Last Chance, no Canadá. A fonte do ferro dissolvido também não é mais um mistério. Em regiões vulcânicas ou ao redor de crateras de impacto de meteoritos, a água quente circula através das rochas fraturadas da crosta terrestre, lixiviando íons metálicos das rochas, inclusive o ferro. À medida que é aquecida, por exemplo, pelo magma subjacente, essa água subterrânea sobe à superfície, levando sua carga de metais dissolvidos para lagos e lagoas. Lá, o ferro da crosta terrestre é capaz de se ligar ao cianeto da atmosfera terrestre, formando complexos de ferrocianeto, que podem então se acumular ao longo de milhares de anos. Acima de uma determinada concentração, os sais de ferrocianeto começam a se precipitar ou, alternativamente, os lagos rasos em geral secam — ambos os processos deixam para trás um leito de sedimentos misturados com sais de ferrocianeto. Dessa forma, enormes depósitos de cianeto complexado com ferro poderiam se acumular e ser armazenados por longos períodos de tempo, nas regiões geotermicamente ativas, que teriam sido bastante comuns na superfície da Terra primitiva.

Isso ainda nos deixa com a questão de como um leito espesso de ferrocianeto seco misturado com lama pode se transformar no caldo concentrado de substâncias químicas reativas de que precisamos para iniciar a síntese dos componentes básicos da biologia. Mais uma vez, há uma resposta simples que pode ser encontrada em um dos processos geológicos mais rotineiros: a modificação de substâncias sob alta pressão e temperatura. Uma transformação metamórfica como essa torna, por exemplo, precipitados calcários macios de carbonato de cálcio na bela rocha muito apreciada pelos escultores: o mármore.

Que tipos de processo poderiam transformar nosso depósito de ferrocianeto não reativo nas matérias-primas reativas de que precisamos? Duas possibilidades óbvias são: os fluxos de lava, quase inevitáveis em áreas onde há atividade vulcânica, e os impactos de asteroides, também quase inevitáveis na Terra primitiva. A lava, fluindo sobre sedimentos ricos em ferrocianeto, vaporizaria, aqueceria e calcinaria esses sedimentos, liberando o precioso cianeto de sua forma ligada ao ferro e, por sua vez, transformando parte desse cianeto em espécies reativas relacionadas, como a cianamida. Da mesma forma, o impacto de um asteroide de tamanho moderado também forneceria o calor e a pressão necessários para as mesmas transformações químicas. Como curiosidade, a maior parte da literatura científica sobre as transformações térmicas dos sais de ferrocianeto foi publicada há mais de cem anos! O fato é que a potencial relevância do ferrocianeto para a química prebiótica só foi reconhecida recentemente. Mais adiante no processo, depois de a lava quente ter se solidificado e esfriado, a água subterrânea começaria a se infiltrar lentamente através de sedimentos subjacentes, levando consigo uma mistura altamente concentrada de cianeto, cianamida e outros derivados de cianeto.

Para resumir o cenário que se apresenta, eis as etapas que imaginamos. Primeiro, o cianeto diluído se precipita da atmosfera na forma de chuva. Em seguida, ele é capturado como ferrocianeto pelo ferro trazido à superfície através da água que circula nas rochas fraturadas. O ferrocianeto se acumula então em camadas de sedimentos. Em algum momento, esses sedimentos ricos em cianeto serão processados termicamente por fluxos de lava ou impactos de meteoritos, e uma mistura concentrada de moléculas reativas de matéria-prima e ferrocianeto remanescente será finalmente liberada e transportada pelas águas subterrâneas em circulação.

Que haja luz e enxofre

Para entender o que vem a seguir, temos que considerar mais uma vez o contexto planetário no qual toda essa química prebiótica está ocorrendo. Uma vez que a água subterrânea, com sua rica carga de compostos reativos de carbono e nitrogênio, emerge da escuridão subterrânea da Terra na forma de nascentes e riachos, fluindo para lagos e lagoas rasas, ela será exposta pela primeira vez à luz do Sol. A radiação solar que incidia sobre a Terra primitiva teria sido uma fonte prodigiosa de energia, poderosa o suficiente para impulsionar uma ampla gama de transformações químicas. Algumas dessas reações são simples, outras, complexas, algumas, produtivas, outras, destrutivas. Mas como podemos saber se a radiação UV será útil ou prejudicial? Se impulsionará sínteses frutíferas ou simplesmente destruirá tudo que for útil?

Descobrir isso não é uma tarefa simples, e requer uma combinação de medições experimentais cuidadosas com modelagem teórica detalhada, para chegarmos a informações reveladoras. Não surpreende que essa seja uma investigação em andamento que envolve muitos cientistas. Ainda assim, com base nos resultados obtidos até o momento, podemos apurar algumas tendências e lições importantes. Talvez a propriedade mais significativa seja a energia dos fótons UV. A radiação UV altamente energética (de comprimento de onda curto, próximo ao dos raios X) tende a ser a mais destrutiva, porque cada fóton carrega energia suficiente para quebrar moléculas em pedaços menores. Por outro lado, fótons de luz UV muito menos energética (de comprimento de onda mais longos, próximos aos da luz visível) não possuem energia suficiente para quebrar ligações químicas e, portanto, afetam menos a química. A faixa intermediária é onde as coisas ficam interessantes, pois esses fótons UV de comprimento de onda médio podem quebrar várias, mas não todas as ligações químicas. Como resultado, alguns compostos serão destruídos, outros, alterados, e outros ainda não serão afetados, de maneiras complexas e um tanto imprevisíveis, que dependem do espectro preciso dos fótons UV, da intensidade da radiação e dos detalhes do ambiente químico. Considerando todas essas ressalvas, temos que examinar cuidadosamente como (ou mesmo se) o poder da radiação UV poderia ter levado à síntese de compostos úteis na Terra primitiva.

Uma das consequências mais simples e mais produtivas da irradiação UV é um processo muito bem estudado, no qual um fóton de luz UV é absorvido por um complexo de ferrocianeto. Como resultado, o átomo de ferro do complexo é excitado para um estado de energia mais elevado, e um dos elétrons do átomo é ejetado. Esse elétron inicialmente dispara em alta velocidade, mas depois de colidir com várias moléculas de água, diminui a velocidade e, no fim das contas — na realidade, depois de alguns nanossegundos (um nanossegundo é um bilionésimo de segundo) —, fica cercado por um invólucro de moléculas de água. Esse "elétron aquoso" é relativamente estável, no sentido de que em geral dura alguns milionésimos de segundo antes de ser absorvido por outra molécula. Se a água contiver cianeto dissolvido, o elétron pode se ligar ao cianeto, dando início a uma série de reações que, por fim, transformam o cianeto em formaldeído e amônia.

Você deve ter notado que, curiosamente, por razões que ainda não estão totalmente claras, as reações prebióticas parecem ser dominadas pela química do que hoje identificamos como substâncias nocivas e venenosas. O formaldeído gerado pelo processo fotoquímico inicial reage muito rapidamente com uma molécula de cianeto próxima, produzindo uma cianoidrina simples. Durante décadas, acreditou-se que essa molécula era um produto inútil, um beco sem saída, pois é relativamente estável e não reativo. Como resultado, acreditava-se que sua formação deveria ser evitada a todo custo, a fim de prevenir o consumo de cianeto valioso e sua conversão em um resíduo improdutivo.

Em mais um avanço conceitual, o grupo de Sutherland mostrou que, assim como o cianeto, o grupo CN dessa molécula de cianoidrina também poderia absorver um elétron aquoso. Em seguida, ele passaria por uma série de reações análogas, dessa vez sendo convertido no carboidrato mais simples, o glicolaldeído de dois carbonos já encontrado anteriormente, na tentativa de produzir 2AO. Assim, de modo geral, o aldeído mais simples de um carbono (aldeídos são compostos orgânicos nos quais o carbono compartilha uma ligação dupla com o oxigênio) — o famoso formaldeído tóxico — é transformado em um carboidrato de dois carbonos. Esse carboidrato simples, por si só, revela-se um componente básico útil para a montagem de moléculas mais complexas, incluindo carboidratos maiores. Na verdade, a mesma série de reações que transformou o formaldeído em um carboidrato de dois carbonos pode ser repetida e, por meio da reação com outra molécula de cianeto, o carboidrato de dois carbonos é convertido no carboidrato de três carbonos gliceraldeído, que nos ajudou a transformar 2AO em RAO anteriormente.

Mas não vamos nos deixar distrair pelos nomes complicados dos compostos químicos. As reações que descrevemos constituem uma descoberta realmente surpreendente, por diversas razões. Primeiro, esse carboidrato de três carbonos é um metabólito central na biologia moderna, sendo uma das moléculas-chave na via pela qual a glicose é metabolizada em fragmentos menores, fornecendo assim a energia necessária para impulsionar os processos celulares. Em segundo lugar, o gliceraldeído (com três carbonos) e seu precursor menor, o glicolaldeído (com dois carbonos), são os materiais de partida necessários para iniciar a montagem dos nucleotídeos, com seu carboidrato de cinco carbonos, a ribose. É interessante notar que esse processo de conversão de cianeto em carboidratos simples pode se tornar ainda mais eficiente ao invocarmos uma espécie de química de "reciclagem". Quando um complexo de ferrocianeto é excitado pela luz UV e emite um elétron, ele é convertido em uma forma oxidada chamada ferricianeto. A menos que esse ferricianeto possa ser convertido de volta em ferrocianeto, a geração de elétrons aquosos será interrompida quando o ferrocianeto for consumido. No entanto, o gás SO_2 (dióxido de enxofre) se dissolve em água para formar sulfito e bissulfito, que podem reciclar o ferricianeto de volta para ferrocianeto.

De onde vem esse SO_2? Essa pergunta nos leva de volta à importância de respeitar o cenário geológico no qual essas reações estão ocorrendo. Se considerarmos que um ambiente provável era vulcanicamente ativo, reconheceremos de imediato que a liberação de gases vulcânicos pode levar à emissão de grandes quantidades de dióxido de enxofre. A liberação de gases dissolvidos em rocha derretida sob alta pressão pode ser bastante dramática na medida em que o magma se aproxima da superfície e a pressão diminui. Lembremos que a explosiva erupção vulcânica do Pinatubo, em 1991, liberou tanto SO_2 que a névoa atmosférica resultante resfriou a Terra de forma mensurável por dois anos. A química do enxofre revela-se crucial para a operação eficiente da conversão prebiótica de cianeto em carboidratos simples. Todo o processo é agora chamado de *química fotorredox cianossulfídica*, para enfatizar a importância sinérgica combinada do cianeto, do enxofre e da luz UV.

Construindo nucleotídeos

Um exame mais detalhado revela, no entanto, uma série de problemas que precisam ser resolvidos antes de concluirmos que temos uma rota realista para a produção de nucleotídeos. Para demonstrar as dificuldades, vamos considerar dois desses problemas aqui. Primeiro, os carboidratos de dois e três carbonos são reativos, e o gliceraldeído apresenta um problema específico, pois sofre um rearranjo espontâneo (uma chamada reação de isomerização) de um *aldeído* (no qual o grupo C=O está em uma extremidade da cadeia de carbono) para uma *cetona* (na qual o C=O está no meio da molécula). O resultado perturbador desse rearranjo é que, se deixado por conta própria, mais de 99,9% do gliceraldeído em solução se isomeriza nesse produto cetônico, que não participa da síntese do nosso intermediário cristalino essencial, a RAO.

Os pesquisadores, portanto, tiveram que descobrir se os carboidratos de dois e três carbonos desejados poderiam ser estabilizados, de modo a se acumular em altas concentrações sem formar subprodutos indesejados. Felizmente, descobriu-se que há pelo menos duas maneiras de conseguir isso. A primeira é incrivelmente simples: o SO_2 atmosférico se dissolve na água, especialmente na água levemente alcalina, formando o bissulfito, que entra em ação ao reagir com aldeídos (incluindo nossos carboidratos simples) para formar complexos estáveis. Além disso, essa reação é reversível, o que significa que os produtos de adição do bissulfito podem se acumular, mas o carboidrato livre pode ser liberado lentamente, permitindo assim que as reações desejadas prossigam.

É interessante notar que há outra maneira, embora mais complicada, de estabilizar os carboidratos para que eles possam se acumular em um depósito estável. Essa abordagem, descoberta no laboratório do químico Matthew Powner, da University College London, também envolve a química do enxofre. Nesse caso, a molécula-chave é o análogo sulfuroso do 2AO (o precursor dos nucleotídeos), ao qual podemos nos referir como 2AT. Descobriu-se que o 2AT tem a propriedade de reagir com nossos carboidratos simples para formar complexos estáveis, que são lindamente cristalinos. Em uma mistura de carboidratos, o 2AT reage mais rapidamente com o carboidrato de dois carbonos glicolaldeído, de modo que uma camada de cristais do aduto de 2AT precipita-se da solução. Em seguida, mais lentamente, o 2AT reage com o gliceraldeído, formando uma segunda camada de cristais. O 2AT pode inclusive resgatar o isômero cetona indesejado do gliceraldeído, porque esse isômero se converte lentamente de volta em gliceraldeído, que é então removido da solução como seu aduto cristalino de 2AT. Qual dessas duas maneiras de estabilizar os carboidratos é a maneira "real" que pode ter acontecido na Terra primitiva? Ambas têm certas vantagens — o processo do bissulfito é mais simples, mas o processo com o 2AT oferece o possível benefício adicional de separar fisicamente os depósitos dos carboidratos de dois e três carbonos. Ainda não se sabe se essa separação é necessária.

Agora que encontramos uma maneira de manter nossos carboidratos de dois e três carbonos em uma forma estabilizada, seja em solução ou como depósitos cristalinos, a próxima questão é o que poderia ter acontecido em seguida. Como discutimos anteriormente, o glicolaldeído reage com o composto rico em nitrogênio cianamida para gerar o intermediário razoavelmente estável que chamamos de 2AO. O 2AO pode reagir tanto com outra molécula de glicolaldeído quanto com uma molécula de gliceraldeído. Essas reações geram um pouco de confusão, pois há dois produtos da reação com um segundo glicolaldeído e quatro produtos da reação com o gliceraldeído, sendo que apenas um deles é o nosso intermediário favorito, a RAO. Desses seis produtos, é a RAO que se cristaliza a partir da solução, oferecendo a oportunidade de que os outros cinco subprodutos sejam removidos enquanto um depósito de RAO puro se acumula. Como um aparte, a história da cristalização da RAO é interessante por outro motivo, pois há uma reviravolta (quase literal!) na maneira desses cristais se formarem em uma superfície magnética, o que poderia até mesmo fornecer uma explicação para o fato de apenas uma das duas formas de imagem espelhada (esquerda ou direita) dos nucleotídeos ter sido criada para a vida como a conhecemos.

Nossa principal preocupação agora é considerar como um depósito bonito e limpo de RAO cristalino pode ter se transformado no que a vida realmente precisava, que eram os blocos de construção de nucleotídeos do RNA. Como vimos anteriormente, a RAO reage de maneira eficiente com o composto altamente reativo cianoacetileno, que é basicamente apenas uma molécula de acetileno ligada a uma molécula de cianeto. O produto dessa reação é de fato um nucleosídeo — um precursor tentadoramente próximo da C presente no RNA, mas ainda não é a forma correta. Voltaremos a esse obstáculo específico em breve, mas a primeira pergunta é: de onde viria o cianoacetileno? A resposta é que o cianoacetileno pode ser formado em uma atmosfera redutora rica em metano, hidrogênio e amônia, junto com o cianeto. (De fato, o cianoacetileno também é abundante na atmosfera de Titã, uma das luas de Saturno.) No entanto, a própria reatividade do cianoacetileno sempre fez com que sua reação com a RAO parecesse um pouco duvidosa, uma vez que nunca ficou claro como o cianoacetileno poderia se acumular em quantidade suficiente no lugar certo e na hora certa para impulsionar a síntese de nucleotídeos.

Recentemente, pesquisadores do laboratório de Sutherland encontraram uma solução para esse problema, em um lugar inesperado: a química do próprio cianeto. O cianeto concentrado, dissolvido em formamida, que é produto de sua hidrólise, e levemente aquecido, produz uma quantidade consideravelmente alta de adenina (abreviada como A). Como já mencionamos, a adenina, um dos componentes básicos canônicos do RNA e do DNA, não passa de cinco cianetos unidos da maneira certa. Mas a adenina não é o único produto dessa síntese. O outro produto dominante é uma molécula composta de quatro cianetos unidos, formando um núcleo plano em forma de anel com dois grupos cianeto (-CN) projetados, à qual vamos nos referir como DCI. Tudo isso é uma maneira indireta de nos levar à solução para o problema do cianoacetileno.

Surpreendentemente, os pesquisadores do grupo de Sutherland descobriram que o DCI reage rapidamente com o cianoacetileno, formando um aduto estável que, para simplificar, chamaremos de CV-DCI. Trata-se de um composto interessante que se cristaliza a partir da mistura da reação na qual é formado em belos cristais planos — mais uma vez, uma boa reserva estável de um composto reativo importante. O crucial, no entanto, é que o CV-DCI não é tão estável a ponto de sua preciosa carga de cianoacetileno ficar presa em uma forma não reativa. Em vez disso, o CV-DCI pode liberar lentamente o cianoacetileno na solução, onde ele pode reagir com a RAO para formar o precursor "não exatamente correto" da C.

A essa altura, vários problemas difíceis parecem ter sido resolvidos, mas ainda não estamos totalmente livres de obstáculos, pois ainda não temos o nucleotídeo C propriamente dito, mas sim uma forma desidratada chamada anidronucleosídeo. Pior ainda, esse anidro-C tem a base nitrogenada C apontando para baixo do anel de carboidrato (o chamado α-anômero) em vez de estar acima do carboidrato, como no β-anômero, que é universalmente visto na biologia, de modo que a reação com a água gera o α-anômero da C. E foi exatamente esse o problema que impediu o progresso há cerca de sessenta anos. Naquela época, o químico Leslie Orgel e seus colegas descobriram que a luz UV podia converter uma fração muito pequena da forma α na forma β desejada. Esse resultado foi tão frustrante quanto empolgante, pois não parecia haver nenhuma maneira de salvar a RAO da transformação sem saída em α-riboC.

anidro-α-riboC   2-tio-α-riboC   2-tio-β-riboC

A solução para o problema de como usar a propensão da RAO para se autopurificar por cristalização veio, mais uma vez, da reflexão sobre o contexto geológico no qual a química prebiótica ocorreu. Já discutimos os potenciais papéis de um gás vulcânico que contenha enxofre, o SO_2, mas há outro gás que contém enxofre que é difícil de ignorar em qualquer área vulcanicamente ativa: o sulfeto de hidrogênio, ou H_2S. Esse gás é o que dá o cheiro característico a ovos podres e também é um dos gases mais perceptíveis e perigosos liberados pela lava vulcânica ou pelo magma subterrâneo. Na verdade, certa vez, um de nós (Szostak) estava de férias na ilha caribenha de Dominica e tentou visitar o famoso "lago fervente" do vulcão ativo de lá. No entanto, o odor pungente de H_2S se tornou insuportável muito antes do lago estar à vista, e ele foi obrigado a dar meia-volta.

Acredite se quiser, o segundo autor (Livio) teve uma experiência idêntica na ilha Vulcano, perto da Sicília. Assim como o SO_2, seu primo mais oxidado, o H_2S também pode se dissolver em água, em especial se a água for um pouco alcalina. Desta forma a água que circula na crosta e entra em contato com os gases liberados pelo magma pode acumular sulfeto de hidrogênio, o que é capaz de produzir muitos efeitos interessantes. Por exemplo, o sulfeto de hidrogênio reage com íons metálicos, como o ferro ferroso, precipitando-os como o sulfeto metálico correspondente, que, no caso do ferro, é a pirita de ferro, um composto semelhante ao ouro. No entanto, se parte do sulfeto permanecer nas águas superficiais, podem ocorrer reações ainda mais interessantes, o que nos leva de volta ao dilema da RAO. Conforme mencionamos, a RAO reage com o cianoacetileno (proveniente de seu depósito de liberação lenta de CV-DCI) para produzir a quase — mas não totalmente correta — forma "anidro" da C, na qual o problema é que o anel da C está apontando para baixo do anel de carboidrato, ao invés de para cima, como na forma biológica da C. Quando esse anidro-C é hidrolisado pela água, acabamos com o chamado α-anômero da C, e não temos uma maneira eficiente de convertê-lo para a forma β desejada, invertendo o anel de baixo do carboidrato para cima dele.

Com isso, pesquisadores descobriram que o sulfeto também pode atacar esse precursor anidro, gerando um produto no qual um dos átomos de oxigênio da base nitrogenada é substituído por um átomo de enxofre. Isso pode parecer um retrocesso, pois agora temos dois problemas: o anel ainda está na posição errada e, além disso, agora está modificado pela presença de um átomo de enxofre. No entanto, por incrível que pareça, é esse átomo de enxofre que oferece uma solução, visto que agora uma leve irradiação UV excita a molécula e inverte o anel para a posição desejada. A exposição contínua a raios UV em condições levemente alcalinas leva à perda do enxofre do produto, deixando como resultado a exata forma natural do ribonucleosídeo C. Além disso, essa mesma exposição à radiação UV adicional em um ambiente alcalino também converte C em U, o que nos fornece dois dos quatro componentes básicos canônicos do RNA!

Recapitulando brevemente, vimos como o cianeto pode ser convertido em carboidratos simples de dois e três carbonos, que podem ser estabilizados por meio da reação com o bissulfito (proveniente do SO_2, vulcânico) ou o 2AT. A cianamida então reage com esses carboidratos para formar uma mistura complexa de produtos, dos quais um isômero — RAO — cristaliza-se espontaneamente a partir da solução, acumulando-se na forma de um depósito de material purificado. Em seguida, a RAO reage primeiro com o cianoacetileno (derivado de outro depósito cristalino, o CV-DCI) e, depois, com o sulfeto de hidrogênio, para formar um nucleosídeo contendo enxofre, que é convertido na estrutura correta (anômero) pela exposição à luz UV. Por fim, a exposição contínua à luz UV em água alcalina gera uma mistura dos nucleosídeos biologicamente relevantes C e U. O caminho está resumido na figura da p. 75.

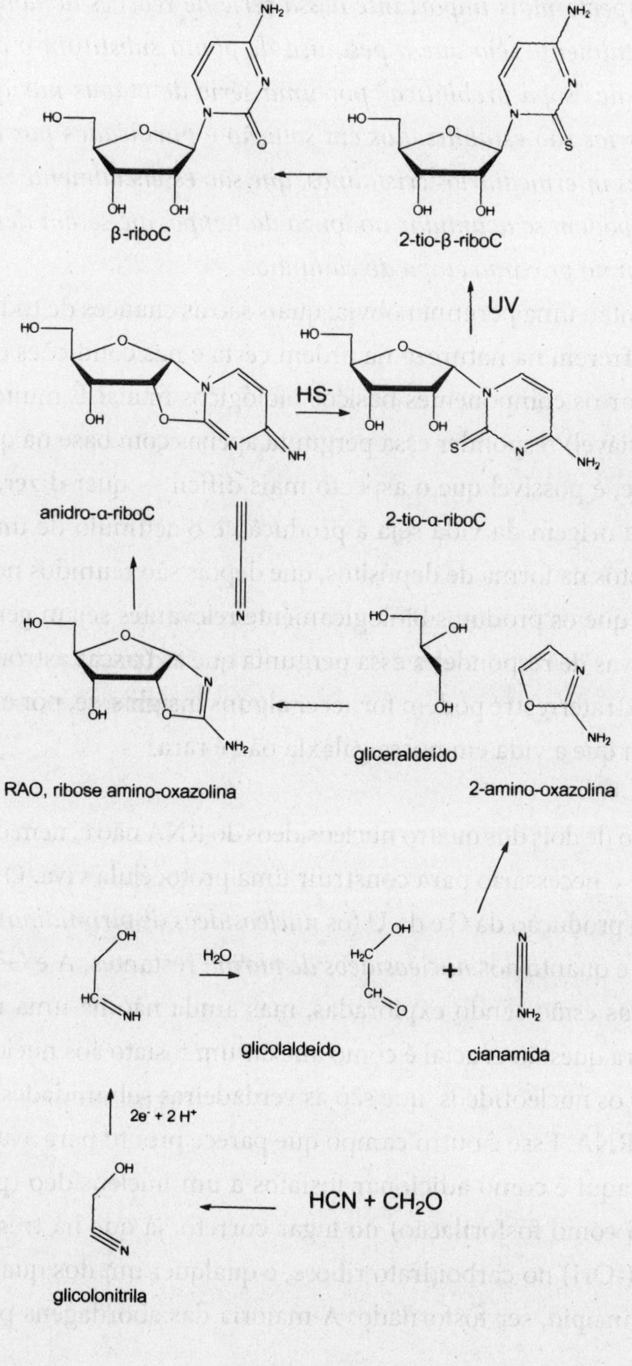

A ORIGEM DA VIDA: DA QUÍMICA À BIOLOGIA

β-riboC

2-tio-β-riboC

anidro-α-riboC

2-tio-α-riboC

RAO, ribose amino-oxazolina

gliceraldeído

2-amino-oxazolina

glicolaldeído

cianamida

glicolonitrila

HCN + CH$_2$O

A TERRA É EXCEPCIONAL?

Talvez o aspecto mais importante dessa série de reações demonstradas experimentalmente seja que a pesquisa de ponta substituiu o conceito antiquado de "sopa prebiótica" por uma série de etapas nas quais os intermediários são estabilizados em solução e purificados por cristalização. Esses intermediários cristalinos, que são essencialmente minerais orgânicos, podem se acumular ao longo do tempo, até serem destruídos ou reagirem na próxima etapa do caminho.

Surge então uma pergunta óbvia: quais são as chances de todas essas etapas ocorrerem na natureza na ordem certa e nas condições certas, a fim de gerar os componentes básicos biológicos finais? É muito difícil (se não inviável) responder essa pergunta apenas com base na química. Na verdade, é possível que o aspecto mais difícil — quer dizer, o mais lento — da origem da vida seja a produção e o acúmulo de uma série de compostos na forma de depósitos, que depois são reunidos na ordem certa para que os produtos biologicamente relevantes sejam gerados. É nas tentativas de responder a essa pergunta que as buscas astronômicas por vida extraterrestre podem fornecer alguns insights, se, por exemplo, mostrarem que a vida em nossa galáxia não é rara.

A produção de dois dos quatro nucleosídeos do RNA não é, nem de longe, tudo o que é necessário para construir uma protocélula viva. O próprio sucesso na produção da C e da U (os *nucleosídeos de pirimidina*) levanta a questão: e quanto aos *nucleosídeos de purina* restantes, A e G? Muitas novas ideias estão sendo exploradas, mas ainda não há uma resposta clara. Outra questão crucial é como anexar um fosfato aos nucleosídeos para gerar os nucleotídeos, que são as verdadeiras subunidades de uma cadeia de RNA. Esse é outro campo que parece pronto para avanços. O problema aqui é como adicionar fosfatos a um nucleosídeo (processo conhecido como fosforilação) no lugar correto, já que há três grupos hidroxila (-OH) no carboidrato ribose, e qualquer um dos quais poderia, em princípio, ser fosforilado. A maioria das abordagens para essa fosforilação necessária é bastante agressiva e inespecífica, o que significa que os fosfatos são adicionados em qualquer uma ou em todas essas três posições, gerando uma mistura de compostos.

Na biologia, os componentes básicos dos nucleotídeos do RNA e do DNA sempre têm seu fosfato em um determinado -OH (que se projeta para cima e para longe do restante do carboidrato), mas, para nossa frustração, parece quimicamente mais fácil adicionar fosfatos às outras duas hidroxilas, caso em que o fosfato tende a ciclar — gerando o que é conhecido como fosfato cíclico. Curiosamente, esse é o mesmo produto gerado pela hidrólise do RNA. Uma possibilidade é que os nucleotídeos ou cadeias curtas de nucleotídeos com um fosfato cíclico terminal sejam, na verdade, os componentes básicos primordiais do RNA, e que a fosforilação específica que vemos hoje na biologia seja uma "invenção" posterior da evolução. Tal ideia é consistente com o fato de que essas cadeias curtas podem se organizar sobre um molde (quando uma fita serve de molde para outra), a fim de gerar produtos mais longos.

Por outro lado, a taxa lenta e o baixo rendimento dessas reações de montagem poderiam igualmente ser interpretados como evidência de que o processo pode não ser relevante para a síntese de RNA. Certamente, a cópia de moldes por nucleotídeos (ou cadeias curtas) com um fosfato ativado na posição correta é muito mais rápida e eficiente. Uma das primeiras tentativas de direcionar a fosforilação para a posição correta envolveu o uso de borato (um sal de ácido bórico), que se liga a outras duas hidroxilas e impede que elas sejam fosforiladas. Isso funciona razoavelmente bem, mas a plausibilidade de haver borato suficiente nos ambientes da Terra primitiva, onde os nucleotídeos estavam sendo produzidos, é altamente discutível. Atualmente, não sabemos se vamos encontrar outra maneira de tornar a reação de fosforilação mais branda e mais específica, mas a busca por esse caminho é claramente uma prioridade na área.

Como vimos, a produção dos componentes básicos do RNA em laboratório enfrentou muitos desafios. No entanto, o pensamento cuidadoso e criativo, aliado a um extenso trabalho empírico, conseguiu superar muitos desses obstáculos (ainda que não todos). Mas isso é apenas o começo. A produção experimental de muitos outros componentes das células vivas ainda precisa ser alcançada, antes de podermos afirmar que entendemos o surgimento da vida.

Apêndice

Estruturas e reações químicas

Este apêndice consiste em uma série de diagramas químicos que ilustram como os componentes básicos do RNA podem ser montados a partir de substâncias iniciais mais simples, conforme descrito no texto.

Como "ler" diagramas químicos

As estruturas químicas são convencionalmente desenhadas em um formato abreviado que, a princípio, pode parecer confuso. Só que as regras dessa abreviação são bastante simples. Cada linha representa uma ligação entre átomos adjacentes. Uma linha simples representa uma ligação simples, uma linha dupla representa uma ligação dupla e uma linha tripla representa uma ligação tripla. Portanto, essa parte é bastante simples. Um pouco menos óbvia é a regra de que os átomos de carbono raramente são representados de maneira explícita por um C; em vez disso, qualquer lugar onde duas ligações se encontram é um átomo de carbono. Quanto aos átomos de hidrogênio, nem nos damos ao trabalho de marcá-los no desenho da estrutura, mas tudo bem, você pode descobrir onde os hidrogênios estão, pois os átomos de carbono sempre formam quatro ligações. Por exemplo, o vértice entre uma linha simples e uma linha dupla representa um átomo de carbono com as três ligações sendo mostradas, e a quarta ligação que falta é com um átomo de hidrogênio implícito. Às vezes, isso pode ser um pouco mais complicado, como na estrutura do cianoacetileno na primeira figura a seguir.

O cianoacetileno é desenhado como uma molécula linear, porque ele de fato é uma molécula linear. Você verá duas ligações triplas: na parte superior da molécula, a parte do "ciano" é um átomo de carbono unido a um átomo de nitrogênio por uma ligação tripla, enquanto na parte inferior da molécula, a parte do acetileno é composta por dois átomos de carbono unidos por uma ligação tripla. Essas duas partes se conectam por uma ligação simples. Assim, os dois átomos de carbono no meio da molécula não são explicitamente desenhados, mas estão implícitos na junção das ligações tripla e simples.

1. Uma síntese da base nitrogenada C, também conhecida como citosina

cianoacetileno   cianoacetaldeído   citosina   ureia   cianamida

Duas moléculas de matéria-prima, o cianoacetileno, à esquerda, e a cianamida, à direita, são compostas de carbono, nitrogênio e hidrogênio. Ambas reagem com a água para formar derivados hidratados: o cianoacetaldeído, à esquerda, e a ureia, à direita. Esses dois compostos podem se unir para formar citosina, a base nitrogenada do nucleotídeo citidina. Dentro da elipse superior esquerda estão os átomos provenientes do cianoacetileno, enquanto a elipse inferior direita encerra os da ureia.

2. Síntese da RAO

O carboidrato ribose reage com a matéria-prima cianamida para formar o principal intermediário na síntese de nucleotídeos, a RAO, também conhecida como ribose amino-oxazolina.

3. Síntese de α-citidina

A RAO (à esquerda) reage com o cianoacetileno (à direita da RAO) para produzir α-anidrocitidina (no centro), que se hidrolisa na água para produzir o anômero α da citidina (à direita).

4. Síntese do 2-amino-oxazol

O glicolaldeído + a cianamida se combinam para produzir o 2-amino--oxazol.

5. Uma maneira diferente de produzir a RAO

O gliceraldeído + a 2AO se combinam para formar uma mistura de RAO e AAO, além de outros isômeros que não são mostrados.

6. Uma maneira de produzir riboC a partir de araC

A anidro-araC com um fosfato no 3'-OH se transforma em riboC com um fosfato 2'-3'-cíclico.

7. Síntese de glicolonitrila

$H_2C{=}O$ + $HC{\equiv}N$ ⟶ $HO{-}CH_2{-}C{\equiv}N$

formaldeído + cianeto   *glicolonitrila*

Duas moléculas reativas de matéria-prima, formaldeído e cianeto, reagem entre si para formar a glicolonitrila. Durante muitos anos, essa molécula relativamente não reativa foi considerada um produto "sem saída", que deveria ser evitado a todo custo.

8. Transformação da glicolonitrila no carboidrato mais simples glicolaldeído

9. Isomerização do carboidrato gliceraldeído em di-hidroxiacetona

gliceraldeído   di-hidroxiacetona

10. O 2AO e seus parentes próximos 2AT e 2AI

2AO   2AT   2AI

O 2AO é 2-amino-oxazol. Um azol é um anel de cinco átomos que contém um átomo de nitrogênio (N é *aza*). Um oxazol é um anel de cinco átomos que contém um átomo de oxigênio e um de nitrogênio, portanto, oxazol.

O 2AT é o 2-aminotiazol. Um tiazol é um anel de cinco átomos que contém um átomo de enxofre (*tia*) e um de nitrogênio, portanto, tiazol.

11. Síntese de CV-DCI

O dicianoimidazol e o cianoacetileno reagem para formar o aduto CV-DCI, também conhecido como cianovinil-dicianoimidazol. O CV-DCI se cristaliza na forma de placas planas, que podem ser vistas como uma forma de armazenamento estável ou um depósito de cianoacetileno.

4. A origem da vida

Aminoácidos e peptídeos

> *É uma das generalizações mais notáveis da bioquímica — e que, surpreendentemente, quase nunca é mencionada nos livros didáticos de bioquímica — que os vinte aminoácidos e as quatro bases sejam, com pequenas ressalvas, os mesmos em toda a Natureza.*
>
> Francis Crick, discurso no Prêmio Nobel

Qualquer tentativa de descobrir a origem da vida na Terra precisa identificar um caminho químico que leve à produção de proteínas. As proteínas com atividade enzimática catalisam a vasta gama de reações metabólicas necessárias para sintetizar as substâncias para novas células. Além disso, as proteínas que se organizam em fibras controlam o formato das células e os processos dinâmicos, como o movimento e a divisão celular. Todas essas proteínas são produzidas por meio do complexo processo de *tradução*, no qual a máquina celular conhecida como ribossomo traduz as informações genéticas contidas nos RNAs mensageiros — que são longas cadeias de nucleotídeos — em proteínas, que são cadeias ordenadas de aminoácidos. Essa tarefa de tradução é mediada pelo código genético, que relaciona as sequências de códons do RNA a sequências de aminoácidos.

O processo é complexo demais para ter sido totalmente operacional durante a origem da vida, mas os primeiros indícios desses procedimentos devem estar refletidos na química da síntese de aminoácidos, nas reações químicas que levam à produção de peptídeos (cadeias curtas de aminoácidos) e, por fim, na maravilhosa química que liga os aminoácidos aos RNAs. Vamos então voltar ao início e considerar as rotas químicas que poderiam levar à formação dos aminoácidos.

Começaremos examinando um experimento revolucionário famoso e explorando seus detalhes em busca dos insights que ele possa fornecer sobre caminhos realistas para a síntese de aminoácidos na Terra primitiva. Em 1952, o químico (na época estudante de pós-graduação) Stanley Miller, sob a supervisão do ganhador do Prêmio Nobel Harold Urey, projetou um experimento na Universidade de Chicago cujo objetivo era investigar as condições que se acreditava terem existido na Terra primitiva. A descoberta que se seguiu, de que uma descarga elétrica em uma "atmosfera" artificial de hidrogênio, metano, amônia e água levou à síntese de dois aminoácidos, foi considerada revolucionária na época. A constatação de que compostos tão centrais para a vida como os aminoácidos — os componentes básicos essenciais das proteínas — poderiam ser produzidos de maneira tão simples chocou o mundo da química e inspirou décadas de pesquisas posteriores. Urey, a propósito, generosamente deu a Miller todo o crédito pelo experimento.

O resultado de Miller-Urey é comumente descrito como uma demonstração da síntese de aminoácidos, mas, na verdade, isso não é totalmente correto. Os verdadeiros produtos gerados na reação foram as chamadas α-amino nitrilas, que estão intimamente relacionadas aos α-aminoácidos (exceto pelo fato de que o que é conhecido como grupo nitrila está ligado ao carbono α central no lugar do grupo carboxila ácido). Isso, por si só, não é realmente um problema, já que as nitrilas se hidrolisam lentamente na água, formando carboxilatos (compostos com um grupo carboxila). Essa reação de hidrólise é acelerada por ácidos fortes, que foi o que Miller usou para revelar os aminoácidos a partir de seus precursores nitrílicos. De fato, o sulfeto, comum em regiões vulcânicas, também pode acelerar a hidrólise de nitrilas em ácidos carboxílicos, passando por um intermediário mais reativo. Isso significa que a conversão de α-amino nitrilas em aminoácidos é algo que deveria ocorrer na Terra primitiva, de forma lenta ou rápida, dependendo da situação específica do ambiente químico.

$$H_2C=O + HC\equiv N + NH_3 \longrightarrow H_2N-CH_2-C\equiv N$$

formaldeído + cianeto + amônia   *nitrila de glicina*

O resultado de tudo isso é que, se quisermos entender como os aminoácidos podem ser formados, o que realmente precisamos compreender é como as α-amino nitrilas podem ser produzidas, e a maneira mais simples de fazer isso foi descoberta em meados do século XIX pelo químico alemão Adolph Strecker. Ele demonstrou que, quando aldeídos (moléculas com um grupo C=O) são misturados com cianeto e amônia, α-amino nitrilas são geradas. Essa reação, comumente chamada de reação de Strecker, é muito conhecida e amplamente utilizada. O ponto importante a ser observado aqui é que reconhecemos de imediato uma ligação entre a síntese dos precursores de aminoácidos e a síntese dos precursores dos nucleotídeos, já que ambas envolvem reações de aldeídos com cianeto.

Como vimos anteriormente, quando o cianeto ataca aldeídos na água, o produto é uma cianoidrina. Subsequentemente, a redução do grupo -CN (por exemplo, por elétrons aquosos) a um aldeído gera um carboidrato, e os carboidratos simples podem continuar a se organizar em nucleotídeos. Além disso, em uma pequena variação desse tema, quando o cianeto ataca um aldeído na presença de amônia, é gerada uma α-amino nitrila e, nesse caso, a hidrólise da nitrila gera um aminoácido. Especificamente, formaldeído, cianeto e amônia se combinam para gerar a glicina nitrila, a α-amino nitrila correspondente ao aminoácido *glicina*. Essa incrível conexão entre a síntese de nucleotídeos e a de aminoácidos é uma pista importante de que os componentes básicos da biologia podem ter sido sintetizados todos ao mesmo tempo, em ambientes semelhantes e possivelmente próximos!

A TERRA É EXCEPCIONAL?

$$\text{glicolaldeído} \xrightarrow{CN^-, NH_3} \text{serina nitrila} \xrightarrow{HS^-, H_2O} \text{serina}$$

$$\downarrow 2e^- + 2H^+$$

$$\text{acetaldeído} \xrightarrow{CN^-, NH_3} \text{alanina nitrila} \xrightarrow{HS^-, H_2O} \text{alanina}$$

Depois de rastrear as origens químicas dos aminoácidos por meio de α-amino nitrilas até os aldeídos, podemos agora reformular a busca por caminhos prebióticos para os aminoácidos até uma busca pelos aldeídos correspondentes. Para alguns dos aminoácidos mais simples, isso não é difícil. Por exemplo, o aldeído mais fácil de produzir (e, portanto, provavelmente o mais abundante) seria o formaldeído, que contém apenas um carbono. Como vimos anteriormente, o formaldeído reage com o cianeto para produzir a cianoidrina mais simples, a glicolonitrila. Na presença de amônia, seria produzida a glicina nitrila, que, por sua vez, seria hidrolisada para produzir o aminoácido mais simples possível, ou seja, a glicina.

Como uma observação etimológica interessante, o prefixo *gli-* desse conjunto de compostos vem de "glico", ou açúcar, e faz referência ao sabor levemente adocicado da glicina. No caso do aminoácido mais simples, seria de esperar que a glicina fosse também o mais abundante em ambientes prebióticos. No entanto, para produzir peptídeos mais interessantes, precisaríamos de mais do que apenas glicina. É fácil entender as origens dos dois próximos aminoácidos, a *serina* e a *alanina*. A serina deriva diretamente do carboidrato de dois carbonos glicolaldeído, que abordamos no Capítulo 3, por meio da mesma síntese de Strecker, ou seja, uma reação com cianeto e amônia, seguida da hidrólise da nitrila até o grupo ácido carboxílico. A produção de alanina requer mais uma reação: a redução do glicolaldeído para acetaldeído. Essa redução envolve a substituição do grupo hidroxila (composto por um átomo de oxigênio ligado a um átomo de hidrogênio) do glicolaldeído por um átomo de hidrogênio. É interessante notar que essa reação de redução é impulsionada exatamente pela mesma química que a redução de uma nitrila a um aldeído. Em ambos os casos, os elétrons aquosos obtidos pela irradiação UV do ferrocianeto (conforme explicado no Capítulo 3) atuam como poderosos agentes redutores para impulsionar reações análogas. Uma vez que o acetaldeído é gerado dessa forma, a mesma síntese de Strecker produzirá o aminoácido comum alanina.

Até aqui, vimos como os três aminoácidos mais simples podem ser derivados dos mesmos compostos que geram os nucleotídeos. Vamos agora considerar os próximos dois aminoácidos, um pouco maiores e mais complexos: a *treonina* e a *valina*. Para chegar a esses e a outros aminoácidos ainda mais intrincados, utilizaremos repetidamente os mesmos pequenos conjuntos de reações. Embora o acúmulo de nomes de compostos difíceis de pronunciar possa parecer intimidante, você perceberá que os princípios envolvidos são muito simples.

As primeiras reações incluem o ataque do cianeto a um aldeído em água para gerar o produto maior cianoidrina ou, na presença de amônia, gerar uma α-amino nitrila. O segundo conjunto consiste nas reações de redução impulsionadas por elétrons aquosos, incluindo a redução de uma nitrila -CN para um aldeído (via um intermediário) e a redução de um grupo -OH para -H. O terceiro conjunto envolve o ataque de hidrossulfeto (HS-) em um grupo nitrila para dar origem a um grupo que bem pode ser hidrolisado para formar um carboxilato, como reduzido para formar um aldeído. Usando esses três tipos básicos de reações químicas, podemos facilmente gerar tanto a *treonina* quanto a *valina*.

Para obter a treonina, começamos com o mesmo acetaldeído empregado para produzir a alanina por meio da síntese de Strecker, só que, dessa vez, vamos permitir que o acetaldeído reaja com o cianeto para gerar uma nova cianoidrina e, em seguida, reduzir sua nitrila para formar um novo aldeído. Podemos então repetir o ciclo de reação com o cianeto e, se houver amônia presente, será formada uma nova α-amino nitrila, que é a precursora direta da treonina.

A valina pode ser formada de maneira muito semelhante, mas com um detalhe interessante. Para formar a valina, começamos com o gliceraldeído, o carboidrato de três carbonos, que é um ingrediente fundamental na síntese de nucleotídeos. Lembre-se de que o gliceraldeído é instável e isomeriza-se espontaneamente em uma cetona, na qual o carbono com uma ligação dupla com um átomo de oxigênio está no meio da molécula, e não na extremidade. Para usar o gliceraldeído para produzir nucleotídeos, tivemos que evitar que essa reação de isomerização ocorresse ou revertê-la, caso ocorresse. Entretanto, para produzir a valina, essa etapa de isomerização é essencial. Esse isômero tem dois grupos hidroxila, um em cada um dos átomos de carbono nas extremidades da cadeia de três carbonos. Essas hidroxilas podem ser substituídas por átomos de hidrogênio para gerar *acetona* (um composto comumente encontrado como solvente em removedores de esmalte). A acetona pode ser usada para gerar a valina por meio de uma reação inicial com cianeto para formar uma nova cianoidrina, seguida pela redução da hidroxila a hidrogênio e da redução da nitrila a outro aldeído, que é o precursor direto da valina por meio da síntese de Strecker.

Conforme consideramos a síntese de aminoácidos cada vez maiores e mais complexos, vemos aumentar as conexões entre nucleotídeos e aminoácidos. Um exemplo particularmente marcante dessa conexão é encontrado nas rotas para os aminoácidos *asparagina*, *ácido aspártico*, *glutamina* e *ácido glutâmico*.

A ORIGEM DA VIDA: AMINOÁCIDOS E PEPTÍDEOS

cianoacetileno → precursor da α-amino nitrila → asparagina → ácido aspártico

Todos esses quatro aminoácidos podem ser gerados a partir do cianoacetileno, exatamente o mesmo material de partida reativo que é um ingrediente essencial na síntese das bases nitrogenadas dos nucleosídeos C e U. Nesse caso, o cianoacetileno, liberado lentamente de sua forma de depósito cristalino CV-DCI, reagiu com a RAO para gerar uma forma anidro do nucleosídeo C. Entretanto, em um ambiente rico em cianeto e amônia, o cianoacetileno pode formar o precursor α-amino nitrila da asparagina e do ácido aspártico. Esse precursor contém dois grupos nitrila, um próximo ao grupo amina, que se hidrolisa e forma carboxilato, enquanto a outra nitrila está na extremidade oposta da molécula. Se essa segunda nitrila sofrer uma hidrólise parcial, forma-se a asparagina, e uma hidrólise adicional em um segundo carboxilato gera o ácido aspártico. Além disso, a cadeia de carbono pode ser estendida pela redução de uma nitrila a um aldeído, seguida pela adição usual de cianeto, e de uma reação adicional para formar o precursor mais longo de um carbono da glutamina, que, após a hidrólise, produz o ácido glutâmico.

Se a síntese da glutamina e do ácido glutâmico já não fosse suficientemente complicada, há dois caminhos semelhantes, mas ainda mais longos, que levam a dois aminoácidos adicionais: *prolina* e *arginina*. Esses aminoácidos são interessantes, pois desempenham papéis importantes e muito diferentes na estrutura de peptídeos e proteínas. A prolina é o único aminoácido biológico que tem uma estrutura em anel.

prolina   arginina

A TERRA É EXCEPCIONAL?

Como resultado, isso cria uma dobra ou torção na estrutura de um peptídeo e também interrompe estruturas canônicas encontradas nas proteínas, como a famosa α-hélice descoberta pelo químico ganhador do Nobel Linus Pauling. A arginina, por outro lado, carrega uma carga positiva em sua cadeia lateral e, portanto, pode interagir vigorosamente com moléculas de carga negativa, como o RNA.

À primeira vista, a prolina e a arginina parecem bem diferentes, mas compartilham um precursor inicial comum nesse caminho de síntese química e uma divergência precoce da rota que leva aos aminoácidos ácidos. Embora o cianeto e o acetileno possam ser associados de modo a produzir cianoacetileno, eles também podem ser associados de uma maneira diferente para produzir um composto chamado *acrilonitrila* (tecnicamente, esses são processos oxidativos e redutivos).

Em geral, a transformação da acrilonitrila em prolina e arginina segue os mesmos tipos de reações que discutimos para os outros aminoácidos. No entanto, ambas as vias também envolvem algumas etapas exclusivas, como a reação para gerar o grupo carregado positivamente do que eventualmente vai se tornar a arginina. Em contraste, a via para a prolina envolve a geração precoce do anel de prolina, seguida por uma série de reações mais familiares.

Até agora, vimos que onze dos vinte aminoácidos canônicos formadores de proteínas encontrados na vida na Terra podem ser gerados a partir da mesma rede de reações químicas (a chamada química fotoredox cianossulfídica) que também dá origem a pelo menos dois dos quatro componentes básicos dos nucleotídeos canônicos do RNA. A pergunta natural que surge é: e quanto aos nove aminoácidos restantes encontrados hoje na biologia? Acredita-se que alguns deles, como os aminoácidos aromáticos *fenilalanina, tirosina* e *triptofano*, sejam adições tardias ao código genético, em parte porque não há uma rota prebiótica óbvia para sua formação. É possível que esses aminoácidos tenham surgido durante a evolução do metabolismo celular e depois tenham sido incorporados à síntese de proteínas. Entretanto, essa opinião pode mudar no futuro, à medida que novas rotas prebióticas forem descobertas. Por exemplo, o aminoácido *cisteína*, que é relativamente instável, não tinha nenhuma rota sintética prebiótica plausível conhecida até recentemente, quando se descobriu que a cisteína pode ser derivada de um precursor α-amino nitrila do aminoácido relacionado *serina*, em uma série de três etapas.

Para resumir brevemente a essência do que apresentamos nos últimos três capítulos: a princípio, vimos como uma série de avanços conceituais, em grande parte orientados pelo pensamento sobre os ambientes geológicos da Terra primitiva, levou à descoberta de caminhos químicos para muitos dos principais componentes básicos da biologia (embora ainda não todos). É importante ressaltar que essas vias oferecem altos rendimentos de um conjunto restrito de produtos relevantes, ao contrário das abordagens anteriores, que resultaram em inúmeros compostos químicos, com as substâncias de partida necessárias para a biologia presentes em quantidades muito pequenas. Entretanto, mesmo esses caminhos sintéticos "novos" e relativamente eficientes não são capazes de produzir moléculas complexas, como os nucleotídeos, em um único cenário como o da "sopa prebiótica".

O antigo conceito de sopa prebiótica agora foi substituído pelo acúmulo repetido de intermediários precipitados ou cristalizados, com sequências curtas de reações levando de um intermediário ao seguinte. De forma crucial, mostramos que tanto esse acúmulo de depósitos de intermediários quanto as reações químicas intermediárias poderiam muito bem ter ocorrido na superfície da Terra primitiva. *A etapa difícil e, portanto, lenta na produção das moléculas da vida agora parece não ser a química em si. Em vez disso, é a probabilidade aparentemente baixa de ocorrer exatamente o conjunto certo de mudanças ambientais, todas nos lugares certos e nos momentos certos, de modo que esses depósitos possam se acumular sem serem destruídos e, então, passar para a próxima transformação química, até que finalmente o cenário esteja pronto para o surgimento das primeiras células vivas.*

5. A origem da vida

O caminho até a protocélula

Uma célula é considerada o verdadeiro átomo biológico.
George Henry Lewes, *The Physiology of Common Life*

Toda vida biológica na Terra é celular: organismos grandes, como nós, consistem em trilhões de células, enquanto organismos mais simples, como bactérias ou leveduras, são células únicas ou pequenos aglomerados de células. As células são, de certa forma, as unidades da vida, já que a maneira como a vida se propaga é por meio do crescimento e da subsequente divisão de células. Portanto, investigando para trás no tempo, deve ter havido uma primeira célula — e podemos nos perguntar com o que essa célula poderia ter se parecido, como teria sido sua estrutura e sua composição química.

Em termos de compreensão da origem da vida, gostaríamos de saber como essa primeira célula se formou a partir das substâncias químicas não vivas presentes na superfície da Terra primitiva, em que tipo de ambiente e com que tipos de fonte de energia. Surpreendentemente, esse problema de automontagem revela-se relativamente simples, e o verdadeiro desafio é entender como uma célula tão rudimentar, sem nenhum mecanismo bioquímico evoluído, poderia crescer e se dividir para produzir mais e mais células descendentes. Mas antes de nos aprofundarmos nessas questões, temos que nos perguntar por que a vida começou com a formação de uma célula simples. Em outras palavras, precisamos identificar com clareza o que há de tão importante na organização celular.

A essência da estrutura celular é a de que uma célula é um compartimento — um conjunto de moléculas fisicamente localizadas, que estão de alguma forma segregadas do restante do ambiente. Em um nível muito básico, é fácil perceber por que isso é essencial. Afinal de contas, nós somos indivíduos e não gostaríamos que nossos componentes simplesmente se dissolvessem e flutuassem, dispersando-se no ambiente. O mesmo se aplica a organismos unicelulares como bactérias, e também às primeiras células — em que foi importante evitar que os componentes de uma célula individual se separassem. Entretanto, há uma razão mais sutil e fundamental para a importância da célula como unidade da vida, que é o fato *da localização espacial ser um requisito para o surgimento da evolução darwiniana* e, portanto, para a evolução de todas as diversas formas de vida que vemos ao nosso redor.

Para entender o porquê disso, vamos considerar uma molécula de RNA primordial, dotada em virtude de sua sequência, da capacidade de catalisar algum tipo de reação metabólica. Por exemplo, imaginemos que essa atividade metabólica seja a síntese de nucleotídeos, que poderiam ser usados para produzir mais RNA. Agora, vamos imaginar que, durante a replicação desse RNA primordial, ocorra um erro na cópia de sua sequência, de modo que a progênie dessa molécula de RNA seja neste momento uma versão mutante da sequência original. Esse RNA mutante pode então catalisar a síntese de nucleotídeos mais rapidamente do que a ribozima original.

Se tudo isso acontecesse com RNAs que flutuassem livremente, os produtos dessa reação metabólica simplesmente se difundiriam no ambiente, possivelmente auxiliando outros RNAs que precisassem de nucleotídeos para sua replicação. Na prática, o RNA mutante não se beneficiaria de sua capacidade catalítica superior. Sendo assim, considere o cenário alternativo, no qual o RNA original reside dentro de algum tipo de compartimento localizado, enquanto outros RNAs residem em seus próprios compartimentos separados. Nessa situação, um RNA mutante que, por acaso, desenvolva uma atividade metabólica mais eficaz poderá explorar sua atividade catalítica superior porque os produtos de sua capacidade — os nucleotídeos, nesse caso — também permanecerão fisicamente no mesmo compartimento. Lá, eles poderão contribuir para a replicação do RNA mutante, mas não para outros RNAs, dando assim ao RNA mutante uma vantagem adaptativa.

Esse argumento a favor da vantagem evolutiva da compartimentalização se aplica a quase todas as consequências das mutações. Vejamos outro exemplo: considere uma molécula de RNA que funciona como um RNA polimerase, que pode ajudar a replicar sua própria sequência. Isso não é tão fantasioso como pode parecer, pois essas moléculas estão sendo criadas em experimentos de laboratório. Como vimos no Capítulo 2, uma molécula de RNA que pode ajudar a replicar sua própria sequência é conhecida como um RNA replicase. Acredita-se que esses RNAs tenham sido cruciais para a evolução inicial da vida. Nesse exemplo, precisamos considerar o fato de que uma molécula de RNA deve se dobrar em uma forma tridimensional específica para poder atuar como catalisador, assim como as enzimas proteicas. Por outro lado, para que uma molécula de RNA seja replicada, ela tem que se desdobrar a fim de que a enzima responsável pela cópia possa percorrer sua sequência linear enquanto sintetiza a cópia. Ou seja, para que uma molécula de RNA copie a si mesma, precisamos de duas moléculas de RNA com a mesma sequência (ou com sequências complementares). Uma dessas moléculas deve estar desdobrada para que possa atuar como o molde a ser copiado, enquanto a outra se dobra e atua como a enzima de cópia.

Esse requisito destaca de imediato a necessidade de compartimentalização — na ausência de alguma colocalização física, esses dois RNAs se dispersariam e o processo de cópia aconteceria raramente, se é que aconteceria. Agora imagine uma molécula de RNA que seja um RNA polimerase, mas que esteja flutuando livremente em uma solução cercada por uma infinidade de outros RNAs não relacionados. Presumivelmente, ela estaria ocupada fazendo cópias desses outros RNAs. Pior ainda, uma versão mutante que fosse uma ribozima RNA polimerase superior seria mais eficiente na cópia de outros RNAs não relacionados, mas não se beneficiaria de sua maior atividade de RNA polimerase. Por outro lado, no cenário celular, um RNA mutante com capacidade de replicação aprimorada de fato se beneficiaria dessa vantagem, pois estaria replicando a si mesmo ou, pelo menos, replicando moléculas relacionadas a ele por descendência de um ancestral comum.

Há ainda uma terceira justificativa para a base celular da vida, que já está experimentalmente bem estabelecida: a resistência a parasitas. Um dos primeiros exemplos de evolução molecular experimental são os brilhantes ensaios realizados na década de 1960 pelo biólogo molecular Sol Spiegelman e seus colaboradores na Universidade de Illinois, em Urbana-Champaign. Essas experiências utilizaram uma enzima proteica com a capacidade de replicar o genoma do RNA de um vírus bacteriano com o nome peculiar de Qβ. O vírus Qβ mantém seu genoma completo ao longo de várias gerações de crescimento em células bacterianas, ou seja, replicação dentro de compartimentos. Mas o que Spiegelman observou, em uma série de experimentos, foi que a propagação do genoma do RNA viral em solução levou ao rápido surgimento de RNAs parasitas muito menores. Como esses RNAs parasitas são menores do que o RNA genômico completo, eles se replicam com muito mais rapidez e logo assumem o controle da população. Esses RNAs mais curtos surgem durante a replicação viral, quando a enzima polimerase acidentalmente pula parte da sequência, gerando um mutante por deleção. Isso também acontece quando o RNA viral está se replicando dentro das células, mas os mutantes por deleção não podem se espalhar pela população porque são defeituosos.

Embora possa parecer estranho usar vírus como argumento para o papel da compartimentalização celular como defesa contra parasitas, a lição é clara: a replicação de RNAs em solução (isto é, não em compartimentos) resulta no colapso da população, pois RNAs defeituosos menores e de replicação mais rápida superam os RNAs maiores. Em contraste, os mutantes de deleção defeituosos (parasitas do vírus em nosso exemplo) não podem assumir o controle e destruir toda a população.

Tendo estabelecido a necessidade de uma origem celular da vida, podemos agora nos perguntar que *tipo* de compartimento físico seria mais adequado para as primeiras células, às quais vamos nos referir como protocélulas. Vamos primeiro examinar se podemos usar a solução biológica moderna para esse problema como base para uma resposta prebiótica. Voltaremos à questão dos possíveis tipos alternativos de compartimentos mais adiante.

Nos capítulos anteriores, nos concentramos na descoberta de vias químicas cada vez mais realistas para os nucleotídeos, necessários para gerar as moléculas genéticas de uma protocélula, e os aminoácidos simples, que podem desempenhar múltiplos papéis no funcionamento da protocélula. Além de nucleotídeos, RNA, aminoácidos e peptídeos, o outro componente fundamental de uma protocélula modelado na biologia moderna é sua *membrana* plasmática.

As membranas biológicas são compostas de um conjunto diversificado de moléculas com a propriedade comum de serem "anfifílicas", o que significa que uma extremidade é hidrofílica e gosta de estar exposta à água, enquanto a outra extremidade é hidrofóbica e prefere ficar longe da água. Essa propriedade resulta na auto-organização espontânea de membranas de bicamada, compostas por duas camadas de lipídios (compostos graxos), nas quais as extremidades hidrofílicas de ambas as camadas ficam voltadas para a água circundante, enquanto as partes hidrofóbicas formam o meio da membrana e ficam protegidas da água.

Os lipídios modernos são gerados por vias metabólicas dentro das células, mas como as moléculas formadoras da membrana teriam sido geradas na Terra primitiva? Esse é, de fato, um dos maiores mistérios remanescentes no campo da química prebiótica. A classe mais simples de moléculas que podem formar membranas são os ácidos graxos, que são essencialmente uma cadeia hidrocarbônica hidrofóbica terminada em um grupo carboxila hidrofílico (um átomo de carbono com dois átomos de oxigênios ligados). Embora essas moléculas sejam estruturalmente muito simples, entender como produzi-las em qualquer ambiente plausível da Terra primitiva continua sendo um desafio. Todos os modelos mais comumente discutidos para a síntese de ácidos graxos prebióticos — desde a formação durante o impacto de meteoritos até a síntese em grandes profundidades na Terra — parecem inadequados para explicar a síntese de ácidos graxos nas altas concentrações necessárias para sua organização em membranas. Embora novos caminhos estejam sendo explorados atualmente, ainda é necessário muito mais trabalho para resolver essa questão.

Como não temos uma compreensão clara de como até mesmo moléculas simples como os ácidos graxos poderiam ter sido sintetizadas na Terra primitiva, podemos nos perguntar se realmente é possível avançar na compreensão da montagem das primeiras protocélulas. Podemos ao menos começar observando as células biológicas modernas, nas quais vemos que os lipídios mais comuns são uma classe de moléculas conhecidas como fosfolipídios. Essas moléculas consistem em duas moléculas de ácidos graxos, ambas ligadas a uma unidade central de glicerol (um álcool de ocorrência natural), que, por sua vez, possui um fosfato, que pode estar ligado a outras moléculas orgânicas hidrofílicas. Essa estrutura geral é altamente sugestiva de uma progressão evolutiva, a partir de membranas primitivas compostas de ácidos graxos para estados intermediários compostos de um ácido graxo unido ao glicerol e a um fosfato e, em seguida, ao estado moderno de fosfolipídio completo. Esse arcabouço conceitual leva logicamente ao que tem sido uma abordagem experimental muito frutífera, que consiste em gerar pequenas estruturas contendo líquidos, conhecidas como vesículas de membrana, compostas por esses vários tipos de lipídios e, em seguida, investigar se suas propriedades são apropriadas para os requisitos de uma protocélula primordial sem nenhum maquinário evoluído.

Uma grande diferença entre as células modernas e as protocélulas, consideradas compartimentos com uma barreira membranosa, é que as células modernas têm uma enorme variedade de máquinas proteicas evoluídas que residem na membrana celular. Esse maquinário ao mesmo tempo possibilita e regula o transporte de tudo, desde água e íons até nutrientes e resíduos, através da membrana. Os transportadores são proteínas complexas, produto de uma longa evolução biológica e, portanto, não existiam no momento da origem da vida. Na ausência desses canais e bombas de proteína, as membranas compostas de fosfolipídios são barreiras formidáveis para a troca de moléculas entre o interior de uma protocélula e o ambiente. Está claro, portanto, que as membranas das protocélulas não poderiam ser compostas de fosfolipídios do tipo moderno, mesmo que eles estivessem disponíveis como produto da química prebiótica. Observe que as protocélulas, por definição, não continham catalisadores internos evoluídos, como enzimas ou ribozimas, de modo que não poderiam produzir componentes básicos como nucleotídeos por meio de processos metabólicos internos. Essa é uma questão fundamental, pois significa que os nucleotídeos, elementos essenciais do RNA, teriam de encontrar uma maneira de passar do ambiente externo, onde foram sintetizados, para o interior de uma protocélula, onde foram necessários como unidades elementares para a replicação do RNA. Com base na impermeabilidade das membranas fosfolipídicas, só podemos concluir que as membranas primitivas devem ter sido bastante diferentes. Ao que parece, as membranas primitivas deviam permitir que grandes moléculas polares e até mesmo carregadas, como os nucleotídeos, atravessassem a barreira da membrana sem a ajuda de nenhum maquinário evoluído.

Notavelmente, descobriu-se que os ácidos graxos podem, e de fato o fazem, se auto-organizar de maneira espontânea em membranas clássicas de bicamadas na água, exibindo exatamente as propriedades de permeabilidade necessárias. O processo de montagem foi demonstrado pela primeira vez há mais de cinquenta anos. Na verdade, essas membranas podem até se formar de duas maneiras distintas. Se uma solução de ácidos graxos é lentamente desidratada, ela forma uma fina película transparente composta de várias folhas de membranas de bicamada dispostas umas sobre as outras, como uma pilha de panquecas. A adição de água a essa película leva à entrada de água entre as membranas, de modo que a película incha e as folhas de membrana individuais se separam, se desprendem umas das outras e, por fim, se fecham em vesículas. Alternativamente, se for adicionado ácido a uma solução alcalina de ácidos graxos, as membranas de bicamada começam a se auto-organizar, primeiro como pequenas folhas que aumentam de tamanho, para apenas depois se fecharem em vesículas esféricas semelhantes a células. Essas vesículas podem reter moléculas grandes, como fitas de RNA, por tempo indefinido — uma propriedade que garante que as moléculas de RNA genômico não vazem de seu compartimento de membrana.

As vesículas de ácidos graxos que contêm RNA encapsulados são, portanto, com frequência chamadas de protocélulas modelo. Notadamente, as membranas de ácidos graxos são muito mais permeáveis do que as membranas de fosfolipídios, a ponto de até mesmo nucleotídeos poderem atravessar as membranas sem a ajuda de nenhuma ferramenta proteica evoluída. Essa propriedade surpreendente é o que torna as vesículas de ácidos graxos modelos tão bons para o estudo laboratorial de protocélulas. Como veremos em breve, as membranas de ácidos graxos têm outras propriedades surpreendentes que permitem o crescimento e a divisão das protocélulas.

Compartimentalização primordial

O argumento a favor de uma composição de ácidos graxos das membranas das protocélulas está longe de ser conclusivo, por duas razões principais. Primeiro, como já mencionamos, ainda não temos uma boa compreensão de como os ácidos graxos poderiam ter sido sintetizados em concentrações suficientes na Terra primitiva para permitir a montagem das membranas das protocélulas. Por enquanto, podemos atribuir essa deficiência à falta de investigação suficiente e esperar que uma solução surja em um futuro próximo. O segundo problema é que parece haver uma incompatibilidade fundamental entre as membranas de ácidos graxos e a química de cópia do RNA. Essa incongruência surge porque as membranas de ácidos graxos são bastante sensíveis à presença de íons metálicos comuns, como o magnésio e o cálcio. Na verdade, as membranas de ácidos graxos são destruídas por concentrações relativamente baixas desses íons, ambos presentes em muitos ambientes comuns. Por outro lado, a replicação do RNA requer esses íons, tipicamente o magnésio, para catalisar a síntese do RNA. Esse enigma é outra lacuna em nossa compreensão da origem da vida. Felizmente, há algumas maneiras diferentes de abordar esse problema de compatibilidade entre a membrana e a química do RNA. Encontrar uma solução prebioticamente realista para essa questão é um tópico importante na pesquisa atual, e mais adiante neste capítulo discutiremos algumas das opções que estão sendo exploradas.

Ainda assim, a falta de um caminho satisfatório para a síntese de ácidos graxos e a aparente incompatibilidade de membranas à base de ácidos graxos com a química de cópia do RNA nos leva a questionar se não deveríamos abandonar a hipótese de que as protocélulas tinham uma membrana envoltória. Em outras palavras, não seria mais simples imaginar uma protocélula sem nenhuma membrana? Essa é uma ideia muito antiga, e o bioquímico russo Alexander Oparin propôs há mais de um século que os agregados chamados *coacervados* seriam a base da vida celular primitiva. Os coacervados são agregados de polímeros, em geral um polímero com carga positiva (como uma cadeia curta de aminoácidos rica no aminoácido arginina) e um polímero com carga negativa, como o RNA. Esses polímeros de cargas opostas se atraem eletrostaticamente e podem formar gotículas de aspecto líquido que se organizam espontaneamente na água. Essas gotículas se parecem com células e, além disso, podem facilmente absorver e liberar moléculas do e para o ambiente. No entanto, embora sejam interessantes por sua simplicidade química, esses coacervados apresentam dois grandes problemas. Primeiro, as gotículas tendem a se fundir umas com as outras, formando estruturas cada vez maiores, em vez de manterem sua identidade separada, semelhante à de uma célula. Segundo, as moléculas de RNA nas gotículas de coacervado tendem a se trocar rapidamente entre as gotículas. Essa troca, em essência, anula o propósito de ter compartimentos separados semelhantes a células, uma vez que nenhuma gotícula manteria (pelo menos não por muito tempo) uma identidade individual distinta baseada no fato de conter um conjunto definido de sequências de RNA. Apesar desses problemas, os coacervados são objeto de estudo ativo e ainda podemos vir a descobrir que eles desempenhavam um papel nas células primitivas, mesmo que não exatamente substituíssem essas células completamente.

Outra hipótese alternativa intrigante para a localização espacial primordial é que a vida tenha começado com moléculas de RNA replicantes que colonizaram a superfície de partículas minerais. Nesse modelo, os RNAs cataliticamente ativos se ligariam à superfície mineral e se espalhariam por ela à medida que se replicassem. Em vez das partículas minerais crescerem e se dividirem como células, nesse modelo os RNAs ocasionalmente saltariam para outras partículas minerais, espalhando-se e evoluindo conforme colonizassem partículas adicionais. O modelo é superficialmente atraente devido à sua aparente simplicidade, ao fácil acesso das moléculas ligadas à superfície aos nutrientes em solução e à demonstração experimental de que os nucleotídeos ativados podem se polimerizar na superfície das partículas de argila. Entretanto, parece que as moléculas de RNA que estão presas às superfícies minerais são deformadas pelas próprias forças que as fazem aderir à superfície. Essa deformação da forma interfere na replicação e também afeta a capacidade dos RNAs de se dobrarem em formas tridimensionais funcionais.

Embora nenhum modelo de compartimentação primordial seja perfeito, no sentido de ser totalmente sustentado tanto por teorias quanto por experimentos, a partir de agora nos aprofundaremos mais no modelo de membrana, por dois motivos. Primeiro, ele foi desenvolvido experimentalmente em uma medida muito maior do que qualquer uma das alternativas e, segundo, o modelo de membrana para a compartimentalização de protocélulas fornece um vínculo direto e contínuo com a biologia moderna. Qualquer forma alternativa de compartimentalização primordial exigiria uma transição para um sistema baseado em membrana em algum momento, o que poderia ser bastante difícil se os RNAs funcionais tivessem se adaptado a um ambiente muito distinto.

Montagem do genoma

Como vimos, a membrana de uma protocélula pode se organizar de maneira fácil e espontânea a partir de suas moléculas componentes, mas a protocélula também precisa de um genoma e, pelo menos à primeira vista, adquirir um genoma parece ser mais complicado, porque a montagem de cadeias de RNA a partir de nucleotídeos requer reações químicas para conectar os nucleotídeos entre si. Além disso, essa união de nucleotídeos em uma cadeia de RNA é uma reação de desidratação, no sentido de que uma molécula de água é gerada cada vez que dois nucleotídeos se ligam. A condensação de nucleotídeos em RNAs longos, portanto, gera muitas moléculas de água, e esse processo é extremamente desfavorável (o que significa que requer um aporte de energia para que ocorra) na água como solvente. Na verdade, a reação inversa, na qual a água reage com o RNA e o hidrolisa em seus nucleotídeos componentes, é muito mais favorável, o que é uma das razões pelas quais o RNA é uma molécula tão delicada e tão fácil de ser degradada. Como, então, a montagem do RNA, que requer energia, pode ser realizada de uma forma prebioticamente razoável? Por incrível que pareça, há várias maneiras muito diferentes de realizar essa tarefa aparentemente difícil.

Uma abordagem que tem sido explorada para a montagem do RNA é simplesmente desidratar uma solução de nucleotídeos, apenas deixando a água evaporar ou acelerando o processo com um leve aquecimento. Se os nucleotídeos usados nesses experimentos tiverem um 5'-fosfato (um grupo fosfato no carbono na quinta posição de um carboidrato de cinco carbonos), então quase nada acontece em condições moderadas. No entanto, se o experimento de desidratação for conduzido com dióxido de carbono (CO_2) quente soprando sobre a solução e evaporando a água, alguma polimerização é de fato observada. Isso ocorre porque parte do CO_2 se dissolve na água, formando ácido carbônico. Infelizmente, a solução precisa se tornar bastante ácida para que a condensação de nucleotídeos continue e, como resultado das condições ácidas, o RNA formado acaba danificado de diversas maneiras. O mais comum é observar a quebra da ligação entre uma base nitrogenada e um carboidrato, gerando pontos na cadeia de RNA onde a base nitrogenada está ausente. Além disso, a espinha dorsal de carboidrato-fosfato do RNA parece conter muitas ligações não padronizadas entre os nucleotídeos. Consequentemente, as moléculas de RNA geradas por esse processo simples e plausível, mas bastante agressivo, são muito heterogêneas e difíceis de estudar, e estão longe de ser pontos de partida ideais para o genoma de uma protocélula.

Outra abordagem possível para a formação inicial de oligômeros curtos de RNA consistindo em apenas alguns nucleotídeos é começar com nucleotídeos nos quais um grupo fosfato faz a ponte entre as hidroxilas 2' e 3' (-OH) do carboidrato ribose. Esses chamados nucleotídeos cíclicos são os produtos naturais da degradação do RNA na água e também são os produtos das vias sintéticas desenvolvidas logo no início no laboratório do químico John Sutherland. Há muito tempo se sabe que esses nucleotídeos cíclicos se condensam (se unem) em cadeias curtas de RNA durante experimentos de desidratação, em uma reação que ocorre com acidez moderada e, portanto, evita os efeitos prejudiciais do ácido. A reação de condensação, nesse caso, é quimicamente mais fácil, pois não há liberação de água durante a união de dois nucleotídeos. A reação é simplesmente um rearranjo do fosfato, de modo que ele agora faz a ponte entre dois nucleotídeos. Essa abordagem também parece simples e plausível, mas tem algumas consequências importantes.

Em particular, as cadeias de RNA resultantes contêm muitas ligações internas incorretas e sempre terminam com uma estrutura específica conhecida como fosfato cíclico 2'-3'. Se isso é uma falha ou um recurso, depende do ponto de vista. Um fato positivo seria a possibilidade de copiar o RNA por meio da união de pequenos fragmentos com fosfatos cíclicos terminais em uma fita molde. Entretanto, para a química que requer uma extremidade 3' livre (ou seja, não modificada), trata-se definitivamente de um grande problema. Essa dificuldade poderia ser atenuada se os nucleotídeos fossem sintetizados por um processo muito inespecífico que adiciona fosfatos de maneira aleatória a qualquer uma das hidroxilas do carboidrato, de modo que alguns nucleotídeos terminam com um 5'-fosfato e um carboidrato 2'-3' livre, enquanto outros terminam com um fosfato cíclico 2'-3' e outros ainda ficam sem nenhum fosfato. Nesse caso, pode ser possível ter o melhor dos dois mundos produzindo oligômeros de RNA curtos que terminem em uma extremidade 3' não modificada.

Por fim, há uma terceira abordagem para a montagem inicial de uma molécula curta de RNA, que depende de nucleotídeos com um 5'-fosfato e de uma química especial que "ative" esse fosfato para torná-lo muito mais reativo. Muitas versões dessa chamada química de ativação foram estudadas ao longo de décadas, começando com os primeiros trabalhos de Leslie Orgel. O que Orgel e seus colegas descobriram foi que fazer a ligação química de um tipo específico de composto orgânico (um grupo imidazol) com o 5'-fosfato de um nucleotídeo tornava possível observar reações de condensação de nucleotídeos na água. A razão pela qual isso funciona é que os nucleotídeos ativados por imidazol liberam o imidazol quando se unem.

O imidazol é um bom *grupo de saída* (um grupo de átomos que se desprende do substrato durante a reação), muito melhor do que a água nesse caso, o que significa que a reação de união de nucleotídeos (também conhecida como condensação) vai acontecer de forma espontânea. Embora esses tipos de nucleotídeos tenham sido desenvolvidos a fim de mediar a química de cópia de RNA, verificou-se que eles também podem acelerar a condensação aleatória de nucleotídeos em soluções aquosas. Como as reações químicas ocorrem mais rapidamente quando os compostos reagentes estão mais próximos uns dos outros, essa reação não orientada (sem uma fita molde para direcionar a união) em solução é muito lenta. Não surpreende que os experimentos de desidratação com nucleotídeos ativados resultem em muito mais síntese de RNA. Entretanto, o rendimento do RNA é limitado por uma reação concorrente, especificamente uma reação com a própria água, que reverte a ativação do fosfato por meio da geração do nucleotídeo não ativado e do imidazol livre. No entanto, existe um processo físico simples, que ao mesmo tempo retarda a hidrólise e aumenta o rendimento da reação de condensação que gera o RNA: o *congelamento*.

Em um processo altamente contraintuitivo, pegar uma solução de nucleotídeos ativados que, deixada por conta própria, claramente se hidrolisaria e colocá-la no congelador resulta em um alto rendimento de RNA! Por que isso acontece? Quando água contendo materiais dissolvidos congela, cristais de gelo puro começam a crescer. À medida que esses cristais de gelo se formam e aumentam de tamanho, os compostos dissolvidos são excluídos da estrutura do gelo e se acumulam entre os cristais em crescimento. Como resultado, os compostos dissolvidos tornam-se altamente concentrados em finas camadas líquidas entre os cristais de gelo e, devido a esse efeito de concentração, moléculas que normalmente não reagiriam começam a reagir entre si. Essa maneira de gerar RNA a partir de nucleotídeos tem a desvantagem de precisar de química de ativação, mas, por outro lado, essa química de ativação é exatamente o que é necessário para a química de cópia do RNA. O que descobrimos, portanto, é que em um ambiente que fornece a química de ativação, o RNA pode ser produzido a partir de nucleotídeos, depois copiado e, potencialmente, até mesmo replicado, tudo isso a partir do mesmo processo químico.

A ORIGEM DA VIDA: O CAMINHO ATÉ A PROTOCÉLULA

A esta altura, vimos que processos físicos simples podem levar à montagem de compartimentos delimitados por membranas ou vesículas. Também descobrimos que uma variedade de reações químicas relativamente simples, associadas a processos físicos como ciclos de hidratação-desidratação ou de congelamento-descongelamento, podem levar à formação de cadeias curtas de RNA. Se todas essas coisas acontecerem juntas, ao mesmo tempo e no mesmo lugar, o resultado é a montagem de vesículas lipídicas com RNAs encapsulados. Esse é, de fato, um método rotineiro de criação de protocélulas modelo para estudos em laboratório. A questão então é se o mesmo poderia ter acontecido em ambientes naturais na superfície da Terra primitiva.

Embora seja impossível saber com certeza, pelo menos dois ambientes diferentes, geologicamente plausíveis, foram propostos como locais favoráveis para a montagem das protocélulas iniciais. O primeiro deles são as regiões de fontes termais, comuns e amplamente disseminadas em áreas vulcanicamente ativas na superfície atual da Terra. É provável que áreas de fontes termais fossem ainda mais comuns no cenário geologicamente dinâmico da Terra primitiva. Além disso, as crateras de impacto abrigam áreas semelhantes. Em ambos os casos, a água circula através da rocha quente fraturada e ressurge na superfície carregando íons e gases reativos. Da mesma forma, em ambos os ambientes, ciclos úmidos e secos podem ocorrer facilmente, como é observado hoje nos gêiseres e nas piscinas de lama das regiões em torno de locais como Yellowstone, no oeste dos Estados Unidos. Durante o inverno, também podem ocorrer ciclos de congelamento e descongelamento, eventualmente até combinados com ciclos úmidos e secos. Por conseguinte, esses ambientes geológicos altamente dinâmicos podem muito bem ter fornecido a combinação necessária de condições para o surgimento das primeiras protocélulas.

Recentemente, lagos de carbonato alcalinos (às vezes chamados de "lagos de sal e soda") foram propostos como outro tipo muito diferente de ambiente geológico que também pode ter sido um lar favorável para as primeiras protocélulas. Esses lagos não são comuns na Terra moderna, mas ainda podem ser encontrados em nosso planeta. Em geral, são vistos em regiões bastante áridas, em bacias sem canal de escoamento, onde são alimentados por águas subterrâneas filtradas por rochas vulcânicas. Essa água subterrânea carrega íons lixiviados das rochas e os transporta para o lago, onde a evaporação leva à concentração e precipitação de sais. Tais processos resultam em um enorme enriquecimento de fosfato dissolvido, um componente vital dos ácidos nucleicos, como o RNA e o DNA, e também um componente essencial dos fosfolipídios.

Durante décadas, o "problema do fosfato" foi considerado um grande obstáculo para a origem da vida, uma vez que o fosfato livre em águas superficiais geralmente está presente apenas em concentrações extremamente baixas. Isso ocorre por causa da precipitação do fosfato na forma de minerais de fosfato de cálcio altamente insolúveis, como a apatita. No entanto, esse problema é superado em ambientes onde a concentração de carbonato é muito alta, pois o cálcio é precipitado como carbonato de cálcio (giz e outros minerais, como a dolomita), deixando o fosfato em solução.

Na Terra primitiva, lagos de carbonato alcalinos podem ter proporcionado ambientes adequados para a síntese de nucleotídeos e, portanto, de RNA. Esses lagos também fornecem ambientes flutuantes, como ciclos úmidos e secos, resultantes da evaporação seguida de diluição após a chuva, bem como ciclos de congelamento e degelo durante o inverno. Como o carbonato também precipita outros cátions divalentes, como magnésio e ferro, verifica-se que, embora a água do lago seja extremamente salgada, vesículas de ácidos graxos podem se formar na água diluída do lago (como a que se acumula depois que chove) e sobreviver como agregados que se formaram durante a concentração induzida pela evaporação.

As fontes termais e os lagos de carbonato alcalinos não são mutuamente excludentes, e uma área hidrotermicamente ativa que combinasse os dois tipos de formação geológica em estreita proximidade poderia ter proporcionado o melhor de ambos os ambientes: derivados reativos de cianeto da transformação térmica de sais de ferrocianeto por fluxos de lava estariam próximos dos gases sulfurosos essenciais, como o sulfeto de hidrogênio e o dióxido de enxofre da emissão de gases vulcânicos, bem como o fosfato livre em lagos de carbonato. Ter todas essas moléculas de matéria-prima juntas em um só lugar poderia ter preparado o cenário para a síntese de RNA e, possivelmente, para a síntese de ácidos graxos, levando assim à formação de membranas.

Há muitos detalhes que ainda precisam ser resolvidos, mas o panorama geral vai se delineando aos poucos. A constatação de que os ambientes geológicos que são não apenas plausíveis, mas também esperados, poderiam ter oferecido a química necessária para a abiogênese está gerando um crescente entusiasmo no campo da ciência da origem da vida, e as interações entre a geologia e a química estão acelerando o progresso na resolução dos muitos enigmas restantes.

Sobre a cópia não enzimática de RNA

Agora que temos pelo menos os contornos de um cenário para a montagem de protocélulas que parecem versões simplificadas das células biológicas modernas, ou seja, envelopes de membrana com ácidos nucleicos internos, estamos prontos para enfrentar os desafios mais difíceis de todos: como essas protocélulas simples, sem nenhum maquinário evoluído, podem ter começado a crescer, se dividir, replicar seu RNA e evoluir. Como sempre, quando nos deparamos com um problema tão grande e desafiador, temos que dividi-lo em partes menores e mais gerenciáveis que possam ser questionadas mais ou menos de forma separada. Uma vez que obtivermos uma melhor compreensão através dessa abordagem reducionista clássica, estaremos em condições de reverter o processo e tentar construir uma visão holística da reprodução das protocélulas. Começaremos desconstruindo a questão de como a replicação do RNA poderia ser conduzida puramente pela química e pela física, sem nenhuma ajuda de enzimas ou ribozimas evoluídas.

A característica mais importante do RNA não é sua composição química, mas sim a sequência de seus componentes básicos, os nucleotídeos. É a sequência dos nucleotídeos A, U, G e C que codifica informações, e é essa sequência que deve ser preservada durante a replicação. A replicação do RNA pode ser dividida conceitualmente em duas fases: primeiro, as cadeias de RNA devem ser copiadas, gerando assim uma sequência complementar e, segundo, a cadeia complementar deve ser reproduzida para gerar uma nova cópia da sequência original. O fundamento da química da cópia reside no pareamento de bases de Watson-Crick-Franklin (batizado em homenagem a seus descobridores, James Watson, Francis Crick e Rosalind Franklin): U emparelha com A, G emparelha com C. Portanto, para construir uma cópia complementar de uma fita de RNA, basta unir a sequência correta de nucleotídeos complementares. É exatamente isso que acontece em toda a biologia moderna: as enzimas polimerase se movem ao longo de uma fita molde, adicionando nucleotídeos complementares, um por vez, à nova fita em crescimento. As enzimas aceleram enormemente esse processo, além de torná-lo mais preciso, mas algo muito semelhante pode ser alcançado sem enzimas.

A química básica subjacente a essa cópia não enzimática do RNA foi elaborada por Leslie Orgel, seus colegas e alunos, a partir do fim dos anos 1960 até o início dos anos 2000. O principal insight de Orgel foi que os substratos usados na biologia para copiar e sintetizar RNA e DNA, ou seja, os nucleosídeos trifosfatos (ou NTPs: nucleosídeos que contêm uma base nitrogenada ligada a um carboidrato de cinco carbonos, com três grupos fosfato ligados ao carboidrato), são perfeitos para a síntese catalisada por enzimas, mas totalmente inadequados para uma reação não enzimática. Isso porque os NTPs são relativamente pouco reativos por si só — é necessária uma enzima para acelerar a química da cópia. Portanto, são necessários nucleotídeos muito mais reativos se quisermos copiar um molde de RNA sem nenhuma assistência enzimática.

Depois de experimentar uma ampla gama de possibilidades, Orgel concentrou-se em nucleotídeos que eram ativados por meio da ligação de um grupo imidazol (com três átomos de carbono, dois de nitrogênio e quatro de hidrogênio) ao 5'-fosfato. Esses compostos são, de fato, reativos o suficiente para começar a se reunir em uma fita complementar, uma vez alinhados no molde por meio do pareamento das bases. Isso representou um avanço espetacular no início da década de 1970 e alimentou as esperanças de que o problema da replicação do RNA primordial seria logo resolvido. No entanto, isso não aconteceu, e as limitações da química rapidamente se tornaram aparentes: apenas fitas muito ricas em C podiam ser copiadas de maneira eficiente, e RNAs contendo todos os quatro nucleotídeos não podiam ser copiados de forma nenhuma. Além disso, eram necessárias concentrações extremamente altas de nucleotídeos ativados por imidazol para que qualquer cópia ocorresse, e isso era amplamente considerado algo irrealista em termos prebióticos. Por fim, esses substratos reativos se hidrolisavam com relativa rapidez na água, e não se conhecia na época nenhum meio considerado plausível do ponto de vista prebiótico para regenerar os nucleotídeos ativados.

Na virada do milênio, o progresso havia estagnado a tal ponto que o próprio Orgel e a maioria dos outros pesquisadores do campo sentiram que o problema da cópia não enzimática era tão difícil que havia pouca esperança de encontrarem uma solução. Esse desânimo em relação ao RNA levou ao surgimento de uma hipótese alternativa: talvez o RNA tivesse sido precedido por algum progenitor, um material genético mais simples que fosse mais fácil de replicar e que, de alguma forma, fosse substituído pelo RNA em um momento posterior da história evolutiva da vida. Durante a maior parte da década de 1990 e início dos anos 2000, essa hipótese dominou o pensamento da comunidade de estudos da origem da vida, mas, no fim das contas, apesar de uma grande quantidade de explorações químicas criativas e interessantes, nada que funcionasse melhor do que o RNA foi encontrado. Então, justo quando a frustração em relação a descobrir um caminho para a replicação estava se tornando insuportável, uma reviravolta notável ocorreu.

Costuma-se dizer que acidentes terríveis quase nunca têm uma única causa, mas são, na verdade, consequência de uma série de erros.

O oposto também é verdadeiro e, nesse caso, o caminho para uma química de cópia de RNA mais eficiente e geral surgiu da convergência de dois avanços distintos. O primeiro salto foi bastante simples e teve a ver com a natureza do grupo ativador de nucleotídeos. No início da década de 1980, o grupo de Orgel descobriu que um imidazol em particular, chamado *2-metilimidazol*, substituía com mais eficiência o imidazol simples como grupo ativador de nucleotídeos. Embora não houvesse razão para acreditar que esse composto fosse particularmente relevante em termos prebióticos, ele era um bom sistema modelo. No entanto, nenhuma outra exploração da química envolvida foi realizada por cerca de trinta e cinco anos.

Em 2016, no laboratório de Szostak, Li Li, realizou uma avaliação sistemática dos efeitos das variações na estrutura do grupo ativador e descobriu que a substituição do grupo metil por um grupo amina melhorava significativamente a taxa e o alcance da química de cópia do RNA. Trabalhos subsequentes mostraram que o *2-aminoimidazol* (2AI) poderia ser produzido de duas maneiras diferentes e plausíveis do ponto de vista prebiótico. Além disso, o 2AI pode ser produzido na mesma mistura de reação que o composto intimamente relacionado 2AO, que, como mencionamos anteriormente, é um precursor dos nucleotídeos. O 2AI é, portanto, um candidato razoável ao papel do verdadeiro composto ativador de nucleotídeos relevante em termos prebióticos.

O segundo avanço na química da cópia do RNA foi ainda mais surpreendente do que a descoberta do 2AI, pois a forma como a cópia não enzimática de RNA ocorre é fundamentalmente diferente da forma como ela acontece na biologia. Aqui, a maior barreira para entender o mecanismo correto era conceitual. A suposição de que a química da cópia deveria funcionar de maneira semelhante ao paradigma biológico estava tão profundamente enraizada que era difícil conceber uma alternativa. Em retrospecto, porém, havia indícios dessa divergência entre os mecanismos químicos e biológicos em trabalhos publicados pelo laboratório de Orgel, já no fim da década de 1980. Especificamente, em uma série de experimentos cuidadosos e perspicazes, o grupo de Orgel demonstrou que, quando apenas um único nucleotídeo ativado está ligado a uma fita molde próxima do primer de RNA (um ácido nucleico de fita simples e curta), de modo que esteja pronto para reagir, a reação ocorre de maneira muito lenta. Entretanto, quando um segundo nucleotídeo ativado se ligava ao molde, a jusante do primeiro, a reação desse primeiro nucleotídeo com o primer era muito mais rápida. Em outras palavras, o nucleotídeo a jusante estava catalisando a reação do nucleotídeo a montante com o primer. Esse misterioso efeito catalítico foi devidamente observado por Orgel, mas ao que parece nunca foi profundamente estudado.

Algumas décadas depois, esse efeito foi redescoberto por Noam Prywes, no laboratório de Szostak. Como diz o ditado, passar meses trabalhando no laboratório pode economizar várias horas na biblioteca. Uma vez que esse efeito catalítico foi firmemente estabelecido, ficou evidente que compreendê-lo poderia ser a chave para desbloquear uma química de cópia de RNA rápida e eficiente. Entretanto, descobrir a base do efeito catalítico exigiu tempo e esforço consideráveis e, mais uma vez, a etapa mais lenta foi superar outra suposição equivocada. A hipótese inicial era de que o efeito catalítico se devia a uma interação física entre os nucleotídeos a montante e a jusante, que serviram para orientar corretamente o nucleotídeo a montante para reagir com o primer. Além disso, como os dois nucleotídeos precisavam estar estimulados para que o efeito catalítico fosse observado, presumiu-se que a interação ocorria entre os grupos ativadores dos dois nucleotídeos. Simulações de dinâmica molecular mostraram que eles poderiam de fato se tocar de várias maneiras diferentes, mas não de uma forma que obviamente estimulasse a reação de extensão do primer. Do mesmo modo, a cristalografia não mostrou nenhuma interação estabilizadora entre os dois grupos ativadores. Por fim, um experimento crucial realizado por Travis Walton, um novo aluno do laboratório de Szostak, forneceu a pista essencial.

Os pesquisadores descobriram que, quando dois nucleotídeos foram misturados na presença do complexo primer-molde, demorou quase meia hora para que o efeito catalítico se tornasse evidente. Esse longo tempo de espera sugeria que os dois nucleotídeos de fato interagiam, mas que essa interação ocorria por meio da formação de um intermediário químico que levava tempo para se acumular. Logo após essa descoberta, o intermediário previsto no processo de extensão do primer foi identificado por meio de uma caracterização química rigorosa. Descobriu-se que era um tipo incomum e nunca antes visto de dinucleotídeo, ou seja, um novo composto químico que inclui dois nucleotídeos em sua estrutura, ligados por um dos grupos ativadores de imidazol. Vamos nos referir a esse tipo de molécula como um substrato ligado.

O papel dos substratos ligados na química de cópia do RNA foi controverso no início. Uma questão levantada foi se essa molécula poderia de fato se ligar a uma fita molde de RNA por meio de dois pares de bases. Para que isso acontecesse, seria necessário que a ligação agisse como uma dobradiça, permitindo que os dois nucleotídeos ficassem lado a lado e, ainda assim, estivessem no ângulo certo para se emparelhar com os nucleotídeos do molde. Foram necessários estudos basilares para resolver completamente essa questão, mas estruturas cristalinas de alta resolução mostraram de maneira clara que os substratos ligados poderiam de fato se ligar à fita de RNA molde por meio de dois pares de bases Watson-Crick-Franklin.

Em um verdadeiro avanço, estudos cristalográficos adicionais revelaram todo o processo de extensão por etapas do primer não enzimático acontecendo nos cristais. Na primeira etapa, os monômeros ativados puderam ser vistos ligados ao molde, ao lado do primer. Depois de algum tempo, os dois monômeros ativados reagiram um com o outro para formar o intermediário ligado. E na etapa final, o intermediário ligado reagiu com o primer, que foi estendido por um nucleotídeo, enquanto a metade a jusante do intermediário ligado foi liberada. A capacidade de "ver" quase literalmente as etapas da reação de cópia forneceu três lições valiosas para entender por que o intermediário ligado era tão importante. Em primeiro lugar, a ligação ao molde com dois pares de bases em vez de um explicou por que a extensão do primer exigia muito menos do intermediário ligado do que os monômeros — foi necessário bem menos intermediário para saturar o molde. Em segundo lugar, a própria ligação estava perfeitamente alinhada no espaço tridimensional para favorecer a reação com o primer, o que explica a taxa de reação mais rápida. E em terceiro lugar, o novo grupo ativador estabilizou a estrutura do intermediário ligado, permitindo assim que ele se acumulasse em concentrações mais altas e provavelmente também ajudando a enrijecer sua estrutura tridimensional.

Com essas informações em mãos, outras melhorias na química da cópia se deram em um ritmo mais rápido. Um desses avanços veio da análise de substratos ligados, nos quais um nucleotídeo é unido a um oligonucleotídeo a jusante (em vez de outro nucleotídeo). Isso proporciona um emparelhamento adicional de bases com o molde, de modo que a cópia do molde possa prosseguir com concentrações ainda mais baixas de substrato e a velocidades ainda maiores. Por outro lado, a competição entre diferentes espécies ligadas para se unirem ao molde parece desacelerar a sua cópia geral. A tentativa de encontrar um meio-termo ideal entre fatores concorrentes, como a força de ligação ao molde, a competição e a reatividade, representa uma área de intenso desenvolvimento de pesquisa com o objetivo de aumentar a velocidade e a precisão da química de cópia do RNA em condições realistas do ponto de vista prebiótico.

Replicação

Os avanços na química de cópia não enzimática do RNA resumidos anteriormente deixaram o próximo problema mais claro: trata-se da questão de como ir além da simples cópia de um molde para o que realmente importa, que são os ciclos repetidos de *replicação*. O problema da replicação (por exemplo, copiar as cópias) é surpreendentemente difícil e tem um longo histórico de progressos ocasionais, retrocessos e obstáculos. Observar como a replicação genômica funciona na biologia pode nos fazer entender por que a replicação não enzimática é tão difícil. A replicação biológica envolve um maquinário bioquímico complexo e evoluído, que atua em várias etapas.

Normalmente, a replicação começa em um local de início definido, reconhecido por proteínas especializadas. Em seguida, enzimas altamente ativas, as polimerases, catalisam a cópia de longos trechos de DNA (ou de RNA nos vírus de RNA). É importante ressaltar que é o DNA de fita dupla (também chamado de duplex) que é copiado nas células, gerando duas duplexes de DNA filhas. Esse processo funciona da seguinte maneira: as duas fitas da duplex parental são separadas em um ponto chamado forquilha de replicação por enzimas especiais (*helicases*), que usam energia fornecida por uma molécula conhecida como ATP (que é a moeda energética das células modernas), para desfazer o emparelhamento de bases que mantém as fitas unidas. É interessante notar que essa é a mesma ATP usada com a GTP, a CTP e a UTP para sintetizar o RNA nas células modernas. À medida que a forquilha de replicação avança, as fitas simples separadas são copiadas e convertidas em duplexes de DNA, de fita dupla. Por fim, a replicação termina em locais especiais do genoma, onde mais proteínas amarram todas as pontas soltas e desmontam o aparato de replicação. Claramente esse processo altamente evoluído e rigidamente orquestrado se desenvolveu em etapas a partir de sistemas ancestrais menos complexos.

Como podemos ter uma visão de modos mais simples de replicação que possam nos dar ideias sobre como a cópia das protocélulas poderia ter ocorrido? Uma opção é investigar a replicação viral, em especial os vírus de RNA mais simples que infectam bactérias. Esses sistemas foram estudados de forma detalhada, mas, apesar de sua relativa simplicidade, também compartilham muitas características com a reprodução celular: polimerases eficientes que copiam longos trechos de RNA com muita rapidez, maquinário especial para iniciar e finalizar a cópia em locais definidos, e enzimas helicases para separar as fitas de uma duplex. Sem nenhuma estrutura evoluída disponível no momento da origem da vida, a replicação primordial deve ter sido bastante diferente, e muito mais simples.

Como estamos procurando uma abordagem menos complexa para a replicação, o que vem à mente é a *reação em cadeia da polimerase*, ou PCR. Essa técnica robusta é amplamente utilizada hoje em dia para amplificar vestígios de DNA a níveis úteis para tudo, desde investigações criminais até a reconstituição de migrações humanas antigas. Na verdade, essa técnica ganhadora do Prêmio Nobel ficou ainda mais famosa devido ao seu uso nos testes de covid-19. Os componentes essenciais de uma reação de PCR são simples: uma polimerase eficiente e estável em altas temperaturas, primers de DNA específicos definindo os locais de início das reações de cópia, e ciclagem de temperatura para separar as fitas da dupla hélice a altas temperaturas e, ao mesmo tempo, permitir que a enzima copie as fitas simples a uma temperatura mais baixa. Poderiam as flutuações térmicas ter desempenhado um papel na replicação primordial? Em vez de usar enzimas complexas e evoluídas para separar as fitas, usar flutuações simples de temperatura de fato faz sentido.

Flutuações de temperatura fortes o suficiente para impulsionar a amplificação por PCR podem ser obtidas da mesma forma que o aquecimento de uma panela de água no fogão leva à convecção: com a circulação da água da superfície inferior quente para a superfície superior mais fria devido ao contato com o ar. Isso, no entanto, ainda deixa em aberto a questão dos primers, que definem os locais onde a polimerase começa a copiar o DNA. Como um suprimento de primers com sequências definidas não é realista do ponto de vista prebiótico, a replicação de uma sequência linear de RNA genômico pode ser descartada. Isso nos deixa com um genoma circular como opção lógica, já que um círculo não tem começo nem fim, e portanto, não importa onde a cópia começa e onde termina. Voltando à biologia em busca de um modelo, existem pequenos parasitas de RNA de vírus de RNA chamados viroides, que usam um mecanismo de círculo rolante para sua replicação. Nesse mecanismo, uma polimerase começa a copiar um molde circular e gira continuamente sobre ele, produzindo uma longa fita complementar que contém repetições da sequência genômica circular. Uma atividade ribozimática intrínseca então cliva a longa fita multimérica (composta de várias unidades) em pedaços de comprimento unitário e, em seguida, a mesma ribozima liga os pedaços lineares em círculos, quando o processo pode ser repetido. Esse procedimento parece bastante simples, mas requer uma polimerase muito ativa, capaz de realizar um processo conhecido como "síntese de deslocamento de fita", e também requer uma ribozima com atividade de clivagem e ligação. Tudo isso parece muito para se esperar dos primórdios da replicação, até mesmo muito antes da evolução das ribozimas polimerases.

Dada a dificuldade de identificar um meio de replicar um genoma de RNA sem enzimas ou outros ingredientes implausíveis, como primers específicos ou ribozimas, podemos nos perguntar — na verdade, devemos nos perguntar — se não haveria uma maneira mais simples. Recentemente, um de nós (Szostak) propôs um novo modelo de como a replicação do RNA primordial *pode* ter funcionado. Curiosamente, esse modelo surgiu a partir de discussões realizadas on-line durante a pandemia de covid-19, quando os laboratórios estavam fechados e o trabalho experimental tornou-se temporariamente impossível.

Sem nada mais a fazer além de pensar, finalmente surgiu uma forma de abandonarmos algumas das ideias preconcebidas baseadas na biologia, que haviam dificultado o raciocínio anterior. Seguindo a famosa máxima de Sherlock Holmes, "quando se exclui o impossível, o que resta, por mais improvável que seja, deve ser a verdade", Szostak e seus colegas tentaram juntar os vários processos físicos e reações químicas que consideravam razoáveis. A ideia era gerar um caminho para a replicação que não dependesse de nenhuma condição prévia impossível (ou altamente improvável). O resultado foi um modelo ao qual eles (e nós aqui) se referem como modelo do *genoma circular virtual* ou modelo *GCV*. Esse modelo incorpora os aspectos benéficos de um genoma circular — que não tem início nem fim e, portanto, não há necessidade de postular a existência de maneiras especiais de começar pelo início e parar no final. Em vez disso, a cópia pode começar e terminar em qualquer ponto. Entretanto, no novo modelo, o genoma circular é virtual, no sentido de que não há necessidade de moléculas realmente circulares. Em vez disso, o círculo é representado por uma coleção de fragmentos sobrepostos da sequência circular. O modelo faz então uso da química de cópia de moldes por extensão de primer e por ligação, já bem testada experimentalmente. Como o genoma da protocélula consiste em fragmentos curtos de RNA que derivam de ambas as fitas do genoma circular, pares sobrepostos desses oligonucleotídeos se pareiam (formam pares de bases) para formar duplexes curtos com extremidades soltas. Essas extremidades são os locais onde a extensão do primer e/ou a ligação podem ocorrer. Assim, na presença de nucleotídeos ativados e intermediários ligados, espera-se que ocorram pequenas regiões de cópia dos moldes, em locais distribuídos por todo o círculo.

No modelo GCV, a cópia não ocorre de forma linear de ponta a ponta, mas é distribuída, pedaço por pedaço, ao longo de todo o círculo. Por fim, o modelo invoca variações ambientais, como flutuações de temperatura, de modo que os segmentos emparelhados por bases se separem e depois voltem a se juntar de forma aleatória, com cada ciclo desse tipo reorganizando os conjuntos de oligonucleotídeos pareados entre si. Isso é capaz de permitir que pequenas quantidades de cópia ocorram em locais diferentes durante cada ciclo. Em tese, a repetição desse processo deveria possibilitar a ocorrência da replicação de todo o conjunto circular de fragmentos. Ainda não sabemos se isso pode de fato acontecer ou se é apenas um esquema fantasioso que não funcionaria na prática, mas análises teóricas intensivas e testes experimentais do modelo estão em andamento.

Apesar de todo o progresso recente em desvendar caminhos prebióticos potenciais para a síntese de ribonucleotídeos e a cópia de fitas de RNA sem enzimas, ainda faz sentido considerar a possibilidade de que a vida tenha começado com algum ácido nucleico precursor, que mais tarde deu origem ao RNA. O interesse por essa possibilidade recebeu um impulso significativo quando Albert Eschenmoser, um dos maiores químicos que nunca recebeu o Prêmio Nobel (infelizmente falecido em 2023), mostrou que uma coleção diversa de ácidos nucleicos artificiais pareciam polímeros genéticos perfeitamente viáveis. Eschenmoser projetou e depois sintetizou quimicamente uma série de ácidos nucleicos quimicamente distintos, com carboidratos e ligações carboidrato-fosfato não naturais. De forma inesperada, muitos desses polímeros apresentaram pareamento de bases Watson-Crick-Franklin e formaram duplexes semelhantes àqueles formados pelo DNA e pelo RNA. Notavelmente, alguns desses polímeros podiam até parear bases com o RNA e o DNA, enquanto outros formavam grupos diferentes que podiam emparelhar bases entre si, mas não com membros de outros grupos. Esses resultados levantaram imediatamente a questão sobre se algum desses ácidos nucleicos artificiais poderia compor a base genética de formas alternativas de vida.

Como essa possibilidade poderia ser testada experimentalmente? De fato, isso é muito difícil de fazer, uma vez que não podemos criar e analisar todas as possibilidades. Entretanto, podemos examinar de maneira detalhada alguns casos especiais que parecem viáveis do ponto de vista prebiótico. Dois desses exemplos foram investigados em detalhes no laboratório de Szostak. Esses polímeros alternativos são chamados de *ANA (ácido nucleico de arabinose)* e *ANT (ácido nucleico de treose)*, e para ambos há um caminho conhecido que torna plausível sua presença na Terra primitiva. O ANA difere do RNA apenas por ter o 2'-hidroxil do carboidrato acima do anel do carboidrato, em vez de abaixo, enquanto o ANT difere apenas por não ter o 5'-carbono do carboidrato.

Os componentes básicos dos nucleotídeos tanto do ANA quanto do ANT parecem ser subprodutos prováveis dos caminhos estabelecidos para a síntese dos componentes básicos padrão do RNA. O que aconteceria se esses nucleotídeos não convencionais fossem produzidos juntamente com os ribonucleotídeos usuais em um cenário prebiótico? Experimentalmente, parece que esses dois ácidos nucleicos alternativos são menos eficientes na química de cópia de molde do que o RNA, de modo que perdem na competição com o RNA (lembre-se da afirmação: "o RNA sempre vence"). Entretanto, fitas de RNA que também contêm esses nucleotídeos alternativos misturados ao RNA podem ser copiadas. Notavelmente, o processo de cópia gera preferencialmente RNA. Por conseguinte, o resultado de ciclos repetidos de química de cópia será a formação de moléculas genéticas que são quase exclusivamente RNA. Esse é um resultado muito satisfatório, pois fornece pelo menos parte da explicação do por que a biologia na Terra ter começado com o RNA. No entanto, é evidente que há muito mais a ser feito, uma vez que apenas um conjunto limitado de alternativas ao RNA foi examinado até o momento.

Crescimento e divisão

Como dois dos processos mais importantes orquestrados pelas células são o crescimento e a divisão, precisamos voltar às questões que envolvem a natureza da membrana da protocélula. Vimos que membranas de camada dupla podem se auto-organizar com facilidade a partir de ácidos graxos e outros lipídios simples. A estrutura de dupla camada é semelhante à das membranas das células modernas, mas as propriedades da membrana são muito mais adequadas a uma protocélula primitiva do que a uma célula avançada que funciona usando um maquinário proteico altamente evoluído. Uma célula primitiva tem de recorrer às propriedades de sua própria composição e estrutura para sobreviver, por isso, é essencial uma membrana que permita a entrada de nutrientes e a excreção de produtos residuais de maneira espontânea. A alta permeabilidade das membranas de ácidos graxos permite que esses processos de transporte ocorram sem a necessidade de um canal ou poro desenvolvido. As células modernas, por sua vez, dedicam uma grande fração de seus genomas à codificação das proteínas que medeiam o crescimento e a divisão. Será que as células primordiais podiam realmente crescer e se dividir apenas em resposta a estímulos físicos do ambiente? Surpreendentemente, experimentos mostram que a resposta é um claro sim, e não apenas isso, mas parece haver várias maneiras distintas do crescimento e da divisão ocorrerem.

Um dos aspectos mais bonitos da física dos ácidos graxos é o fato deles adotarem estruturas muito diferentes, dependendo da natureza do ambiente em que se encontram. Ácidos graxos em uma solução ácida formam gotículas de óleo, enquanto em uma solução básica (que tem uma concentração maior de íons hidróxido do que de íons de hidrogênio) se reúnem em agregados muito pequenos chamados micelas. As micelas possuem apenas alguns nanômetros de diâmetro e consistem em aglomerados muito dinâmicos que podem ter, aproximadamente, de dez a cem moléculas. Somente em níveis intermediários de pH, em geral ligeiramente básicos, os ácidos graxos se organizam nas membranas bilipídicas que compõem a estrutura delimitadora das protocélulas que discutimos. É essa excepcional capacidade de se associarem em diferentes fases que fornece a base para um meio simples de alimentar vesículas, permitindo que elas primeiro cresçam e depois se dividam. Quando micelas, que são estáveis apenas em pH superior a 10 (uma solução básica), são adicionadas a uma suspensão de vesículas em um pH mais baixo, as moléculas de ácidos graxos nas micelas tendem a se integrar às membranas bilipídicas preexistentes, que, assim, aumentam de área. Se as vesículas forem limitadas por uma única membrana, o aumento da área de superfície permite que a membrana sofra flutuações drásticas de forma, o que acaba levando ao brotamento de vesículas menores a partir da vesícula parental. Assim, simplesmente alimentar as vesículas com mais de suas moléculas componentes pode levar diretamente ao crescimento e à divisão, sem necessidade de um maquinário evoluído.

Uma variação surpreendente desse modo de crescimento e divisão ocorre se a vesícula parental for uma vesícula de várias camadas. Neste caso, a camada mais externa da membrana começa a crescer primeiro. Como há muito pouco volume entre as camadas da membrana, a membrana externa inicialmente cresce desenvolvendo uma fina extensão tubular, que aumenta gradualmente em comprimento e espessura. Com o tempo, as camadas da membrana trocam material, e a estrutura final se torna um longo filamento de múltiplas camadas. Esse filamento é bastante frágil, e forças de cisalhamento suaves, como as que podem ser causadas pelo vento soprando sobre a superfície de um lago, fazem com que o filamento se fragmente em vesículas-filhas. É importante ressaltar que o conteúdo da vesícula não vaza durante nenhum dos modos de crescimento e divisão, fazendo com que as moléculas genéticas, como o RNA, fiquem retidas dentro da vesícula durante todo o processo.

Podemos agora especular sobre o tipo de ambiente geoquímico que permitiria o crescimento e a divisão de protocélulas como resultado da adição de micelas. Para começar, imaginemos protocélulas existentes em um lago, agitadas pelo vento e mantidas em um pH levemente alcalino por substâncias químicas lixiviadas das rochas ao redor. Em seguida, precisamos pensar em um local separado, onde ácidos graxos tenham se acumulado, talvez em uma piscina mais fortemente básica, de modo que estejam na forma de micelas. Se esse reservatório de material micelar transbordar, talvez devido à chuva, um fluxo de água repleto de micelas pode fluir para o lago que contém as protocélulas, que assim irão crescer e se dividir.

Embora nada nesse cenário seja extremamente improvável, certamente parece ser um conjunto de requisitos bastante artificial. Então, será que existe uma maneira mais simples do crescimento e da divisão ocorrerem? Na verdade, existe um processo intrigante através do qual o crescimento das protocélulas pode ser impulsionado pela competição entre elas. O fundamento físico desse fenômeno é que vesículas que contêm uma alta concentração de materiais dissolvidos, como o RNA, tornam-se osmoticamente inchadas se a solução circundante contiver menos material dissolvido. Na prática, a água penetra nas vesículas, "tentando" diluir o RNA interno até que atinja a mesma concentração existente fora das vesículas. Como o RNA não consegue atravessar a membrana, a pressão interna aumenta, resultando em uma vesícula esférica inchada. Essa situação é estável, a menos que haja outras vesículas na mesma solução que contenham menos RNA (ou nenhum RNA) e, portanto, estejam menos inchadas ou nem sequer estejam inchadas. Neste caso, algo impressionante acontece. Como são lipídios de cadeia simples, os ácidos graxos não estão fortemente ancorados na membrana e podem sair rapidamente e entrar de volta na mesma, ou em outra membrana. Esse processo permite que moléculas de ácidos graxos se movam entre vesículas e, como resultado, a área de superfície das vesículas inchadas tende a se expandir conforme os ácidos graxos entram em sua membrana. Enquanto isso, as vesículas menos inchadas, ou mais relaxadas, tendem a encolher à medida que perdem ácidos graxos. Consequentemente, as vesículas que contêm uma maior concentração de RNA crescem à custa das vesículas vizinhas que contêm menos RNA. A implicação desse modo de crescimento competitivo é que um aumento na taxa de replicação de RNA em uma protocélula causará o crescimento de sua membrana, à custa das vesículas nas quais a replicação de RNA não esteja ocorrendo, ou seja simplesmente mais lenta. Eis um belo exemplo de uma conexão entre replicação do RNA e crescimento da membrana que se baseia puramente em fenômenos físicos, e não na evolução do maquinário biológico. Entretanto, ainda há uma complicação.

O crescimento osmótico implica que as vesículas em crescimento fiquem inchadas e, portanto, esféricas. É muito difícil vesículas esféricas se dividirem, uma vez que não há área de superfície suficiente para gerar vesículas-filhas com o mesmo volume. Portanto, a divisão requer muita energia para comprimir as vesículas esféricas, o que resulta na perda de parte do conteúdo da vesícula, a menos que algo aconteça para diminuir seu volume. Acontece que isso pode se dar com bastante facilidade, por exemplo, por meio de um influxo repentino de sal ou de outras pequenas moléculas na água circundante. Isso faria com que a água saísse da vesícula inicialmente inchada, diminuindo de volume, mas manteria sua área de superfície original. Como mencionamos, isso levaria a flutuações da membrana, mudanças de forma e divisão.

Para montar uma protocélula totalmente funcional, é necessária mais uma etapa: temos que combinar processos muito diferentes de replicação do RNA e replicação de vesículas. Aqui, nos deparamos com vários problemas. Embora pelo menos em princípio cada uma dessas complicações tenha várias soluções possíveis, esses obstáculos permanecem sem solução até o momento. O problema mais imediato e urgente é o da compatibilidade em nível de sistemas. A grande questão aqui é o fato de que a química de cópia do RNA requer concentrações relativamente altas de cátions divalentes, como o magnésio, mas isso leva à destruição rápida das membranas de ácidos graxos, conforme mencionado.

Até o momento, foram descobertas duas soluções de "prova de princípio" para essa incompatibilidade. A primeira é fazer com que uma molécula quelante se ligue ao íon de magnésio, de modo que uma das faces do íon fique coberta. Um exemplo muito eficaz é o citrato, que se liga muito bem aos íons de magnésio; na verdade, tão bem que o citrato de magnésio é um ingrediente comum em suplementos dietéticos de magnésio. O complexo magnésio-citrato ainda atua como catalisador da química da cópia do molde de RNA, mas, curiosamente, as membranas de ácidos graxos não são afetadas pelo magnésio complexado. Como a membrana é protegida da destruição pelo citrato, pode-se ver a cópia de moldes ocorrendo no interior de vesículas de ácidos graxos na presença de citrato. Embora isso seja certamente animador, a disponibilidade prebiótica de citrato em quantidades suficientes é muito improvável, e outras alternativas mais plausíveis são menos eficazes na proteção das membranas.

É possível que a mistura de hidroxiácidos e cetoácidos produzida pela irradiação UV da água de lagos contendo carbonato e sulfito forneça uma proteção parcial, mas outros fatores também precisam entrar em jogo para resolver essa incompatibilidade. Outra solução parcial pode vir de moléculas estabilizadoras de membrana não relacionadas. Por exemplo, estudos recentes realizados pelos químicos Sarah Keller e Roy Black e por colaboradores da Universidade de Washington, em Seattle, mostraram que as membranas de ácidos graxos são estabilizadas por componentes dos nucleotídeos, como a ribose e a adenina. A estabilização da membrana por compostos realistas em termos prebióticos é muito promissora e sugere que uma combinação desses efeitos com compostos que complexam íons pode fornecer pelo menos uma solução parcial para esse problema de compatibilidade.

Uma abordagem completamente diferente para compatibilizar a química de cópia do RNA e a integridade da membrana é considerar composições alternativas de membrana. Embora os ácidos graxos sejam componentes essenciais dos fosfolipídios de cadeia dupla modernos, intermediários entre os ácidos graxos e os fosfolipídios também são plausíveis do ponto de vista prebiótico. Os ésteres de glicerol dos ácidos graxos e os álcoois graxos relacionados há muito tempo são usados em misturas com ácidos graxos para gerar membranas mais robustas. Se adicionarmos um fosfato a um éster de glicerol e ácido graxo, teremos um lisofosfolipídio; essas moléculas são detergentes e, quando presentes em concentrações muito altas, dissolvem membranas. No entanto, na presença da química de ativação do fosfato (a mesma química de ativação usada para a cópia de RNA), esse fosfato se recicla.

Os ciclofosfolipídios resultantes têm propriedades muito interessantes. Como o fosfato cíclico possui somente uma carga negativa, ele interage de maneira fraca apenas com os íons de magnésio. Como resultado, membranas contendo uma fração significativa de ciclofosfolipídios tendem a ser resistentes a níveis mais altos de íons de magnésio. Essa parece ser uma possível solução para o problema de compatibilidade, mas, infelizmente, as coisas não são tão simples. Para que as protocélulas se reproduzam indefinidamente, a composição da sua membrana deve se manter inalterada. Entretanto, como os ciclofosfolipídios não formam micelas em pH alto, não é possível alimentar protocélulas diretamente com ciclofosfolipídios. Uma possibilidade atraente seria a de que as vesículas pudessem ser alimentadas com ácidos graxos ou lisofosfolipídios, que poderiam então ser convertidos em ciclofosfolipídios na membrana. Existem outras alternativas aos ácidos graxos, mas elas enfrentam problemas semelhantes. Por exemplo, fosfolipídios de cadeia curta podem ser tão dinâmicos quanto as membranas de ácidos graxos de cadeia longa, dada uma área de superfície hidrofóbica semelhante.

A conclusão é que são claramente necessárias mais pesquisas sobre vias prebióticas plausíveis para a síntese de ácidos graxos e suas alternativas. Trata-se de uma frente de pesquisa empolgante, pois o prêmio é uma explicação sobre como populações de protocélulas poderiam ser mantidas, ao mesmo tempo que se contorna a incompatibilidade entre a química do RNA e as propriedades das membranas.

Neste capítulo, apresentamos deliberadamente um relato bastante detalhado do panorama dos experimentos. Nosso objetivo foi demonstrar que, ao considerarmos os processos físicos de crescimento e divisão das membranas e os processos químicos de replicação do RNA, chegamos a um modelo razoável — ainda que incompleto — da natureza das primeiras células na Terra primitiva. Esse cenário está longe de ser a palavra final, e muito ainda precisa ser feito para preencher os detalhes que faltam. No entanto, o modelo atual baseia-se em um conjunto considerável de trabalhos experimentais, sustentado por argumentos teóricos sólidos.

Se estivermos dispostos a aceitar, por enquanto, os contornos gerais do modelo da protocélula, podemos começar a pensar sobre o caminho evolutivo que levou ao desenvolvimento das principais características das células modernas, presentes na célula ancestral comum da qual todas as formas de vida se originaram (o Último Ancestral Comum Universal). Essas características incluem membranas celulares feitas de lipídios mais complexos, e a ampla gama de proteínas incorporadas que controlam o transporte molecular para dentro e para fora de todas as células. Uma segunda característica importante é uma rede complexa de reações metabólicas geradora de muitos nutrientes da célula, se não de todos. Por fim, há a síntese de proteínas codificada por RNA, que permite a produção de enzimas proteicas, de proteínas membranares e do citoesqueleto (a estrutura que ajuda as células a manterem sua forma e suas funções). Aqui, esboçaremos brevemente um possível cenário para a evolução dessas características marcantes da biologia.

Um modelo particularmente atraente de como as protocélulas poderiam competir por recursos limitados envolve a síntese mediada por ribozima de lipídios de duas cadeias semelhantes aos fosfolipídios das membranas modernas. Experimentos no laboratório de Szostak mostraram que a presença de uma pequena quantidade desses lipídios nas membranas das protocélulas modelo à base de ácidos graxos permite que essas vesículas cresçam roubando ácidos graxos de vesículas vizinhas sem fosfolipídios. Esse efeito ocorre porque as moléculas de ácidos graxos são mantidas com mais firmeza até mesmo nas membranas que contêm uma pequena fração de fosfolipídios de duas cadeias. Como resultado, as moléculas de ácidos graxos escapam mais lentamente da membrana para a solução circundante, mas como entram na membrana à mesma velocidade, ela cresce enquanto as membranas de ácidos graxos puros circundantes encolhem. Uma implicação importante desse efeito físico é a de que uma protocélula que desenvolvesse uma ribozima capaz de catalisar a síntese de fosfolipídios poderia crescer à custa de suas vizinhas. Essa vantagem competitiva ajudaria essas células produtoras de fosfolipídios a assumir o controle e dominar a população local de protocélulas. No entanto, uma vez que os descendentes da célula original se encarregassem do controle da população, sua vantagem seletiva diminuiria, já que todas as células estariam produzindo fosfolipídios.

Nesse ponto, teria início uma interessante corrida evolutiva. O motivo é que qualquer célula que produzisse mais fosfolipídios do que suas vizinhas ainda teria uma vantagem competitiva e poderia crescer absorvendo ácidos graxos de suas vizinhas. Essa competição levaria a um aumento gradual na eficiência do maquinário de síntese de fosfolipídios e, portanto, também a um aumento na abundância de fosfolipídios nas membranas celulares. Entretanto, uma fração crescente de fosfolipídios logo teria efeitos poderosos sobre a fisiologia celular, tanto positivos quanto negativos.

Membranas de ácidos graxos com uma quantidade significativa de fosfolipídios começam a se tornar menos permeáveis a solutos polares e carregados. Assim, uma protocélula que sobrevivesse absorvendo nutrientes (como nucleotídeos) do ambiente, não seria mais capaz de fazê-lo, ou melhor, essa absorção de nutrientes se tornaria progressivamente mais lenta à medida que o conteúdo de fosfolipídios da membrana aumentasse. Por outro lado, a permeabilidade reduzida da membrana abriria novas possibilidades para a célula em evolução, pois as reações metabólicas internas poderiam finalmente se tornar vantajosas, uma vez que as moléculas sintetizadas dentro da célula deixariam de vazar com tanta rapidez para alimentar células vizinhas. Em vez disso, as vias metabólicas internas poderiam beneficiar a célula que abrigasse as ribozimas catalisadoras das reações metabólicas. Como alternativa, as células poderiam começar a desenvolver sistemas especializados para a importação dos nutrientes necessários. A redução da permeabilidade da membrana levaria, portanto, a duas novas pressões seletivas: uma para a evolução das reações metabólicas intracelulares e a outra para a evolução do maquinário de transporte da membrana.

A evolução do metabolismo deve ter ocorrido passo a passo, com cada estágio proporcionando uma vantagem seletiva. Uma maneira razoável disso acontecer seria por meio da evolução de novas ribozimas, cada uma catalisando a síntese de algum composto que estivesse se esgotando na célula ou que ela estivesse com dificuldade de acessar. Como as novas ribozimas seriam codificadas pelo genoma de RNA da célula, essa progressão evolutiva provavelmente ocorreria em etapas.

Um requisito inicial para um genoma expandido que pudesse codificar ribozimas adicionais poderia ter sido o aumento da taxa e da precisão da replicação genômica. Conforme as fontes ambientais de nucleotídeos fossem se esgotando, teria sido benéfico o aumento da síntese interna de nucleotídeos ativados a partir de moléculas de matéria-prima progressivamente mais simples e mais disponíveis. Porém é muito incerto até onde esse processo poderia ir apenas com RNAs como catalisadores. O que está claro é que, em algum momento, a vida desenvolveu a capacidade de sintetizar peptídeos úteis e, em seguida, enzimas gradualmente maiores e mais ativas. Entretanto, esse avanço exigiu o surgimento da síntese codificada de peptídeos, e a evolução do código genético continua sendo um dos grandes mistérios do início da evolução.

Acredita-se que esse processo também tenha ocorrido em várias etapas. Alguns dos aminoácidos mais abundantes e fáceis de sintetizar podem ter sido os primeiros incluídos no código genético, enquanto os aminoácidos com uma via biossintética mais complexa podem ter sido integrados posteriormente ao código genético. Essa hipótese é consistente com o fato de que os aminoácidos mais fáceis de produzir tendem a ter um emparelhamento códon-anticódon (entre as unidades de três nucleotídeos do código genético no RNA de transferência e no RNA mensageiro) mais forte, e tendem a ser redundantes, ou seja, diferentes códons codificam o mesmo aminoácido. Além disso, a relação entre aminoácidos e códons parece arbitrária, de modo que o código genético como um todo pode ser visto em parte como resultado de um caminho determinístico, e em parte como resultado de um acidente histórico congelado.

Finalmente, isso nos leva ao tópico do próximo capítulo: a conexão entre a origem da vida na Terra e a formação e evolução da própria Terra.

6. Unindo tudo

Da astrofísica e da geologia à química e biologia

> *As forças da natureza agem de maneira misteriosa. Só podemos resolver o mistério deduzindo o resultado desconhecido a partir dos resultados conhecidos de eventos semelhantes.*
>
> Mahatma Gandhi, *Soul Force*

Sabemos, por meio da datação isotópica, que a Terra se formou há cerca de 4,54 bilhões de anos. Entender como era a Terra primitiva, portanto, representa um grande desafio. Felizmente, além dos registros geológicos da própria Terra, e das informações obtidas a partir do estudo de outros objetos do sistema solar (Marte e Vênus, em especial), também podemos obter insights sobre o nascimento da Terra através de observações astronômicas das muitas estrelas em torno das quais planetas ainda estão se formando. Por meio de impressionantes imagens em várias faixas de comprimento de onda, e espectros detalhados fornecidos por unidades de observação — como o telescópio espacial Hubble, o telescópio espacial James Webb e o Very Large Telescope (VLT), no Chile —, além de dados incrivelmente valiosos do rádio-observatório Atacama Large Millimeter/submillimeter Array (ALMA), podemos testemunhar como vastas nuvens moleculares de gás e poeira se condensam sob a força da gravidade para formar densos discos protoplanetários ao redor de estrelas nascentes. Esses discos se tornam os berçários onde nascem os planetas.

A TERRA É EXCEPCIONAL?

Em um número cada vez maior de casos, os astrônomos têm usado até mesmo observações espectroscópicas para mapear a composição química desses discos circunstelares. Na verdade, os pesquisadores foram ainda mais longe: quando cientistas planetários e atmosféricos, astrofísicos e geólogos combinam a infinidade de dados disponíveis por meio de sofisticadas simulações computacionais, eles conseguem produzir uma imagem dinâmica, ainda que apenas parcial, da formação dos planetas. A visão infravermelha do James Webb oferece novos recursos impressionantes. Por ser capaz de observar através de parte da poeira cósmica, que de outra forma seria opaca (à luz visível), ele já está nos proporcionando uma visão sem precedentes do nascimento de estrelas e planetas. Particularmente, a combinação de observações do ALMA e do James Webb cobre tanto os planetas que se formam mais longe de suas estrelas hospedeiras, quanto os que nascem mais perto delas.

No entanto, ainda há muitas perguntas sobre o início da história do planeta Terra que não podem ser respondidas com a simples observação de outros sistemas solares. Uma questão central, por exemplo, está relacionada à história precisa dos impactos de asteroides na Terra. Os asteroides são remanescentes rochosos que sobraram da formação inicial do nosso sistema solar. Existem mais de 1 milhão de asteroides classificados, dos quais cerca de 600 mil têm órbitas bem determinadas. A maior parte desses destroços espaciais orbita o Sol entre Marte e Júpiter, onde a gravidade deste último impediu a formação de corpos maiores, criando o que é conhecido como cinturão principal de asteroides. O tamanho dos asteroides observados varia de cerca de 940 quilômetros de diâmetro (como o asteroide Ceres, considerado um planeta anão) a objetos com menos de 10 metros de diâmetro.

Pelo fato da Terra e da Lua terem composições isotópicas idênticas, sabemos que quando a Terra estava quase com seu tamanho total (entre 4,42 e 4,52 bilhões de anos atrás), foi atingida pelo impacto cataclísmico de um corpo do tamanho de Marte (chamado de *Theia*), que destruiu parte do nosso planeta e levou à formação da nossa Lua a partir dos detritos. Ao mesmo tempo, essa colisão derreteu as camadas externas da Terra, criando um oceano de magma que provavelmente levou algumas dezenas de milhões de anos para esfriar e solidificar. Isso é praticamente certo. As colisões também podem ter alterado a rotação de Vênus em torno de seu eixo (Vênus leva mais tempo para girar em torno de seu próprio eixo do que para orbitar o Sol). As incertezas começam a surgir quando se trata dos detalhes dos impactos subsequentes na superfície da Terra.

Com base em estudos de datação de crateras na superfície lunar, pesquisadores concluíram que a Terra primitiva deve ter sido bombardeada por muitos outros impactos de grandes proporções. Contudo, a distribuição precisa do tamanho dos corpos que atingiram o planeta, a velocidade e o momento dessas colisões continuam sendo temas de debates acalorados, assim como os efeitos desses impactos na Terra primitiva. Enquanto alguns cientistas propõem que, em algum momento entre 4,1 e 3,8 bilhões de anos atrás, a Terra sofreu o que se convencionou chamar de "Bombardeio Pesado Tardio" (BPT) — um número desproporcionalmente grande de asteroides e cometas (estes últimos, bolas de gelo, poeira e rocha) colidindo com a Terra primitiva, outros afirmam que o BPT nunca aconteceu. As supostas evidências do BPT vieram de amostras de rochas trazidas da Lua pelos astronautas da *Apollo*. A datação isotópica dessas rochas sugeriu que elas foram fundidas (por impactos) durante um intervalo de tempo relativamente reduzido. Aqueles que são céticos quanto à realidade do BPT argumentam que o aparente pico acentuado nas idades dos impactos lunares é um acaso estatístico, causado pelo fato dos astronautas terem, na verdade, coletado amostras de rochas dispersas de um único grande impacto. Esses cientistas sugerem que, em vez de um bombardeio pesado tardio, houve um breve bombardeio intenso inicial, que terminou há cerca de 4,4 bilhões de anos, após o qual a Terra continuou a experimentar um longo período de bombardeios decrescentes por mais ou menos 2 bilhões de anos, bombardeios esses que continuam até hoje, em taxas cada vez menores.

A TERRA É EXCEPCIONAL?

A razão para esses detalhes serem tão importantes é o fato de que eles têm consequências significativas para determinar quando a Terra se tornou habitável e quando a vida poderia ter surgido. Alguns dos impactos gigantes na Terra podem ter sido catastróficos o suficiente para derreter uma parte da crosta terrestre, destruindo quase toda vida em formação, se não toda. Por outro lado, impactos um pouco menos poderosos podem ter tido o efeito contrário. As colisões podem ter criado temporariamente uma atmosfera redutora (contendo gases redutores, como hidrogênio e cianeto de hidrogênio), que, como vimos no Capítulo 3, teria sido mais favorável à origem da vida, uma vez que o cianeto se configuraria num excelente material de partida para a síntese química dos componentes básicos da vida. Os asteroides também poderiam ter trazido metais, como o ferro, e outros elementos como o fósforo e o enxofre, necessários para a vida. Até mesmo a maior parte da água da Terra (talvez até oito vezes a quantidade total existente em todos os oceanos da superfície terrestre atual, de acordo com uma simulação) pode ter sido trazida pelos primeiros impactos. Quantidades muito menores de compostos relevantes do ponto de vista prebiótico, como aminoácidos (cujas cadeias poderiam formar proteínas) e bases nitrogenadas dos tipos que compõem o RNA, também teriam sido trazidas por certos tipos de meteoritos. Impactos ainda menores teriam gerado crateras com atividade geotérmica associada, levando à formação de regiões com fontes termais, lagoas e lagos enriquecidos com minerais que, como descrevemos, poderiam ter sido ambientes ideais para o surgimento da vida. Em se tratando da vida, portanto, os asteroides dão e os asteroides tiram. Apenas como uma observação divertida, em 1992, Michelle Knapp, de Peekskill, Nova York, comprou um carro por 300 dólares. Depois que o carro foi totalmente destruído pelo impacto de um pequeno meteorito, ela o vendeu a um colecionador por 25 mil dólares!

A história primitiva da Terra deu aos astrofísicos mais um enigma, conhecido como o "paradoxo do jovem Sol fraco" que surgiu com a descoberta (em Jack Hills, na Austrália Ocidental) de minúsculos minerais cristalinos conhecidos como zirconitas, datando de cerca de 4,4 bilhões de anos. Uma análise da proporção de diferentes isótopos de oxigênio nas zirconitas mostrou que, mesmo naqueles tempos extremamente remotos, existia água líquida na superfície da Terra ou próximo dela. O paradoxo se refere à aparente contradição entre a expectativa dos modelos de evolução estelar, que revelam que a luminosidade do Sol naquele período era cerca de 30% menor do que seu valor atual, e a evidência da presença de água líquida ao mesmo tempo. Com um Sol tão fraco, o aquecimento radiativo que ele fornecia era baixo o suficiente para sugerir que toda a água da superfície da Terra deveria estar congelada, e que a vida não poderia ter surgido e se desenvolvido.

Embora ainda não saibamos ao certo qual seria a solução exata para o enigma do "jovem Sol fraco", acredita-se, de modo geral, que uma combinação de vários efeitos tenha estado em jogo. O congelamento completo pode ter sido impedido, particularmente, pela presença de concentrações mais altas de gases de efeito estufa, como o dióxido de carbono (e possivelmente um pouco de metano) na atmosfera primitiva da Terra. O dióxido de carbono certamente teria sido liberado pelos vulcões. Evidências que sugerem esse cenário vêm de uma análise da composição de meteoritos datados de 2,7 bilhões de anos. Os dados mostraram que, conforme caíam pela atmosfera terrestre, esses meteoritos interagiam com uma mistura de gases rica em dióxido de carbono (que representaria talvez até 70% do total). Outros fatores que teriam contribuído para evitar o congelamento da Terra foram: (i) a possibilidade de que a Terra refletisse menos energia de volta para o espaço; (ii) impactos de asteroides, cuja taxa teria sido alta 4,5 bilhões de anos atrás (independentemente de o Bombardeio Pesado Tardio ter acontecido ou não), que poderiam ter gerado calor suficiente para derreter a água congelada, pelo menos de forma episódica; e (iii) o calor gerado por movimentos de empuxo e repuxo no interior da Terra, causados pelas forças de maré exercidas pela Lua, que estava muito mais próxima da Terra logo após sua formação.

O problema apresentado pelo "paradoxo do jovem Sol fraco" é exacerbado em Marte, já que dados do rover *Perseverance* e de outras missões robóticas indicam a existência de lagos de água líquida e rios caudalosos na superfície marciana 3,7 bilhões de anos atrás, ou até mesmo antes. Esse enigma talvez seja resolvido apenas quando as amostras coletadas pelo *Perseverance* retornarem à Terra para análise, na década de 2030. O "paradoxo do jovem Sol fraco", entretanto, apresenta o que talvez seja uma possibilidade ainda mais intrigante, no que diz respeito tanto à vida na Terra quanto à vida extraterrestre.

O cientista atmosférico Martin Turbet, do Laboratório de Meteorologia Dinâmica, em Paris, sugeriu em 2021 que, se o nosso Sol tivesse de 92% a 95% de sua luminosidade atual há cerca de 4,5 bilhões de anos, o vapor d'água na atmosfera da Terra não teria se condensado para formar água líquida. Em vez de uma "Terra bola de neve", teríamos uma "Terra de vapor". Em outras palavras, o jovem Sol fraco pode ter sido uma bênção em vez de uma maldição — uma condição necessária para o surgimento da vida na Terra! Em contrapartida, em Vênus, por exemplo, os modelos de Turbet preveem que o planeta nunca foi suficientemente frio para sustentar água líquida. A boa notícia é que essa previsão específica poderá ser testada em breve. A Nasa planeja enviar duas missões a Vênus ainda na década de 2020, e a Agência Espacial Europeia (ESA) também enviará uma. Uma das missões da Nasa, chamada *DAVINCI* (sigla em inglês para Investigação na Atmosfera Profunda de Vênus de Gases Nobres, Química e Imagem), vai incluir uma sonda que descerá na atmosfera de Vênus para determinar sua composição em diferentes altitudes. As assinaturas químicas obtidas dessa forma fornecerão pistas significativas para definir se existiram oceanos em Vênus no passado. Além disso, os resultados do mapeamento da superfície que serão coletados pelos outros dois módulos orbitais planejados — o *VERITAS*, da Nasa, e o *EnVision*, da ESA — permitirão a calibragem e o teste de modelos climáticos venusianos. Vamos examinar mais detalhadamente Vênus como potencial candidato a abrigar vida no Capítulo 7. A conclusão dessa breve discussão é clara. A partir de uma fusão de descobertas da história geológica e atmosférica da Terra, da exploração de outros planetas do sistema solar, de observações de sistemas exoplanetários em formação, de estudos de meteoritos que impactam a Terra, de simulações numéricas e, mais recentemente, até mesmo de dados de algumas missões de retorno de amostras (de visitas a asteroides e cometas), podemos tentar construir uma imagem fragmentada de como a Terra se formou e das condições iniciais a partir das quais a vida emergiu.

No entanto, logo nos deparamos com outro empecilho — o obstáculo das chamadas "eras perdidas" da Terra. Eis o problema: na Terra, a camada rochosa mais externa (a *litosfera*) está rachada e dividida em grandes pedaços, conhecidos como *placas tectônicas*. Existem sete placas principais e dez menores. Como a parte externa do núcleo da Terra é fundida (o que faz com que o manto quente sob a crosta superficial seja parcialmente fluido), essas placas tectônicas se movem lentamente, às vezes colidindo ou até mergulhando umas sob as outras na subsuperfície, em um processo conhecido como *subducção*. Devido à tectônica das placas, grandes porções da superfície da Terra vêm sendo continuamente recicladas pela subducção — um pedaço desliza sob outro e afunda até derreter. Ao longo de bilhões de anos, essa atividade apagou todos os vestígios da história muito primitiva da Terra e, portanto, dos ambientes que mais nos interessam: aqueles que deram origem à vida.

Recriar tais condições prebióticas em nossa imaginação, portanto, requer uma integração cuidadosa de várias linhas de evidência. Isso inclui uma extrapolação de processos que ainda podemos observar na Terra moderna, os resultados de rigorosas modelagens computadorizadas e, em particular, estudos detalhados da superfície marciana. O que torna o estudo de Marte tão crucial é o fato de que, naquele planeta, grande parte do registro que falta na Terra foi preservada (já que, como veremos no próximo capítulo, em Marte não há placas tectônicas). O pouso bem-sucedido do rover *Perseverance* na superfície marciana é muito promissor nesse sentido. Uma integração meticulosa de todas as informações coletadas pelo *Perseverance* e por sondas e módulos orbitais já enviados ao planeta está nos ajudando a lançar luz sobre o passado distante, ao mesmo tempo que evidencia os enigmas ainda não resolvidos que impulsionam as pesquisas científicas de ponta atualmente.

A TERRA É EXCEPCIONAL?

Passando da geologia para a fronteira da química, uma importante lição que descobrimos e redescobrimos com frequência é que o progresso pode ser prejudicado por nossas próprias convicções prévias, e os avanços às vezes precisam esperar que uma nova forma de pensar se estabeleça. De maneira bem-humorada, esse fato é às vezes chamado de "Princípio de Planck", porque o físico Max Planck, criador da teoria quântica, escreveu: "Uma nova verdade científica não triunfa convencendo seus oponentes e fazendo-os enxergar o que antes não compreendiam, mas sim porque seus oponentes em algum momento morrem, e uma nova geração cresce familiarizada com ela." Um exemplo com o qual já nos deparamos e que demonstra os efeitos prejudiciais de concepções equivocadas diz respeito à relação entre a química prebiótica e às ideias iniciais, ainda mal formuladas, sobre os ambientes necessários para que a química da vida se materializasse. Para sermos mais específicos, diz respeito a um dos experimentos mais famosos da história dos estudos sobre a origem da vida — o *experimento de Miller-Urey*.

Embora não haja dúvida de que o experimento de Miller-Urey — que produziu moléculas intimamente relacionadas aos aminoácidos a partir de uma configuração química relativamente simples — representou um grande avanço, se analisarmos com mais atenção o resultado real dessa demonstração, perceberemos que foram criadas quantidades muito pequenas de milhares, até mesmo dezenas de milhares de substâncias químicas diferentes. Isso definitivamente não é o que gostaríamos de ter para que a vida pudesse surgir. Em vez disso, o que precisamos é de altas concentrações de apenas algumas substâncias químicas essenciais. É evidente que algo muito importante estava faltando ou simplesmente havia algo errado. Avanços significativos nos últimos vinte anos (que descrevemos em detalhes nos Capítulos 3 e 4) revelaram um roteiro para essas vias químicas específicas de alto rendimento. Mas essa química aprimorada tem seus próprios requisitos muito específicos. Por exemplo, explicamos como ela é impulsionada pela energia fornecida pela radiação UV. Por um lado, isso parece promissor, pois sabemos que as estrelas jovens emitem fluxos abundantes de luz UV. Por outro lado, cria um problema: essa radiação energética teria rapidamente destruído as mesmas moléculas de que precisamos para construir a vida. Surpreendentemente, uma combinação de observações, experimentos e modelagem nos deu uma resposta inesperada: a mais potencialmente destrutiva energia de alta radiação UV teria sido filtrada pela atmosfera da Terra. Em contrapartida, a luz ultravioleta de energia moderada, justamente a que poderia estimular as reações sintéticas corretas, podia atravessar a atmosfera e em intensidades que teriam sido suficientes para acelerar a química necessária para a vida.

Essa importante constatação foi um excelente primeiro passo, mas também significava que a luz UV necessária só poderia atingir a superfície da Terra se não fosse bloqueada por uma densa névoa de partículas de hidrocarbonetos como a que, por exemplo, envolve a lua de Saturno Titã. Essa névoa teria definitivamente coberto a Terra primitiva se sua atmosfera fosse de fato composta de hidrogênio, metano, amônia e água, como em geral se supunha na época do experimento de Miller-Urey. Pesquisas mais recentes indicam, porém, que a atmosfera primitiva da Terra tinha uma mistura completamente diferente de gases, sendo a composição mais provável essencialmente uma mistura de dióxido de carbono e nitrogênio, com pequenas quantidades de hidrogênio e outros gases menores apenas. Isso, no entanto, leva a outro problema: é muito difícil sintetizar mais do que uma quantidade ínfima de cianeto (crucial para o surgimento da vida) em uma atmosfera dominada por gases tão estáveis. Um modelo recente sugere que haja uma maneira de termos o melhor dos dois mundos: como discutimos anteriormente, impactos de asteroides relativamente grandes poderiam ter gerado uma atmosfera redutora transitória dominada por hidrogênio, nitrogênio e metano. Enquanto essa atmosfera mais reativa durasse, grandes quantidades de cianeto poderiam ter sido produzidas, capturadas e armazenadas na superfície como sais de ferrocianeto. Posteriormente, depois que a atmosfera redutora tivesse se dissipado e a composição atmosférica voltasse a ser dominada pelo dióxido de carbono proveniente de erupções vulcânicas, qualquer névoa que pudesse ter se formado também desapareceria, e os necessários raios ultravioleta de médio alcance poderiam novamente atingir a superfície da Terra. Essa notável consistência entre as vantagens da fotoquímica, o espectro da radiação emitida pelo jovem Sol e a provável natureza da atmosfera da Terra primitiva sugere que, no mínimo, devemos manter esse cenário promissor em mente enquanto continuamos a buscar outras evidências que o sustentem. Também devemos nos esforçar para obter cenários autoconsistentes como esse, enquanto exploramos a possibilidade de vida em outros corpos do sistema solar e em exoplanetas.

Essa ideia aparentemente óbvia — de que o ambiente planetário e a química prebiótica que juntas levaram ao surgimento da vida têm que ser mutuamente compatíveis e consistentes — serve como uma poderosa restrição para qualquer modelo. Além disso, o grande avanço conceitual tem sido o reconhecimento de que uma análise da química pode nos dizer algo importante sobre o ambiente, e um exame crítico dos ambientes potenciais pode nos instruir sobre a química necessária. Foi precisamente a exploração das conexões inesperadas inferidas dessa maneira que produziu uma visão bastante abrangente da Terra primitiva, e levou ao que hoje conjecturamos terem sido os berços da vida.

O surgimento da vida

Se soubéssemos com certeza quando a vida originária existiu na Terra primitiva, poderíamos começar a restringir o intervalo de tempo em que a vida surgiu pela primeira vez a partir da química do nosso jovem planeta. Consequentemente, a busca por evidências da vida mais antiga da Terra é um esforço contínuo, embora extremamente desafiador. Essa dificuldade se deve, em parte, ao fato de que resta muito pouco da crosta antiga da Terra, uma vez que quase todas as rochas mais antigas do planeta foram destruídas pela subducção. Além disso, as poucas áreas remanescentes de superfície terrestre muito antiga foram profundamente modificadas por eras de calor e pressão, que destruíram as poucas evidências contidas nessas rochas. Para piorar, uma variedade surpreendente de processos não biológicos pode levar à formação de estruturas minerais microscópicas muito semelhantes a formas de vida. O fato de algo se parecer com uma forma fossilizada de vida microbiana não significa que de fato seja. É necessário muito cuidado e cautela ao interpretar as formações encontradas em rochas antigas. Qual seria, então, a evidência mais antiga e inequívoca de vida na Terra?

Provavelmente, a melhor e mais sólida (por assim dizer) evidência de vida microbiana primitiva é aquela preservada em estruturas duras e em camadas conhecidas como *estromatólitos*, que são criadas por micro-organismos. Os estromatólitos foram (e ainda são) formados quando estratos pegajosos de micróbios retêm e ligam sedimentos em camadas. Subsequentemente, à medida que minerais precipitam dentro dessas camadas, eles produzem arranjos duráveis com uma estrutura em camadas característica, em geral na forma de domos arredondados ou cônicos. Nos dias atuais, os estromatólitos podem ser observados crescendo em ambientes marinhos de águas rasas. Estromatólitos fossilizados muito bem preservados, com até 2,5 bilhões de anos, são encontrados em vários locais da Terra, mas os estromatólitos fossilizados mais antigos estão no oeste da Austrália. Eles datam de cerca de 3,4 a 3,5 bilhões de anos e foram intensamente estudados durante décadas pelo astrobiólogo australiano Martin Van Kranendonk e seus colegas e alunos. Por causa desses estudos cuidadosos e detalhados, podemos ter certeza de que a vida estava disseminada em ambientes marinhos rasos menos de um bilhão de anos após a formação da Terra. Um bilhão de anos, no entanto, é muito tempo, quase um quarto da história do nosso planeta. Será que podemos ser mais precisos em determinar a partir de quando temos certeza de que a vida começou?

Infelizmente, todos os esforços para obter evidências definitivas de vida microbiana em épocas anteriores permanecem, na melhor das hipóteses, controversos. Microfósseis semelhantes a células com paredes compostas de material orgânico contendo carbono e nitrogênio foram encontrados em rochas antigas na Austrália, na Groenlândia e na África do Sul. Mas ainda não está claro se os fósseis mais antigos (com idade entre 3,4 e 3,7 bilhões de anos) são realmente micróbios fossilizados ou simplesmente estruturas não biológicas. Da mesma forma, formações que foram inicialmente consideradas microfósseis — possivelmente datando de mais de 4,3 bilhões de anos, encontradas em uma antiga fonte hidrotermal no Cinturão de Rochas Verdes Nuvvuagittuq, em Quebec, no Canadá, e baseadas em filamentos e tubos feitos de um tipo de ferrugem envoltos em camadas de quartzo — agora são, de modo geral, consideradas estruturas minerais abióticas (não relacionadas à vida). Outra alegação de evidência de vida muito antiga foi baseada em proporções de isótopos de carbono de grafite dentro de um cristal de zirconita de 4,1 bilhões de anos. No entanto, atualmente acredita-se que esse carbono grafítico seja de origem não biológica. Embora nenhuma dessas afirmações sobre vida muito primitiva seja amplamente aceita, é importante observar que todos esses esforços impulsionaram o desenvolvimento da tecnologia utilizada para caracterizar essas estruturas microscópicas antigas. Certamente podemos esperar que futuros avanços tecnológicos um dia nos forneçam evidências definitivas sobre a idade da vida mais primitiva.

Um método completamente diferente por meio do qual os pesquisadores vêm tentando deduzir o momento em que a vida microbiana esteve presente na Terra primitiva envolve o conceito de um "relógio molecular". Ao comparar genomas de organismos modernos e supor (uma grande suposição!) que mutações neutras ocorrem a uma taxa constante, é possível conjecturar sobre a existência e a idade do Último Ancestral Comum Universal, ou LUCA (Last Universal Common Ancestor), na sigla em inglês. LUCA é definido como o ancestral comum mais recente de todas as formas de vida atuais. Como compartilha as características bioquímicas comuns encontradas em bactérias, arqueas e eucariotos atuais (os três domínios das formas de vida celular), infere-se que tivesse uma complexidade semelhante à dos micróbios modernos, por exemplo, um genoma de DNA, ribossomos para a síntese de proteínas, muitas enzimas proteicas, metabolismo complexo e membranas celulares evoluídas. Há, portanto, uma enorme distância evolutiva entre o LUCA e as primeiras protocélulas. O tempo necessário para passar das primeiras células mais simples ao Último Ancestral Comum Universal é completamente desconhecido, e isso continua sendo um grande enigma. Apesar do empenho na aplicação dos relógios moleculares ter sugerido geralmente datas muito antigas para o LUCA (mais de 4 bilhões de anos atrás), a incerteza da medição é significativa devido à grande variação da velocidade evolutiva. Em particular, pode-se esperar que a precisão da replicação do DNA tenha sido menor em tempos muito primitivos, o que resultaria em taxas de erro mais altas e em um relógio molecular que naquela época funcionava muito mais rápido. Isso daria uma falsa impressão da antiguidade da vida primitiva. Portanto, até que novas e melhores evidências sejam obtidas, nos resta uma grande incerteza com relação ao momento da origem da vida.

Além da questão de *quando*, os pesquisadores da origem da vida há muito debatem a questão de *onde* a vida teria surgido na Terra. A primeira sugestão moderna de um local e ambiente adequados para a origem da vida foi o "pequeno lago morno, com todo tipo de sais de amônia e fósforo, luz, calor, eletricidade etc.". Apesar de Darwin não saber nada sobre o papel dos ácidos nucleicos na hereditariedade, nem sobre a química que produz os nucleotídeos, aminoácidos e lipídios, essa sugestão foi profética em muitos aspectos. Pequenos lagos permitem que os ingredientes da vida se concentrem por evaporação e que a luz UV impulsione a química essencial. Esse modelo se tornou muito mais sofisticado ao longo dos 150 anos subsequentes, já que o pequeno lago quente agora é visto em um contexto mais amplo de atividade hidrotermal vulcânica ou impulsionada por impactos, como discutiremos em mais detalhes a seguir.

Porém, antes de voltarmos ao contexto geofísico e geoquímico desse lago natal, devemos discutir primeiro o outro modelo para o local de origem da vida, chamado de modelo das fontes hidrotermais de águas profundas, que tem sido tão amplamente discutido na mídia popular. A motivação para considerar as fontes hidrotermais de águas profundas como um local adequado para a origem da vida vem do fato de que essas fontes são locais dramaticamente colonizados por formas de vida moderna. As fontes de alta temperatura estão localizadas em áreas profundas dos oceanos, onde uma nova crosta vai se formando enquanto o magma sobe, esfria e preenche o espaço entre as placas tectônicas que se afastam. São locais onde há energia abundante disponível na forma de gradientes redox (uma série de reações de redução-oxidação), que resultam da circulação da água do mar através da rocha fraturada, trazendo íons metálicos reduzidos para a superfície da rocha em colunas de água quente. Uma vez liberados no grande volume de água, esses íons metálicos reagem com o oxigênio da água do mar e precipitam em nuvens de óxidos e hidróxidos metálicos, dando origem ao termo "fumarolas negras". Fora do eixo, as fontes de baixa temperatura liberam colunas de água alcalina no mar, que é mais ácido, fornecendo outra fonte de energia aproveitada de maneira eficiente pela vida abundante encontrada nessas fumarolas. Entretanto, o fato de um determinado ambiente ter sido colonizado por formas de vida moderna não significa que ele seja adequado para a *origem* da vida. Vamos, portanto, considerar brevemente o modelo proposto para a origem da vida nessas fumarolas, ou fontes hidrotermais profundas.

Pouco tempo depois da descoberta das fumarolas alcalinas, o geólogo britânico Michael Russell e o microbiologista William Martin, da Heinrich-Heine-Universität, em Düsseldorf, na Alemanha, propuseram que poros microscópicos nas chaminés das fontes alcalinas poderiam ter desempenhado o papel de protocélulas primitivas, permitindo que o metabolismo começasse e, eventualmente, se desenvolvesse em células de fato. Nesse modelo de "metabolismo primeiro", reações químicas simples catalisadas por íons metálicos levariam ao surgimento de vias metabólicas mais complexas, que acabariam por "inventar" rotas para a síntese de nucleotídeos, aminoácidos e lipídios, finalmente fazendo a transição para células com ácidos nucleicos para a hereditariedade e proteínas para a catálise. Infelizmente, esse modelo é fundamentalmente falho do ponto de vista químico. Em primeiro lugar, não há nenhuma maneira realista para que as vias e os ciclos metabólicos se desenvolvam na ausência de catalisadores poderosos, como o RNA ou as enzimas proteicas, que são codificados por genes de ácidos nucleicos que, por sua vez, emergiram do processo de evolução darwiniana. Apesar de décadas de discussão, não há nenhuma evidência de reações químicas plausíveis do ponto de vista prebiótico, ocorridas em ambientes de fontes hidrotermais de águas profundas, que pudessem levar a nucleotídeos e RNA, ou aminoácidos e peptídeos, ou lipídios e membranas. Na ausência da química essencial para a síntese dos componentes básicos da vida, é um equívoco fundamental considerar fontes hidrotermais de águas profundas como o seu local de origem.

A essa altura, é quase supérfluo listar todas as outras falhas desse modelo, mas, para efeito de completude, ainda assim o faremos. Em primeiro lugar, as reações químicas por meio das quais o químico John Sutherland e seus colaboradores conseguiram criar nucleotídeos de RNA e aminoácidos (conforme descrito nos Capítulos 3 e 4) exigem configurações geológicas que permitam a *concentração* das substâncias iniciais. Isso é fácil na superfície da Terra, onde processos físicos simples, como a evaporação, a cristalização e o congelamento, podem levar à concentração de materiais iniciais e intermediários essenciais, o que não seria viável em um grande oceano, onde as substâncias químicas seriam diluídas e perdidas. Em segundo lugar, descobriu-se que muitos dos processos cruciais para a origem da vida são alimentados por radiação UV, o que implica que eles não poderiam ter ocorrido no fundo do oceano. Em terceiro lugar, ambientes complexos e variados na superfície permitiriam que diferentes processos químicos ocorressem em diferentes locais e em momentos distintos, combinando-se mais tarde para possibilitar etapas subsequentes no caminho para a realização da vida. Em outras palavras, a origem da vida teve que ocorrer em terra, em pequenos lagos ou lagoas, onde o Sol pudesse tanto fornecer a incidência de luz UV necessária quanto produzir (com a ajuda do calor geotérmico) ciclos úmidos e secos, de congelamento e descongelamento, e o acúmulo de depósitos de intermediários. Em suma, a hipótese das fontes hidrotermais de águas profundas para a origem da vida é um exemplo clássico de como um equívoco profundamente enraizado, derivado de uma descoberta inicial interessante — mas mantido apesar do acúmulo de evidências em contrário —, pode atrasar o progresso de um campo, desviando atenção e recursos que deveriam ser destinados a cenários mais realistas.

Retomando a questão, por assim dizer, vamos considerar como ambientes variados, tão diversos há 4 bilhões de anos quanto hoje, poderiam ter facilitado o surgimento da vida. Um ponto importante a ter em mente é que passar de uma superfície planetária sem vida às protocélulas iniciais mais simples não é um processo de uma única etapa. Muitos componentes precisam se reunir para formar e manter a vida, e esses componentes distintos não seriam todos produzidos ou encontrados no mesmo lugar, ao mesmo tempo.

A forma como os diferentes ingredientes da vida foram produzidos, acumulados e depois reunidos continua sendo um enigma fascinante, mas agora podemos começar a vislumbrar fragmentos do quadro geral. Lagos de carbonato alcalinos estão longe de ser o pequeno lago morno de Darwin, mas eles têm propriedades que os tornam ideais para pelo menos duas das etapas iniciais no caminho para a vida. Uma modelagem cuidadosa feita pelos astrobiólogos Jonathan Toner e David Catling, da Universidade de Washington, mostrou pela primeira vez que esses lagos poderiam acumular complexos de ferrocianeto no decorrer de longos períodos, capturando o cianeto precipitado da atmosfera em uma solução diluída e permitindo o acúmulo de depósitos de cianeto. Esses mesmos lagos também poderiam acumular fosfato em uma forma solúvel, de modo que ele estaria disponível para atuar como um tampão de pH, um catalisador ácido-base, e ser incorporado aos componentes básicos dos nucleotídeos do RNA. Não é preciso dizer que nenhum desses processos poderia ocorrer nos oceanos.

O acúmulo de ferrocianeto em sedimentos é uma maneira eficiente de formar um depósito do principal material de partida, o cianeto, mas os sais de ferrocianeto precisam ser processados termicamente, a fim de permitir uma química mais rica. Em uma região onde haja atividade vulcânica, isso poderia ser facilmente alcançado por meio do fluxo de lava sobre um leito seco de sedimentos ricos em ferrocianeto. O calor e a pressão do impacto de um meteorito poderiam ter efeitos semelhantes, liberando o cianeto de sua ligação com o ferro e transformando parte dele em compostos energéticos, como a cianamida e outros derivados de cianeto. Posteriormente, água da chuva infiltrada em rachaduras de rochas poderia dissolver esses compostos solúveis e ricos em energia, resultando em águas subterrâneas saturadas com moléculas de matéria-prima reativas. Essas águas subterrâneas poderiam então transportar sua carga de matérias-primas para lagoas ou lagos, mais parecidos com o pequeno lago morno de Darwin, que, como ele mesmo sugeriu, ficaria repleto de fosfato e dos compostos de carbono e nitrogênio necessários para que a vida começasse. Em um ambiente de superfície exposto à luz UV e com acesso a gases vulcânicos como sulfeto de hidrogênio e dióxido de enxofre, a química "fotoredox cianossulfídica" descrita em detalhes nos Capítulos 3 e 4 poderia ter início, levando à síntese de nucleotídeos e aminoácidos.

Uma vez que nucleotídeos, aminoácidos e compostos relacionados estejam presentes em altas concentrações em ambientes superficiais localizados, há muitas maneiras pelas quais processos físicos — como os ciclos úmidos-secos e de congelamento-descongelamento — podem contribuir para a montagem de moléculas maiores e mais complexas. Por exemplo, nucleotídeos ativados podem se ligar em cadeias curtas de RNA através de secagem parcial, gerando uma suspensão ou pasta na qual os nucleotídeos estejam tão concentrados que comecem a reagir entre si para formar oligômeros curtos. De forma semelhante, nucleotídeos ativados dissolvidos em água não se polimerizam, mas se essa solução congela, como pode acontecer durante uma onda de frio no inverno, a polimerização começa a acontecer porque os nucleotídeos se concentram nas estreitas zonas líquidas entre os cristais de gelo em formação. Os ciclos úmido-seco também podem levar à formação de peptídeos.

Em um processo interessante, os alfa-hidroxiácidos, quando secos, reagem espontaneamente uns com os outros para formar polímeros conhecidos como poliésteres. Aminoácidos podem então atacar essas ligações de éster, incorporando-se a um polímero misto de aminoácidos e hidroxiácidos. Ciclos contínuos de umidade e secagem na presença de aminoácidos acabam gerando peptídeos curtos. Outra possibilidade fascinante é que o cianeto dissolvido em água, na presença de sulfeto, se hidrolisaria para formar formamida, que é muito menos volátil do que a água. Assim, a evaporação da água poderia deixar para trás um líquido composto principalmente ou talvez inteiramente de formamida, que é um excelente solvente para várias reações orgânicas importantes. Por fim, já discutimos o fato de que tanto o RAO, intermediário no caminho para os nucleotídeos, quanto a CV-DCI, que é a forma de reserva do cianoacetileno, cristalizam-se perfeitamente na água, permitindo o acúmulo de reservas purificadas desses significativos compostos, em depósitos superficiais. *O ponto importante é o fato de que todos esses processos físicos e químicos vinculados só podem ocorrer em ambientes de superfície, o que fornece uma forte evidência circunstancial de que a origem da vida em si foi um fenômeno de superfície, e não poderia ter acontecido nos oceanos, em ambientes de fontes hidrotermais de águas profundas.* A lição geral aqui é que modelos que negligenciam a química de múltiplas etapas, necessária para produzir e acumular os componentes básicos para a construção da vida, não são modelos realistas e não ajudam a avançar nossa compreensão a esse respeito. Por outro lado, modelos que admitem e exploram as dificuldades das vias químicas de múltiplas etapas levam a descobertas sobre ambientes geoquímicos relevantes, e a consideração de ambientes de superfície relevantes, por sua vez, leva a achados sobre processos químicos realistas, que podem ter contribuído para a origem da vida.

Se considerarmos agora processos de mais alto nível, como a replicação não enzimática do RNA e o crescimento e a divisão das protocélulas, descobriremos mais uma vez que um ambiente dinâmico e em constante flutuação é quase certamente uma necessidade para a propagação da vida primitiva. Podemos ver por que isso acontece se compararmos os processos de replicação catalisados por enzimas na biologia moderna com a natureza muito diferente da replicação não enzimática do RNA em protocélulas simples. Na biologia atual, quer estejamos analisando a replicação em humanos, bactérias ou vírus, enzimas complexas impulsionam o processo usando a "molécula de energia" adenosina trifosfato (ATP). Um aspecto crítico de todos os processos de replicação enzimática é que as enzimas que usam ATP denominadas helicases separam as duas fitas do DNA duplex de modo que as fitas simples sejam copiadas com facilidade. Por causa desse procedimento, a replicação pode ocorrer a uma temperatura constante. Não é necessário que haja períodos de alta temperatura para separar as fitas de uma duplex, uma vez que a energia necessária viria da ATP. Por outro lado, sem enzimas e sem ATP, a replicação durante a origem da vida teria que ocorrer de maneira muito diferente.

Descobriu-se experimentalmente que os ciclos de temperatura são uma das maneiras de cumprir requisitos aparentemente contraditórios. Por exemplo, oligonucleotídeos muito curtos (polímeros de ácido nucleico) só podem se ligar a uma fita molde mais longa em baixas temperaturas, o que significa que um ambiente de baixas temperaturas seja necessário para a extensão de primers curtos. No entanto, a replicação em si não pode prosseguir em um ambiente estável de baixa temperatura, porque os oligonucleotídeos mais longos ficam "presos" em duplexes estáveis; temperaturas altas são necessárias para separar as fitas desses duplexes e permitir que a cópia aconteça. Consequentemente, um ambiente que alterne altas e baixas temperaturas parece ser um requisito para a replicação não enzimática do RNA. Além disso, o RNA é uma molécula bastante frágil, que se degrada quando aquecida por longos períodos. Portanto, o ambiente em que a vida começou tinha de ser frio na maior parte do tempo, mas com picos curtos de altas temperaturas para permitir a separação das fitas. Notavelmente, lagos em áreas com atividade vulcânica (como o lago Yellowstone) ou crateras de impacto de asteroides (que normalmente contêm lagos de cratera) proporcionam exatamente esse tipo de ambiente. As células primitivas poderiam ter estado brevemente imersas nas colunas de água quente que emergem de fumarolas no fundo desses lagos ou lagoas, e são imediatamente resfriadas quando entram em contato com a água gelada do lago. Em outras palavras, enquanto as células evoluídas modernas podem sobreviver em um ambiente estável e inalterado, as células primitivas simples precisavam de um ambiente dinâmico e em constante mudança para impulsionar os processos cíclicos de reprodução.

Surpreendentemente, agora acreditamos que a vida na Terra pode ter surgido em um lugar muito semelhante ao "pequeno lago morno" de Darwin. Com base em experimentos e observações descritas, esse lago ou lagoa teria de estar na superfície da Terra, onde poderia ter recebido radiação UV e onde a água seria rica em determinados minerais e metais, como ferro e fosfatos. O lago também teria de passar por ciclos úmidos e secos, durante os quais os ingredientes essenciais poderiam atingir altas concentrações. Em nossa opinião, dois locais que satisfazem os critérios para serem o lugar da origem da vida na Terra são as fontes termais em áreas vulcânicas e as crateras criadas por impactos de asteroides. Apesar de suas origens diferentes, esses ambientes têm grandes semelhanças, com a circulação hidrotermal através de rochas fraturadas levando íons e substâncias químicas para a superfície em lagoas ou lagos, com os ciclos úmidos e secos ocorrendo às margens das lagoas e as flutuações de temperatura acontecendo através de fumarolas que liberam colunas de água quente. Essas semelhanças tornam difícil dizer qual desses tipos de local seria mais favorável como berço da vida.

Depois que as primeiras protocélulas replicantes se estabeleceram em algum ambiente local favorável e começaram a se adaptar a esse ambiente por meio do processo de evolução darwiniana, o que se espera que tenha acontecido em seguida? Podemos presumir que os primeiros avanços evolutivos atuariam no sentido de superar as limitações da replicação não enzimática do RNA e a necessidade de crescimento e divisão da membrana desencadeados pelo ambiente. Isso poderia ocorrer por meio da evolução de múltiplas ribozimas, que atuariam para melhorar a eficiência e a precisão desses processos celulares básicos. A evolução dessas ribozimas exigiria uma capacidade crescente de manter um genoma maior. Isso, por sua vez, levaria à evolução de novas funções que permitissem a essas células ainda primitivas explorar e se adaptar a novos ambientes, nos quais de início não poderiam ter sobrevivido. Não está claro até que ponto as células do Mundo de RNA (isto é, antes da evolução da síntese de proteínas codificadas) poderiam se espalhar para novos ambientes. Se um metabolismo catalisado por RNA fosse possível, então essas células poderiam ter penetrado em ambientes cada vez mais nutricionalmente pobres, à medida que desenvolvessem a capacidade de sintetizar internamente os nutrientes que faltavam. De qualquer forma, está claro que, depois da evolução da síntese de proteínas e, consequentemente, do surgimento de proteínas estruturais, proteínas de membrana e enzimas, a vida começou a se espalhar por uma área cada vez maior do planeta. Hoje, não há quase nenhum ambiente concebível que não tenha sido colonizado pela vida, incluindo aqueles desafiadores como as fontes hidrotermais de águas profundas.

Em um sentido evolutivo, a capacidade da vida de se adaptar a novos ambientes possui implicações importantes para a busca por vida em outros lugares do nosso sistema solar. Sabemos que houve uma troca considerável de materiais entre os planetas que orbitam nosso Sol. Muitos fragmentos de Marte ejetados por impactos aterrissaram na Terra como meteoritos, por exemplo. Portanto, é bem possível que vida microbiana tenha viajado entre os planetas nos detritos rochosos resultantes de grandes impactos. À medida que começamos a explorar os planetas rochosos e as luas dos gigantes gasosos Júpiter e Saturno, a busca por vida ganha alta prioridade. Mas se encontrarmos vida, seja existente ou vestígios de vida antiga já extinta, devemos estar preparados para a possibilidade de que essa vida compartilhe uma origem comum com a vida na Terra e não seja resultado de uma origem realmente independente da vida.

A busca por sinais de vida em Marte está se tornando cada vez mais empolgante conforme a capacidade tecnológica de nossos rovers aumenta. O rover *Perseverance*, da Nasa, por exemplo, pousou especificamente na cratera Jezero, em Marte, porque as evidências apontam que essa cratera tenha sido um lago que depois secou, criando assim um habitat embrionário em potencial para a vida emergente. Por outro lado, a *Europa Clipper*, da Nasa, lançada em outubro de 2024, vai testar a viabilidade dos oceanos subsuperficiais como ambientes propícios à vida. Ela investigará Europa, a lua gelada de Júpiter, precisamente porque esse satélite joviano mostra fortes indícios de um oceano de água líquida sob sua crosta gelada. No Capítulo 8, explicaremos o motivo pelo qual, pelo menos em princípio, esse oceano subsuperficial poderia abrigar condições favoráveis à *manutenção* da vida. O ponto principal é que, mesmo que a vida não pudesse se originar em vastos oceanos, os oceanos ainda poderiam preservar e sustentar a vida, desde que organismos vivos fossem transportados para lá. No caso de Europa, a vida poderia ter sido transportada por meio de rochas ejetadas, digamos, da superfície de Marte, como consequência de poderosos impactos de asteroides.

A vida é comum ou rara em nossa galáxia e no universo além dela? A conclusão é clara. É praticamente impossível compreender de forma rigorosa e abrangente a origem da vida quando tudo o que temos à nossa disposição é apenas um exemplo de vida. Essa realidade nos obriga a buscar sinais de vida, ou pelo menos assinaturas de química prebiótica, além dos limites do nosso planeta.

7. Existe vida extraterrestre em outros planetas do sistema solar?

Será que somos de fato apóstolos da compaixão a ponto de reclamar caso os marcianos guerreassem com o mesmo espírito?

H. G. Wells, *A guerra dos mundos*

Naturalmente, o primeiro lugar para procurar vida extraterrestre seria em outros objetos do sistema solar. É muito mais fácil estudar, de maneira remota ou direta, as condições em planetas que orbitam o Sol, ou mesmo nas luas que orbitam esses planetas, do que examinar em minúcias planetas extrassolares. A razão é simples: os objetos do sistema solar estão muito mais perto. Essa proximidade relativa nos permite explorar melhor tais planetas não apenas com telescópios, mas também com sondas que podem sobrevoar os "viajantes" do céu noturno (como os gregos antigos se referiam aos planetas), orbitá-los ou até mesmo (em alguns casos) pousar em sua superfície e realizar observações e experimentos *in situ*.

Entre todos os planetas do sistema solar (além da Terra), não há dúvida de que os seres humanos sempre consideraram Marte o mais atraente e o que tinha mais probabilidade de abrigar vida. O fascínio pelo Planeta Vermelho também inspirou diversos livros de ficção científica, que vão de *Two Planets* [Dois planetas] (1897), do "pai da ficção científica alemã", Kurd Lasswitz, e do famoso e influente *A guerra dos mundos* (1898), do prolífico autor H. G. Wells, até *Uma princesa de Marte*

(1912), de Edgar Rice Burroughs (autor de *Tarzan*), e a coleção de contos *As crônicas marcianas* (1950), de Ray Bradbury (famoso por *Fahrenheit 451*). Esses e outros livros contavam histórias de uma sociedade marciana vivendo em um mundo deslumbrante e se envolvendo em aventuras eletrizantes, que incluíam a exploração do Polo Norte da Terra, batalhas ferozes, brilhantes duelos de espada e invasões violentas com o objetivo de se apropriar de recursos minerais. Essas últimas histórias tornaram-se parte da rica literatura sobre invasões alienígenas na Inglaterra do fim do século XIX.

Os contos imaginários foram, por um lado, sem dúvida, inspirados pela semelhança de Marte com a Terra (apenas como exemplo, um dia em Marte é apenas cerca de quarenta minutos mais longo do que um dia na Terra) e, por outro, pela crença equivocada, no fim do século XIX, de que havia uma elaborada rede de "canais" na superfície de Marte. Tais canais fictícios acabaram se revelando apenas ilusões de óptica lineares produzidas pelos telescópios de baixa resolução da época. Os artefatos lineares foram observados pela primeira vez em 1858, pelo padre jesuíta e astrônomo italiano Angelo Secchi, e depois mapeados, em 1877, pelo astrônomo italiano Giovanni Schiaparelli. Ambos descreveram esses traços em italiano como *canali* (que quer dizer "canais" e se refere a formações naturais) — palavra que foi traduzida incorretamente como "canais", dando a impressão de que representavam um avançado sistema de irrigação, projetado e escavado por seres inteligentes. De maneira um tanto inexplicável, o empresário, autor e astrônomo americano Percival Lowell tornou-se um fervoroso defensor da interpretação dos "canais" e passou grande parte de sua carreira tentando provar que Marte era habitado por uma civilização inteligente — um conceito abraçado com entusiasmo durante cerca de meio século por boa parte do público em geral. Na verdade, nós dois, os autores, lembramos que, em nosso tempo de escola primária, muitas pessoas acreditavam que Marte poderia abrigar uma sociedade pensante e desenvolvida.

Uma curiosidade fascinante: o cocriador da teoria da seleção natural na evolução da vida na Terra, Alfred Russel Wallace, publicou em 1907 um livro no qual apresentou uma crítica perspicaz e contundente às ideias de Lowell, concluindo com as seguintes palavras implacáveis: "Marte, portanto, não é apenas desabitado por seres inteligentes, como postula o sr. Lowell, mas é absolutamente INABITÁVEL" [em maiúsculas no original].

De fato, enquanto o século XX avançava, os astrônomos foram ficando cada vez mais céticos em relação à existência de uma civilização marciana. Apesar disso, no fim do século XIX, um número suficiente de astrônomos ainda estava tão convencido de que Marte era habitado que, quando o "Prêmio Pierre Guzman", no valor de 100 mil francos, foi criado na França para ser concedido à primeira pessoa que conseguisse fazer contato com outros planetas, a comunicação com Marte foi especificamente excluída, por ser considerada fácil demais!

Para a decepção de muitos cientistas e, na verdade, do público em geral, todas essas fantasias românticas em relação a Marte foram rapidamente destruídas logo após o início da era da exploração espacial. Em particular, as imagens da superfície marciana enviadas pela sonda espacial *Mariner 4*, em 1965, e imagens posteriores apresentadas por missões mais avançadas que a sucederam — o módulo de aterrissagem *Phoenix*, em 2008, e o rover *Curiosity*, em 2012 — revelaram que Marte não passava de um deserto gélido, árido e vazio, repleto de crateras como a Lua, e com uma atmosfera muito rarefeita, com pressão extremamente baixa. Pior ainda, cientistas desolados descobriram que Marte nem sequer tinha um campo magnético global (apenas áreas relativamente pequenas de crosta magnetizada). Em outras palavras, Marte carecia de dois dos principais sistemas de defesa da Terra. A atmosfera terrestre, que mantém a temperatura média da superfície do planeta a cerca de 14ºC e também protege a vida na Terra da radiação ultravioleta prejudicial do Sol e dos raios cósmicos energéticos provenientes do espaço profundo. Da mesma forma, o campo magnético global da Terra protege a atmosfera terrestre da erosão pelo vento solar (partículas carregadas que o Sol emite continuamente) desviando essas partículas para longe do nosso planeta.

Mesmo com essas constatações desanimadoras, Marte continua sendo o principal alvo na busca por vida extraterrestre no sistema solar, embora com expectativas drasticamente reformuladas. Essas possibilidades foram basicamente reduzidas à mera esperança de encontrar evidências de vida microbiana passada (ou presente).

Marte está lá, esperando para ser alcançado

Buzz Aldrin pisou na Lua em 1969, como parte da missão *Apollo 11*. Desde então, ele vem expressando continuamente a ambição transmitida pelo título desta seção. Assim como o alpinista George Mallory, que, antes dele, deu a famosa resposta "porque ele está lá" ao ser perguntado o motivo de querer escalar o monte Everest, Aldrin criou outra frase motivacional, até hoje muito citada quando alguém tenta defender uma ambição não claramente justificável. O empresário e aventureiro Elon Musk foi ainda mais longe. Ele declarou que deseja morrer em Marte, embora "não no impacto". Essa pode ser uma meta atraente para alguns, como evidenciado pelo imenso sucesso do filme de ficção científica *Perdido em Marte*, de 2015, mas tem relativamente pouco a ver com a busca científica por vida. Embora seja inegável que o rover *Perseverance* da Nasa — que tem explorado os cerca de 45 quilômetros de largura da cratera Jezero em Marte desde fevereiro de 2021 possa deixar passar algumas descobertas surpreendentes que geólogos humanos não teriam ignorado, o fato é que a evolução mecânica e a inteligência artificial em geral estão avançando a um ritmo meteórico, assim como a tecnologia de sensores. Portanto, existem poucas dúvidas de que a exploração por robôs inteligentes seja, em longo prazo, a maneira mais segura e econômica de proceder.

Ainda há fortes razões para acreditar que poderia haver (ou ter havido no passado) alguma forma de vida em Marte. Uma dessas razões é o fato de que, há cerca de 4,5 bilhões de anos, a Terra e Marte foram formadas praticamente da mesma porção do disco protoplanetário de gás e poeira que circundava o jovem Sol. Isso significa que Marte era, pelo menos *inicialmente*, dotado de ingredientes semelhantes àqueles que se mostraram necessários para o surgimento da vida na Terra. Esses ingredientes incluíam a água, que poderia atuar como solvente, facilitando o contato das moléculas relevantes e possibilitando diversos caminhos de reação. Componentes muito básicos de material orgânico, na forma de moléculas de hidrogênio, amônia e monóxido de carbono, provavelmente também eram abundantes nos primórdios de Marte. Mas não é apenas a disponibilidade de alguns dos componentes fundamentais para a vida que nos dá razões para sermos otimistas quando se trata de avaliar a probabilidade de ter havido vida em Marte.

Muitas linhas de evidência sugerem que o ambiente marciano inicial era muito mais propício à vida do que é hoje. Primeiro, imagens tiradas por vários satélites em órbita mostraram traços inequívocos de água corrente, na forma de rios, córregos e lagos de vários tamanhos. A geografia e a topografia da cratera Jezero, que o rover *Perseverance* vem explorando, também indicam que, mais de 3 bilhões de anos atrás, a cratera era um corpo de água mais ou menos do tamanho do Lake Tahoe, nos Estados Unidos, com rios fluindo para dentro dela. A presença de enormes rochas, arrastadas para dentro da Jezero, indica episódios de grandes inundações. Isso significa que existiu água líquida na superfície primitiva de Marte, provavelmente por pelo menos alguns milhões de anos. Por sua vez, as evidências de água líquida no passado indicam que a atmosfera marciana era, naquela época, suficientemente densa, capaz de isolar o planeta e de mantê-lo consideravelmente mais quente do que a gélida temperatura média global de sua superfície atual, que é de cerca de -62°C. Uma atmosfera mais densa também poderia ter protegido a superfície da destrutiva radiação UV de comprimento de onda curto, que teria degradado as moléculas complexas necessárias para o surgimento da vida. A busca por água líquida em Marte, aliás, é um tema constante e contínuo nas investigações do Planeta Vermelho.

Uma das descobertas mais recentes, anunciada pela Agência Espacial Europeia em 15 de dezembro de 2021, foi de que sua missão *ExoMars Trace Gas Orbiter* havia detectado "quantidades significativas" de água escondida sob a superfície do sistema de cânions Valles Marineris, uma área cerca de dez vezes mais comprida e cinco vezes mais profunda do que o Grand Canyon. A detecção pelo rover chinês *Zhurong* (anunciada em 2023), de cunhas poligonais irregulares enterradas a aproximadamente 35 metros abaixo da superfície marciana, também pode implicar a existência de ciclos de congelamento e descongelamento em Marte há cerca de 2,9 a 3,7 bilhões de anos, fornecendo mais evidências da presença de água líquida em Marte primitivo.

Considerando que existem assinaturas de atividade biológica na Terra datadas de 3,5 bilhões de anos e levando em conta que Marte desfrutou de condições iniciais bastante semelhantes, é concebível que, por volta da mesma época, ou seja, quase 4 bilhões de anos atrás, uma química prebiótica comparável pudesse ter começado a operar em Marte. Isso é especialmente provável porque, como observamos no Capítulo 6, lagos como o que existia na cratera Jezero, em vez de grandes oceanos, foram muito presumivelmente os locais onde a vida surgiu na Terra. Em consequência, formas de vida microbiana, talvez não muito diferentes daquelas que apareceram na Terra, ou pelo menos algumas assinaturas prebióticas, poderiam talvez ser encontradas na superfície marciana (ou enterradas sob ela). Essas descobertas potenciais forneceriam pistas valiosas sobre os ambientes que levaram ao nascimento da vida na Terra — ambientes que são inacessíveis em nosso planeta devido à ação deletéria da história promovida pelas placas tectônicas.

Mas mesmo que alguma vida tenha de fato surgido em Marte, ela claramente nunca chegou nem perto de se tornar tão complexa quanto a vida na Terra. Por que os dois planetas divergiram tanto em sua trajetória evolutiva? Para tentar entender o motivo de Marte ser um mundo tão desolado, enquanto na Terra existem nada menos que 9 milhões de espécies, temos que examinar mais detalhadamente as diferenças, em vez das semelhanças, entre os dois planetas.

O contraste entre a Terra e Marte resulta sobretudo (de maneira direta ou indireta) de algumas propriedades físicas. Em particular, o tamanho do planeta — Marte tem aproximadamente a metade do diâmetro da Terra — e a gravidade na superfície — a de Marte é quase três vezes mais fraca do que a da Terra (porque sua massa é apenas um pouco maior do que um décimo da massa da Terra). Planetas menores esfriam mais rápido porque a proporção de sua área de superfície em relação ao seu volume é maior e, portanto, eles tendem a perder calor a uma velocidade maior. De início, tanto a Terra quanto Marte eram fundidos devido às ações combinadas de aquecimento pela acreção gravitacional de massa quando os planetas se formaram, impactos de asteroides na superfície e decaimentos radioativos (por exemplo, isótopos de urânio, tório e potássio) em seu interior. Como resultado, suas estruturas internas iniciais foram provavelmente muito similares, consistindo em um núcleo de metal fundido cercado por camadas rochosas externas. Como mencionamos anteriormente, também há evidências que sugerem que os dois planetas tinham, no início, uma atmosfera relativamente densa (provavelmente alimentada por vulcões ativos). No entanto, as semelhanças terminam por aqui. Devido à gravidade mais fraca de Marte (algo que pesa 45 quilos na Terra pesa apenas 17 quilos em Marte) e à ausência de um campo magnético global, partículas energéticas do vento solar conseguiram despojar o planeta da maior parte de sua atmosfera, deixando para trás apenas um sopro de dióxido de carbono quando o planeta tinha apenas cerca de 1 bilhão de anos.

Do ponto de vista de permitir a evolução da vida, as consequências foram devastadoras. Sabemos, por exemplo, que a temperatura de ebulição da água cai à medida que a pressão atmosférica diminui. Em Marte, cuja pressão atmosférica é atualmente cerca de 160 vezes menor do que a da Terra, não havia como sustentar água líquida na superfície. Assim, a perda da atmosfera foi inevitavelmente seguida pela perda da água na superfície do planeta. Os minerais podem fornecer pistas sobre como o clima do Planeta Vermelho mudou de algo mais parecido com o da Terra para o deserto congelado que é hoje. É por isso que, em outubro de 2022, o *Curiosity* da Nasa chegou à "unidade de sulfato", uma região enriquecida com minerais salinos, na qual o rover também encontrou evidências de um antigo lago na forma de rochas marcadas por ondulações. Os cientistas levantam a hipótese de que, há bilhões de anos, córregos e lagos deixaram esses minerais para trás à medida que a água foi secando. Minerais argilosos, em particular os minerais conhecidos como *filossilicatos*, estão entre os mais interessantes já descobertos em Marte, devido ao seu papel como indicadores da interação entre água e rocha. Seu tipo, localização e abundância fornecem pistas sobre as antigas condições ambientais de Marte e sobre os possíveis locais onde hoje podem ser detectadas a água ligada a minerais e talvez até bioassinaturas.

A tectônica de placas é outro fator que talvez tenha sido determinante para o desenvolvimento de vida complexa, ou para a ausência dela. Na década de 1950, os geólogos começaram a perceber que o movimento das placas e a consequente reciclagem contínua da crosta poderiam resultar em terremotos e atividade vulcânica — a maioria dos vulcões da Terra se encontra na borda de placas tectônicas. Mais relevante para o nosso tema, no entanto, uma onda de pesquisas que começou por volta de 2015 sugere que as placas tectônicas também podem ter sido de crucial importância para o surgimento e a evolução da vida (conforme discutiremos a seguir). Se for verdade, essa pode ser mais uma das razões para a Terra ser tão cheia de vida, enquanto Marte parece desprovido dela.

O que a nova pesquisa sobre a possível função da tectônica de placas na evolução da vida sugere é que ela garantiu a longevidade da atmosfera terrestre e sua composição favorável à vida, entre outras coisas. Por exemplo, a tectônica de placas provavelmente desempenhou um papel na regulação da concentração de dióxido de carbono na atmosfera da Terra e, dessa forma (já que o dióxido de carbono retém o calor da superfície por meio do efeito estufa), pode ter funcionado como o "termostato" do planeta em longas escalas de tempo. Simplificando, eis como esse cenário deve ter se desenvolvido: o dióxido de carbono na atmosfera se dissolve na água da chuva, e a mistura ácida resultante corrói as rochas e flui para os oceanos. O cálcio dos minerais das rochas se combina com o dióxido de carbono dissolvido, criando calcário no fundo do oceano. Por meio da tectônica de placas, o calcário e outros minerais são continuamente transportados para zonas de subducção, onde são derretidos, e o dióxido de carbono é liberado de volta à atmosfera por meio de erupções vulcânicas. Além disso, e novamente por meio do processo de subducção, a tectônica de placas faz com que até mesmo a água dos oceanos passe pelo manto da Terra, renovando assim o fundo do oceano.

Durante décadas, os cientistas planetários acreditaram que Marte estava geologicamente morto. Supunha-se que sua crosta fosse composta de uma placa gigantesca. Esses planetas são conhecidos como planetas de "tampa estagnada". Embora a sonda espacial *InSight* da Nasa, que pousou em Marte em 2018, tenha registrado até 2022 mais de mil "martemotos" distintos, acreditava-se que eles eram causados apenas por fraturas nas rochas da crosta marciana, devido ao encolhimento do planeta à medida que ele esfriava.

A maioria dos geólogos concorda há muito tempo que, mesmo que Marte tenha tido alguma atividade tectônica em seu passado distante, não teve mais nenhuma há pelo menos 3 bilhões de anos. Como afirma o geofísico Bradford Foley, da Universidade Estadual da Pensilvânia: "Há alguns argumentos de que talvez muito, muito no início, poderia ter havido placas tectônicas, mas minha opinião é que provavelmente nunca houve." No entanto, em um artigo publicado em dezembro de 2022, os geofísicos planetários Adrien Broquet e Jeffrey Andrews-Hanna, do Laboratório Lunar e Planetário da Universidade do Arizona, argumentaram que dados de algumas missões robóticas indicam que uma pluma mantélica — uma coluna de 4 mil quilômetros de diâmetro de material quente que se move para cima a partir do subsolo da região de Elysium Planitia em Marte — está criando atividade tectônica, demonstrando que Marte ainda é geodinamicamente ativo. Em princípio, essa pluma mantélica quente poderia fazer com que pelo menos parte da água abaixo da superfície de Marte estivesse em estado líquido (permitindo talvez a possibilidade de uma biosfera subterrânea).

Ao mesmo tempo, devemos observar que o próprio Foley não acredita que a tectônica de placas seja de fato um requisito necessário para sustentar a vida, pelo menos não em planetas do tamanho da Terra. Em um trabalho publicado em 2018 com o colega geocientista Andrew Smye, os pesquisadores usaram modelos computacionais para mostrar que até mesmo planetas do tipo "tampa estagnada" do tamanho da Terra podem manter níveis de dióxido de carbono (por meio de liberação de gases vulcânicos) adequados à habitabilidade por alguns bilhões de anos. Os únicos ingredientes necessários seriam aquecimento interno suficiente por meio de decaimentos radioativos, e uma reserva inicial de dióxido de carbono que não fosse inferior a 1% da reserva da Terra. Foley e Smye concluíram, portanto, que a composição inicial e o tamanho do planeta são as características mais importantes para definir a trajetória de habitabilidade.

Todos esses estudos e outros similares nos levam inevitavelmente à seguinte pergunta: *já detectamos algum sinal de vida passada ou presente em Marte?* De maneira curiosa, a resposta a essa pergunta supostamente inequívoca depende um pouco de a quem você pergunta. Ao que parece, ao longo dos anos, Marte tem nos proporcionado uma série de disputas acaloradas e mistérios não resolvidos.

Marte então pertence aos marcianos

O primeiro resultado controverso sobre a vida em Marte ocorreu há quase cinco décadas. Em 1975, após uma corrida frenética contra o tempo, a Nasa conseguiu, no último segundo, colocar dois experimentos biológicos a bordo de duas sondas espaciais idênticas, a *Viking 1* e a *Viking 2*, pouco antes de serem lançadas (com três semanas de diferença) a caminho de Marte. O primeiro módulo aterrissou em 20 de julho de 1976, em Chryse Planitia ("Planície Dourada"), uma região plana e de baixa altitude no hemisfério norte de Marte; e o segundo pousou em 3 de setembro de 1976, na Utopia Planitia ("Planície da Terra de Lugar Nenhum"), uma planície de lava a cerca de 6,5 mil quilômetros de distância. Entre outras tarefas, essas sondas realizaram experimentos que buscavam sinais de vida microbiana no solo marciano.

De maneira inesperada, os experimentos de detecção de vida em ambas as sondas produziram os mesmos resultados extremamente controversos. Uma análise em particular, batizada de *Experimento de Liberação Marcada* (*LR*, na sigla em inglês), baseou-se na noção amplamente aceita de que o metabolismo constitui uma característica universal da vida. O teste, portanto, misturou solo marciano com um nutriente que continha carbono radioativo. A expectativa era que qualquer forma de vida microbiana (se estivesse presente) produziria gases radioativos por meio das reações químicas do metabolismo. Surpreendentemente, o LR a bordo da *Viking 1* de fato logo mostrou que o solo marciano testado apresentou resultado positivo para metabolismo — um sinal que, na Terra, teria sido interpretado como sugestão da presença de vida. No entanto, um segundo experimento paralelo na mesma sonda espacial não encontrou nenhum vestígio de material orgânico no solo, sugerindo a completa ausência de qualquer vida baseada em compostos orgânicos. Uma segunda adição de nutrientes à amostra de solo não resultou em liberação adicional de dióxido de carbono marcado, o que é mais consistente com a presença de um oxidante no solo do que com a vida. Os experimentos a bordo do módulo de aterrissagem *Viking 2* apresentaram resultados muito semelhantes. A lição mais importante a ser extraída de tudo isso é que devemos esperar surpresas, e a química surpreendente do solo marciano é um ótimo exemplo de como é fácil ser enganado por falsos sinais positivos que parecem ser vida, mas na verdade não são.

A TERRA É EXCEPCIONAL?

Embora a maioria dos pesquisadores tenha atribuído os resultados positivos do LR à presença de alguns oxidantes não biológicos irreconhecíveis no solo marciano, nos quase cinquenta anos que se passaram desde que as análises foram realizadas, os cientistas ainda não conseguiram conciliar de forma completa e unívoca os resultados conflitantes. Embora o consenso geral fosse, e ainda seja, de que os módulos *Viking* não encontraram nenhuma evidência convincente de vida em Marte, uma pequena minoria de cientistas continua a argumentar que os resultados das *Viking* foram positivos para a vida. Em 2012, uma equipe internacional de cientistas liderada pelo biólogo Giorgio Bianciardi, da Universidade de Siena, estudou os resultados do experimento LR usando uma técnica de pesquisa de dados exploratória conhecida como "análise de agrupamentos". A equipe concluiu: "Essas análises corroboram a interpretação de que o experimento *Viking* LR detectou vida microbiana existente em Marte." Gilbert Levin, que foi o principal pesquisador do experimento LR (e membro da equipe internacional de 2012), e a bioquímica Patricia Ann Straat, que também fez parte da equipe do LR, continuaram bastante convencidos de que seu experimento havia descoberto vida em Marte. Em um artigo publicado em 2016, concluíram que "a vida existente é uma forte possibilidade, que as interpretações abióticas dos dados do LR não são conclusivas e que (...) a biologia ainda deve ser considerada como uma explicação para o experimento LR". Em um artigo de opinião que publicou em 2019 na *Scientific American*, Levin reiterou essa conclusão, afirmando: "Um painel de cientistas especializados deve analisar todos os dados pertinentes do *Viking* LR junto com outras evidências mais recentes sobre a vida em Marte. Esse júri objetivo poderia concluir, como eu fiz, que o *Viking* LR encontrou vida." Infelizmente, Straat faleceu em 2020, e Levin, em 2021.

Surpreendentemente, em 2023, o astrobiólogo Dirk Schulze-Makuch, da Universidade Técnica de Berlim, especulou que a Nasa pode ter de fato descoberto vida em Marte quando pousou suas duas sondas *Viking* no Planeta Vermelho, mas que a agência também pode tê-la matado acidentalmente por afogamento quando o experimento adicionou água ao solo. Sua especulação foi inspirada na existência de micróbios que vivem dentro de rochas salinas no deserto do Atacama, no Chile, que não precisam de chuva para sobreviver e podem ser exterminados pelo excesso de água. Devemos ser claros, no entanto: de modo geral, considerou-se que os experimentos da *Viking* tiveram resultados negativos para a vida, o que significou decepção e frustração para a maioria dos cientistas planetários. Talvez ninguém tenha ficado mais desolado do que Carl Sagan, que ainda tentou diligentemente, mas sem sucesso, encontrar sinais de vida nas muitas imagens tiradas pela *Viking* quando em órbita. Contudo, em seu célebre livro *Cosmos*, Sagan parecia não ter desistido totalmente da vida no Planeta Vermelho: "Se existe vida em Marte, acredito que não devemos fazer nada com Marte. Marte então pertence aos marcianos, mesmo que os marcianos sejam apenas micróbios. A existência de uma biologia independente em um planeta vizinho é um tesouro inestimável, e a preservação dessa vida deve, na minha opinião, superar qualquer outro uso possível de Marte."

A rocha

Curiosamente, os resultados das *Viking* não foram os únicos achados controversos relacionados à possibilidade de vida em Marte. Outra suposta descoberta resultou em nada menos que uma declaração presidencial especial em 7 de agosto de 1996. Nessa data, o presidente Bill Clinton anunciou ao mundo, do gramado sul da Casa Branca: "Hoje, a rocha 84001 fala conosco através de bilhões de anos e milhões de quilômetros. Ela nos fala sobre a possibilidade de vida. Se essa descoberta for confirmada, certamente será uma das constatações mais impressionantes sobre nosso universo que a ciência já revelou. Suas implicações são tão abrangentes e tão inspiradoras quanto se pode imaginar."

A "Rocha 84001" era um meteorito descoberto na Antártida doze anos antes por Roberta Score, uma especialista em meteoritos do Programa Antártico dos Estados Unidos. Foi rotulado como ALH84001 porque foi o primeiro meteorito encontrado em Allan Hills em 1984 (daí a designação 84001). O geólogo e astrobiólogo da Nasa, David McKay e sua equipe, receberam a rocha de 1,93 quilo para ser analisada no início da década de 1990, e as primeiras descobertas já foram muito empolgantes. Ao examinar quanto tempo a rocha havia sido exposta aos raios cósmicos, determinou-se que era quase tão antiga quanto o próprio sistema solar — tinha cerca de 4,1 bilhões de anos. Isso, por si só, tornava a rocha interessante, pois era o único meteorito de Marte originário de uma época em que o planeta ainda poderia ter água líquida em sua superfície. Estudos subsequentes de sua composição e a descoberta e análise do gás aprisionado nela (cuja formação era idêntica à da atmosfera marciana) revelaram que a rocha foi provavelmente lançada da superfície de Marte por um forte impacto ocorrido há cerca de 17 milhões de anos, e aterrissou na Antártida há cerca de 13 mil anos.

O fato do meteorito ter chegado à Terra como um "visitante" de Marte não foi, por si só, uma grande surpresa — mais de trezentos meteoritos foram classificados como sendo de origem marciana. O maior meteorito marciano intacto até o momento, o Taoudenni 002, foi recuperado em Mali no início de 2021. Na verdade, cientistas da Nasa dizem, de maneira informal, que Marte e a Terra vêm "trocando cuspe" há bilhões de anos. Em outras palavras, quando um dos planetas é atingido por asteroides ou cometas, alguns detritos são lançados no espaço, e uma pequena fração desse material pode aterrissar no outro planeta. Para a surpresa de McKay, entretanto, o ALH84001 apresentava várias características únicas. A primeira delas era a presença de certos compostos orgânicos conhecidos como *hidrocarbonetos policíclicos aromáticos* (HPAs), que, embora bastante comuns na Terra e em outros lugares do sistema solar, eram semelhantes ao tipo que normalmente acompanha a decomposição ou combustão de matéria orgânica. Uma segunda surpresa foi a existência simultânea de três compostos: glóbulos arredondados de carbonato marrons ou transparentes, minerais de sulfeto de ferro e minerais magnéticos consistindo em um óxido de ferro — uma mistura que raramente é produzida em conjunto por processos não biológicos, mas que pode ser sintetizada simultaneamente por algumas bactérias. Por fim, e o mais intrigante, McKay descobriu que algumas das estruturas observadas dentro desses glóbulos tinham uma semelhança impressionante com a forma de bactérias terrestres fossilizadas, embora minúsculas, com apenas algumas dezenas de nanômetros (cerca de um milionésimo de polegada) de diâmetro. A essa altura, McKay estava bastante convencido de que ele e sua equipe haviam descoberto a primeira evidência de vida extraterrestre antiga e, depois que revisores profissionais independentes da revista *Science* aceitaram publicar o seu artigo sobre as descobertas, uma coletiva de imprensa da Nasa e a declaração do presidente Clinton tornaram-se praticamente inevitáveis.

Infelizmente, os ecos da coletiva de imprensa mal haviam se dissipado quando começaram a surgir críticas de todas as direções. Quando tudo foi dito e feito, outros pesquisadores (incluindo o irmão de McKay, Gordon!) mostraram que os dados apresentados pela equipe de McKay para fundamentar a descoberta de vida no meteorito, incluindo os glóbulos de carbonato, os HAPs, os cristais magnéticos e as "nanobactérias" (as minúsculas estruturas que se assemelhavam a formas de vida), poderiam ser explicados como resultado de processos químicos abióticos. Em particular, demonstrou-se que as nanobactérias representavam meras transformações de minerais amorfos em estruturas que imitavam a vida, por meio do processo de cristalização. O consenso da comunidade científica foi, portanto, que em sua interpretação dos resultados do ALH84001, a equipe de McKay confiou demais na morfologia — as formas das estruturas — geralmente considerada um indicador fraco de que algo tenha sido produzido por organismos vivos.

Em um de seus últimos ensaios antes de falecer prematuramente, até mesmo Carl Sagan admitiu que "as evidências de vida em Marte ainda não são extraordinárias o suficiente". Uma revisão dos resultados do meteorito ALH84001 feita em 2012 concluiu, com base em todos os dados disponíveis até aquele momento, que: "Esse cenário evoca o equivalente biológico da navalha de Occam, de acordo com a qual é mais fácil aceitar os glóbulos de carbonato e as estruturas semelhantes a bactérias vistos no ALH84001, como resultado de reações químicas universalmente prevalentes, do que aceitá-los como sinais comprovados de vida extraterrestre." Essa conclusão foi reforçada por uma pesquisa adicional publicada em janeiro de 2022, na qual o bioquímico Andrew Steele, da Carnegie Institution for Science, em Washington, D.C., e seus colaboradores, mostraram que a matéria orgânica na rocha provavelmente se formou a partir da interação química entre água e minerais sob a superfície de Marte.

As histórias das *Viking* e do ALH84001 apresentam duas lições interessantes. Primeiro, quando se trata de descobertas dessa magnitude, uma dose saudável de ceticismo é recomendável. Novamente, uma máxima que Sagan cunhou no início de sua carreira pode servir como um bom guia: "Afirmações extraordinárias requerem evidências extraordinárias." Em segundo lugar, as descobertas revelaram propriedades que podem imitar algumas das características da vida do modo que a percebemos: metabolismo, no caso das *Viking*, morfologia, no caso do meteorito. Essa segunda lição deve nos alertar contra "falsos positivos" — descobertas potenciais que não representam de fato a vida. Temos que ficar atentos para não sermos tendenciosos demais a favor da vida como a conhecemos.

De qualquer forma, como já mencionamos várias vezes, identificar até mesmo fontes abióticas de compostos orgânicos que talvez tenham atuado em um Marte primitivo pode ajudar a discernir os tipos de condições capazes (ou não) de levar ao surgimento da vida. A razão simples é que, embora as assinaturas da química prebiótica na Terra não tenham sido bem preservadas (por causa da tectônica de placas), em Marte, rochas com mais de 3,5 bilhões de anos são bastante comuns.

Estava aqui, agora sumiu

Marte apresentou aos cientistas planetários mais um mistério, dessa vez relacionado à presença (ou não?) do metano. A maioria das pessoas está familiarizada com o fato de que, na Terra, uma quantidade nada desprezível de metano é produzida pelos micróbios que ajudam na digestão do gado, com vacas e ovelhas flatulentas expelindo o gás na atmosfera da Terra. Ele também é produzido por cupins (por meio de seus processos digestivos), vulcões, depósitos sob o gelo antártico e o *permafrost* ártico.

O metano, que é o principal constituinte do gás natural, é um composto químico constituído por um átomo de carbono ligado a quatro átomos de hidrogênio. O metano pode ser formado por meio de reações abióticas, como a redução do dióxido de carbono pelo hidrogênio gerado em reações complexas entre rochas e água chamadas de serpentinização. O metano também pode ser produzido pela fermentação bacteriana de matéria orgânica e, na Terra, isso contribui significativamente para o aquecimento global. O metano de origem biológica é gerado em grande escala tanto no degelo do *permafrost* das regiões árticas quanto no trato digestivo de ruminantes, como vacas e cabras.

Sabemos que não há vacas ou cabras em Marte, mas, como pode ser produzido por microrganismos vivos, o metano sempre foi considerado (em combinação com outros gases) uma potencial bioassinatura (um sinal de vida), e sua detecção tem sido uma meta cobiçada por aqueles que buscam vida em Marte (na verdade, como veremos no Capítulo 9, também em exoplanetas). No entanto, devemos sempre lembrar que o metano também pode ser criado por uma variedade de métodos não biológicos, incluindo processos que poderiam ocorrer em Marte. Esses compreendem reações entre o mineral ígneo silicato de ferro e magnésio, conhecido como olivina — que é abundante em Marte — e água e dióxido de carbono, quando em ambientes subsuperficiais de alta pressão e temperatura.

A TERRA É EXCEPCIONAL?

No entanto, eis que surge o mistério. Desde 2003, alguns instrumentos detectaram metano em Marte, enquanto outros, igualmente sensíveis, não conseguiram. Como exemplo específico e muito intrigante, o rover *Curiosity* da Nasa carregava um conjunto sofisticado de instrumentos conhecidos coletivamente como SAM (*Sample Analysis at Mars*), que repetidamente identificou metano na atmosfera marciana enquanto o rover percorria a superfície da cratera Gale. Em média, o SAM mediu cerca de 0,4 parte por bilhão de volume — o equivalente a um quarto de colher de chá de açúcar dissolvido em uma piscina olímpica. Em 7 de junho de 2018, o SAM havia detectado até mesmo variações sazonais nos níveis de metano, bem como picos intrigantes que chegavam a quase cinquenta vezes o valor médio. No entanto, ao mesmo tempo, outro instrumento, projetado para ser o padrão-ouro na medição de concentrações de metano, o *Trace Gas Orbiter* (TGO) a bordo da *ExoMars* da Agência Espacial Europeia (lançada em março de 2016), não encontrou nenhum sinal de metano nas camadas superiores da atmosfera marciana. O TGO registrou apenas detecções nulas (com limites superiores tão baixos quanto 0,02 parte por bilhão de volume) até maio de 2019. Para complicar ainda mais as coisas, pesquisadores que verificaram os dados de um espectrômetro — um dispositivo capaz de determinar a composição de uma substância através da análise do espectro da luz emitida — a bordo da sonda *Mars Express*, da Agência Espacial Europeia (lançada em 2003), relataram em 2019 que ela havia registrado um pico na concentração de metano na atmosfera marciana acima da cratera Gale. Além disso, tais dados foram coletados em 16 de junho de 2013, apenas um dia após a observação *in situ* de um pico de metano pelo rover *Curiosity*.

Essa situação criou um enigma de difícil resolução, pois forçou os pesquisadores a primeiro tentar resolver a questão de por que certos instrumentos tinham feito detecções positivas e outros não, antes mesmo de poderem se voltar para o ponto mais interessante e potencialmente significativo de qual poderia ser a fonte do metano. Principal cientista do espectrômetro no laboratório SAM, Chris Webster, do Laboratório de Propulsão a Jato da Nasa, na Califórnia, mal conseguiu esconder seu espanto ao ser confrontado com os resultados conflitantes: "Quando a equipe europeia anunciou que não havia detectado metano, fiquei definitivamente chocado", admitiu ele. Mesmo assim, Webster soube de imediato o que tinha que fazer. Ele e sua equipe prontamente se dedicaram a examinar todas as medições do SAM, para verificar a remota possibilidade de que o próprio rover *Curiosity* estivesse de alguma forma liberando o gás. Eles inspecionaram os dados em busca de correlações entre as detecções e uma série de condições do rover, como a direção para a qual estava apontando, como suas rodas estavam girando ou se ele estava esmagando rochas. Não encontraram nada.

A essa altura, o cientista planetário canadense John Moores, da Universidade de York, levantou uma questão inesperada e provocativa, que soou quase como se tivesse sido tirada de uma antiga piada judaica, a seguir:

> *Dois vizinhos estavam brigando por causa de uma disputa financeira. Como não conseguiam chegar a um acordo, levaram o caso ao rabino local. O rabino ouviu o argumento do primeiro litigante, acenou com a cabeça e disse: "Você está certo."*
>
> *O segundo litigante então apresentou seu argumento. O rabino o ouviu, acenou novamente com a cabeça e disse: "Você também está certo." O assistente do rabino, que estava presente, ficou justificadamente confuso. "Mas, rabino", ele perguntou, "como os dois podem estar certos?" O rabino pensou sobre isso por um momento antes de responder: "Você também está certo!"*

A pergunta surpreendente que Moores fez a si mesmo foi: *Será que tanto o* Curiosity *quanto o* Trace Gas Orbiter *podem estar certos?* Para que isso fosse possível, Moores e seus colegas sugeriram que a discrepância fosse simplesmente resultado do horário em que as medições tinham sido feitas. Especificamente, como o espectrômetro do SAM exigia uma energia considerável, suas medições foram feitas sobretudo durante a noite marciana, quando outros instrumentos do *Curiosity* não estavam operando. À noite, ao que parece, a atmosfera marciana costuma ser calma, o que teria permitido que o metano que se desprendia do solo se acumulasse próximo à superfície, tornando-o potencialmente detectável pelo SAM. Por outro lado, o *Trace Gas Orbiter* operava durante o dia, quando a circulação de ar poderia ter diluído o metano ao incorporá-lo em uma massa de ar muito maior. Para testar essa hipótese ousada, a equipe do *Curiosity*, liderada por Paul Mahaffy, o principal pesquisador do SAM, realizou alguns experimentos nos quais uma medição noturna foi intercalada com duas diurnas. Em geral, os resultados estavam de acordo com a previsão de Moores e seus colegas — as duas medições diurnas não detectaram nada, enquanto a noturna foi consistente com as medições anteriores do *Curiosity*, aparentemente corroborando a ideia de que a concentração de metano perto da superfície da cratera Gale muda durante o dia. No entanto, como se descobriu, nem mesmo esses resultados promissores forneceram uma explicação definitiva.

Simulações mais detalhadas do clima marciano, feitas pelo pesquisador Daniel Viúdez-Moreiras, do Instituto Nacional de Tecnologia Aeroespacial de Madri, na Espanha, e por seus colaboradores, mostraram que o mistério ainda permanece, e talvez até se aprofunde. Simulações indicaram que emissões muito pequenas de metano provenientes da borda noroeste da cratera Gale (muito próxima à localização do rover *Curiosity*), *e somente dessa área*, poderiam de fato levar à detecção pelo *Curiosity*, e à não detecção pelo TGO, mas que essa solução em si é bastante improvável ou problemática. Basicamente, o fundamental reside em uma das duas possibilidades: ou existe um mecanismo de perda forte e desconhecido na atmosfera que impede o acúmulo de metano global (já que a vida útil estimada do metano na atmosfera marciana é de cerca de trezentos anos), ou as emissões de metano são extremamente raras em Marte, e o rover *Curiosity* por acaso pousou próximo de uma delas. Caso contrário, seria de esperar que o TGO ainda detectasse metano em toda a atmosfera marciana.

Com relação à possível fonte do suposto metano, alguns estudos argumentaram que os picos poderiam ser provenientes de microrganismos produtores de metano (*metanogênicos*), formando uma biosfera alguns quilômetros abaixo da superfície marciana, onde ainda pode existir água líquida. No entanto, embora esses estudos tenham mostrado que a abundância de metano atmosférico observada é pelo menos consistente com a existência de tal biosfera, eles definitivamente não devem ser tomados como *prova* de alguma forma de vida em Marte.

Outro resultado interessante sobre a possibilidade de vida antiga em Marte veio de outra cratera. Em 2007, o rover *Spirit* encontrou rochas e regolito (poeira e fragmentos de rocha) compostos de dióxido de silício hidratado (conhecido como sílica opalina) próximo a uma formação vulcânica na cratera Gusev, em Marte. Esses depósitos de sílica há muito são alvos na busca por vida fossilizada, tanto em Marte, quanto na Terra primitiva, devido à sua capacidade de capturar e preservar bioassinaturas. Ao comparar essa sílica com a encontrada em Roosevelt Hot Springs e Opal Mound, no estado americano de Utah, e também com a encontrada no campo de gêiseres El Tatio e no sistema hidrotermal Puchuldiza-Tuja, no Chile, o geólogo planetário Steven Ruff, da Universidade Estadual do Arizona, e seus colaboradores concluíram em 2020 que as rochas de sílica opalina de Marte são depósitos de atividade de fontes termais/gêiseres, e que a morfologia das estruturas de sílica tem uma forte semelhança com os microestromatólitos mediados por micróbios em El Tatio. Isso é significativo (embora certamente exija muito mais estudos) porque, como explicamos no Capítulo 6, ambientes com fontes termais são considerados alvos promissores na busca por vida antiga. Na Terra, por exemplo, a sílica opalina preservou evidências de vida microbiana ao longo da história geológica, e os campos hidrotermais fossilizados se estendem aos depósitos de 3,48 bilhões de anos da Formação Dresser no Cráton de Pilbara, no oeste da Austrália.

A conclusão é que, de forma um tanto decepcionante, embora tenha havido alguns indícios tentadores (ainda que ambíguos e controversos), não há evidências convincentes de vida em Marte. Ainda assim, os resultados negativos na busca por vida marciana até o momento não significam que o estudo do planeta não vai ou não deve continuar. A falta de detecções definitivamente não indica que nunca existiu vida por lá.

O rover *Perseverance* chegou a um delta de rio seco na borda oeste da cratera Jezero no fim de maio de 2022. Em 28 de maio, o *Perseverance* havia esmerilhado uma área circular de 5 centímetros de diâmetro em uma rocha na base do delta para coletar uma amostra. No total, o *Perseverance* levou a Marte 43 tubos, dos quais 38 foram para coletar amostras. Até o fim de outubro de 2023, o rover já havia coletado 23 amostras de rochas, regolito e atmosfera. O delta na cratera se formou há bilhões de anos, quando esse rio, há muito desaparecido, depositou camadas de sedimentos ao entrar no lago da cratera. Na Terra, os sedimentos dos rios costumam estar repletos de vida, portanto, os pesquisadores esperam que os grãos de Marte também contenham traços químicos ou outros vestígios de vida passada. Essas esperanças foram reforçadas pelo fato do radar de penetração no solo a bordo do *Perseverance* ter confirmado que a cratera Jezero, formada por um antigo impacto de meteoro, um dia abrigou um lago e um delta de rio. Como disse o geólogo planetário Sanjeev Gupta, do Imperial College de Londres: "O verso do poeta William Blake 'Ver um mundo em um grão de areia' vem à mente." A Nasa e a Agência Espacial Europeia planejam reunir essas amostras do *Perseverance* e trazê-las de volta à Terra para um estudo detalhado. Isso só vai acontecer em 2033, e será o primeiro retorno de amostras de Marte. Significativamente, a Nasa já está planejando a construção de uma instalação que abrigará tais amostras, pois, mesmo que as chances de uma "pandemia marciana" sejam muito baixas, a estrutura deve ser capaz de conter com segurança os patógenos marcianos potencialmente perigosos. Ao mesmo tempo, a instalação também precisa ser imaculada, para evitar que substâncias da Terra contaminem as amostras de Marte. É compreensível que ninguém saiba o que esperar. Kenneth A. Farley, geoquímico do Instituto de Tecnologia da Califórnia e cientista do projeto da missão *Perseverance*, não se arrisca a prever o que será encontrado, apenas comenta: "Digamos apenas que não vamos fazer apostas."

As missões a Marte sem dúvida continuarão, e algumas delas acabarão por envolver tripulações humanas, mas há outros objetos no sistema solar que também merecem nossa atenção.

A brilhante deusa do amor

Antes da era espacial, esperava-se que o planeta irmão da Terra, Vênus, que tem aproximadamente o mesmo tamanho e a mesma massa do nosso planeta, e que está constantemente coberto de nuvens, fosse repleto de selvas e pântanos lamacentos. Observações modernas feitas pelas missões *Venera*, da União Soviética, pela Nasa, pela Agência Espacial Europeia e pelas naves espaciais japonesas mudaram radicalmente nossa visão sobre esse objeto celeste. Apesar de sua beleza — depois da Lua é o astro mais brilhante no céu noturno —, Vênus revelou-se um lugar infernal que faria o *Inferno* de Dante parecer o Paraíso. A atmosfera tóxica é dominada pelo dióxido de carbono, com nitrogênio, dióxido de enxofre, monóxido de carbono e vapor d'água, entre os outros compostos voláteis (substâncias que podem ser vaporizadas com facilidade). Como se essa composição hostil já não fosse o suficiente, ela é acompanhada por uma camada de nuvens composta de gotículas de ácido sulfúrico. As nuvens retêm o calor como uma estufa, tornando Vênus tão quente — com uma temperatura de quase 480ºC, que o chumbo derreteria na sua superfície. Além disso, a pressão atmosférica no solo venusiano é noventa vezes maior que a do nosso planeta. Em suma, é um ambiente tão diferente da Terra quanto se possa imaginar. Por isso, durante décadas, Vênus ficou de fora da lista de objetos potencialmente habitáveis no sistema solar e, como resultado, o planeta é hoje orbitado por uma única sonda: a sonda espacial japonesa *Akatsuki*. Esse "abandono" está prestes a mudar radicalmente.

A TERRA É EXCEPCIONAL?

Em 2 de junho de 2021, a Nasa aprovou não apenas uma, mas duas novas missões a Vênus, e a Agência Espacial Europeia também aprovou uma missão apenas uma semana depois. A missão *VERITAS* (abreviação de Venus Emissivity, Radio science, InSAR, Topography, And Spectroscopy), da Nasa, consiste em um módulo orbital que fará imagens e mapeará a superfície de Vênus, com o objetivo de estudar o passado geológico do planeta. A missão *EnVision*, da ESA, também é um módulo orbital, que usará um radar para mapear a superfície, uma sonda para revelar camadas subterrâneas, e espectrômetros para estudar a atmosfera e a superfície. A segunda missão da Nasa, a *DAVINCI*, vai incluir um módulo orbital e uma sonda de descida a Vênus. O módulo orbital vai fazer imagens do planeta em vários comprimentos de onda a partir de cima, ao passo que a sonda vai analisar a composição química da atmosfera e tirar fotografias enquanto desce.

Além de abordar o enigma mais abrangente e intrigante de por que as evoluções da Terra e de Vênus foram tão diferentes a ponto de Vênus ter se transformado em um inferno sulfuroso, as três novas missões (a serem lançadas entre o fim da década de 2020 e o início da década de 2030) tentarão responder a algumas perguntas específicas, todas relacionadas ao potencial de habitabilidade, seja em um passado distante, seja, surpreendentemente, até mesmo agora. Em primeiro lugar, ao medir a composição precisa dos gases na atmosfera do planeta, os astrônomos tentarão determinar se na superfície do Vênus primitivo havia corpos de água líquida, que depois evaporaram devido a um efeito estufa descontrolado. Em segundo lugar, os astrônomos vão usar o mapeamento de alta resolução da superfície que será realizado pela *VERITAS*, e em especial pela *EnVision*, para descobrir se há vulcões ativos em Vênus, já que, como vimos, regiões geotermicamente ativas podem ter sido o local de nascimento da vida na Terra. Em terceiro lugar, e relacionado à possível existência de oceanos no passado, as sondas ajudarão os cientistas a descobrir se havia massas de terra continentais na superfície de Vênus.

Em particular, a *VERITAS* e a *DAVINCI* vão examinar as tesselas — regiões de terreno altamente deformado caracterizadas por uma topografia elevada — que cobrem cerca de 7,3% da superfície de Vênus e poderiam representar algo semelhante a continentes. Essas missões futuras também poderão testar modelos específicos de evolução da atmosfera de Vênus. Por exemplo, em um artigo publicado em outubro de 2023, o cientista planetário Matthew Weller e seus colegas concluíram, com base em simulações feitas por computador, que para chegar à sua composição atual, a atmosfera venusiana teve de ser alimentada por gases vulcânicos, em uma fase inicial de atividade semelhante à das placas tectônicas. As descobertas de Weller sugerem que a atmosfera de Vênus teve que passar por uma grande transição climático-tectônica, de uma fase inicial de tectônica de tampa móvel, que durou pelo menos 1 bilhão de anos, para o atual modo de tampa estagnada, com taxas de liberação de gases reduzidas e praticamente nenhuma atividade tectônica horizontal em comparação com a tectônica de placas da Terra.

O interesse renovado na candidatura de Vênus a habitat para a vida foi despertado de maneira inesperada em 2020, quando um grupo de astrônomos, liderado por Jane Greaves, da Universidade de Cardiff, no País de Gales, descobriu, em caráter provisório, uma substância química interessante — a *fosfina* — nas camadas de nuvens mais altas de Vênus. Mais tarde, Greaves explicou que, embora achasse que as chances de encontrar fosfina em Vênus fossem mínimas ou nulas, ficou "intrigada com a ideia de procurar fosfina, porque o fósforo pode ser um tipo de indicador para a vida". Para fazer essa descoberta, a equipe de Greaves usou o Telescópio James Clerk Maxwell, no Havaí, e o poderoso Atacama Large Millimeter/submillimeter Array (ALMA), no Chile.

A fosfina é composta por um átomo de fósforo ligado a três átomos de hidrogênio, formando uma molécula com a aparência de pirâmide. O ponto-chave é que, embora a fosfina possa ser produzida naturalmente em ambientes de alta pressão — como os que prevalecem, por exemplo, em gigantes gasosos como Júpiter e Saturno — nas condições típicas da

Terra e de outros planetas terrestres, seus produtores mais comuns são as bactérias anaeróbicas (que não precisam de oxigênio para sobreviver e crescer), como as existentes em nosso intestino e em certos vermes das profundezas oceânicas.

Como é comum acontecer após o anúncio de uma descoberta tão inesperada e dramática, a detecção não confirmada de fosfina em Vênus imediatamente atraiu grande interesse e considerável controvérsia, com outros cientistas planetários fazendo uma infinidade de advertências. Vários pesquisadores questionaram a própria detecção de fosfina, com base no processamento e análise de dados, ou sugeriram que o sinal observado deveria ser atribuído ao dióxido de enxofre, e não à fosfina. Outros levantaram dúvidas sobre a interpretação da detecção como uma bioassinatura genuína. Em 2022, pesquisadores que usavam o Stratospheric Observatory for Infrared Astronomy (SOFIA) — um telescópio de infravermelho distante montado em uma aeronave Boeing 747 — afirmaram não ter identificado nenhum sinal de fosfina em Vênus. Mais tarde, porém, a aparente não detecção foi atribuída a erros de calibragem, e uma baixa concentração de fosfina foi de fato detectada no mesmo conjunto de dados. Embora os autores da descoberta original tenham respondido em detalhes à maioria das críticas, o debate sobre a realidade da detecção continuou. Em 2023, houve um nova reviravolta na história, quando Greaves relatou a descoberta de fosfina em uma região mais profunda na atmosfera do que onde ela havia sido detectada antes, chegando ao ambiente mais temperado na camada média de nuvens de Vênus. Portanto, parece que a presença (ou não) de fosfina só vai ser definitivamente resolvida por meio de tentativas futuras, talvez pela missão *DAVINCI*, de fazer medições diretamente das nuvens venusianas.

A resposta para a questão da detecção de fosfina (supondo que seja real) sinalizar ou não a existência de alguma forma de vida nas nuvens de Vênus é igualmente controversa. Por exemplo, o pesquisador da origem da vida Gerald Joyce, do Instituto Salk, na Califórnia, foi bastante explícito ao expressar seu ceticismo: "Isso dificilmente pode ser considerado uma bioassinatura", afirmou ele, ressaltando que os próprios responsáveis pela descoberta observaram em seu artigo que "a detecção de fosfina não é uma evidência robusta de vida, apenas de uma química anômala e inexplicável".

Há, no entanto, outros fenômenos na alta atmosfera venusiana (cerca de 65 quilômetros acima da superfície) que continuam a intrigar os pesquisadores. Por exemplo, existem algumas substâncias ainda não identificadas que absorvem com muita eficiência a radiação ultravioleta do Sol, lembrando a absorção realizada por pigmentos fotossintéticos na superfície da Terra. Há também gases na atmosfera venusiana, como oxigênio e metano, que parecem estar em um estado de desequilíbrio termoquímico — uma condição que na Terra é produzida por processos biológicos. Essas e outras características intrigantes levaram uma equipe de pesquisadores do MIT, liderada pela astrofísica Sara Seager, a iniciar uma série de missões com financiamento privado, originalmente chamadas de *Venus Life Finder* (VLF), e agora rebatizadas de missões *Morning Star*. Essas missões vão contar com uma série de sondas atmosféricas diretas, projetadas para avaliar a habitabilidade das nuvens venusianas e procurar sinais de vida, e vida em si. Uma das etapas dessa busca vai incluir uma sonda encarregada de encontrar bioassinaturas enquanto desce pela atmosfera de Vênus. O Observatório de Tartu, na Estônia, está envolvido no projeto. Lá está sendo construído um instrumento que será lançado como uma das missões *Morning Star* para Vênus, com previsão de lançamento para 2030. Ao chegar a Vênus, o TOPS (Tartu Observatory pH Sensor) mergulhará na atmosfera do nosso planeta irmão para medir a acidez de gotículas individuais das nuvens venusianas. Missões subsequentes estão planejadas para culminar com a coleta de amostras e seu retorno à Terra.

O objetivo das próximas etapas é claro: assim como ocorre com outras descobertas controversas, a detecção de fosfina precisará primeiro ser confirmada por observações futuras, talvez aquelas realizadas pelas missões *Morning Star* e *DAVINCI*. Em seguida, se a presença de fosfina for confirmada de maneira inequívoca, potenciais fontes geoquímicas e

A TERRA É EXCEPCIONAL?

fotoquímicas de fosfina terão de ser descartadas de forma decisiva, e uma identificação mais clara dos absorvedores anômalos de radiação ultravioleta terá de ser obtida. Só então poderemos, mesmo que de maneira provisória, considerar que esses fenômenos estejam sendo produzidos por uma biosfera microbiana aérea em Vênus.

Para resumir nossas reflexões sobre a possibilidade de encontrar vida nos planetas rochosos do sistema solar, eis algumas humildes opiniões: ficaremos de fato surpresos se absolutamente nenhum sinal de vida passada for descoberto em Marte depois que o planeta vermelho for minuciosamente explorado. Caso isso aconteça, talvez seja um sinal de que, mesmo quando as condições são promissoras, o surgimento de vida pode não ser inevitável. Somos um pouco mais céticos em relação à vida atual em Vênus, mas surpresas são definitivamente possíveis (em especial em termos de química inesperada), portanto, as missões exploratórias devem ser encorajadas. Viajando mais próximo do Sol, o calor escaldante de Mercúrio — um planeta que, por si só, não passa de uma rocha marcada por crateras — não o torna hospitaleiro para a vida.

Há algum outro objeto no sistema solar que poderia (pelo menos em tese) sustentar a vida? Surpreendentemente, como veremos no próximo capítulo, existem pelo menos três, talvez até seis!

8. Existe vida extraterrestre nas luas do sistema solar?

Quantas coisas foram negadas num dia, mas se tornaram realidade no dia seguinte!

Júlio Verne, *Da Terra à Lua*

A busca por vida extraterrestre tem sido amplamente guiada pelo princípio de "seguir a água". A ideia principal por trás dessa estratégia é que, mesmo que haja nutrientes e energia disponíveis, sem um solvente adequado os componentes básicos da vida não podem ser colocados em contato para reagirem quimicamente. Além disso, a água dissolve uma grande variedade de compostos que os organismos consomem, pode transportar substâncias químicas dentro das células e permite que elas eliminem resíduos. De maneira geral, a água oferece uma complexidade que abre inúmeras vias de reação que podem levar ao surgimento da vida. Além disso, outro fato a favor da água é que, na Terra, essencialmente onde quer que haja água, há vida. Seguindo essa linha de raciocínio, portanto, por muito tempo os planetas rochosos só foram considerados "habitáveis" caso estivessem dentro daquela faixa de distâncias circunstelares onde o clima em sua superfície permitisse a presença estável de água líquida. No sistema solar, apenas a Terra (com certeza), Marte (marginalmente) e Vênus (com otimismo) tiveram a sorte de serem considerados potencialmente habitáveis. Nossa Lua e as luas marcianas, Deimos e Fobos, também estão formalmente nessa região habitável, mas o fato de não terem água líquida em sua superfície nem uma atmosfera propriamente dita — a Lua, por exemplo, possui uma atmosfera extremamente diluída composta principalmente de neônio, argônio e hidrogênio, além de água na forma de gelo (perto dos polos e em crateras sombreadas) e pequenas quantidades de moléculas de água nas partes iluminadas pelo Sol — acabou por excluí-las da lista de candidatos a abrigar vida.

Nos últimos anos, entretanto, descobrimos que o universo "habitável" pode ser, em tese, enormemente expandido, incluindo até mesmo algumas das luas cobertas de gelo que orbitam os gigantes gasosos no sistema solar externo. Como isso é possível? Uma das razões é que outras fontes de energia além da radiação da estrela hospedeira — em particular, o aquecimento de maré — resultariam em uma faixa de temperatura adequada para sustentar grandes oceanos líquidos subterrâneos, mesmo a grandes distâncias da estrela central. Outra razão (ainda que especulativa) pode ser o fato de que, na superfície dessas luas distantes, existiriam grandes lagos compostos de outros líquidos que não água. Em outras palavras, o conceito de "zona habitável" foi ampliado para muito além do que se presumia inicialmente.

Eis uma explicação muito resumida de como funciona o aquecimento das marés: quando um corpo celeste sofre a ação da força gravitacional de outro corpo, como quando uma lua é atraída pelo campo gravitacional do planeta ao redor do qual orbita, a lua é levemente esticada ao longo da linha que conecta os centros dos dois corpos. Isso ocorre porque o ponto da superfície da lua que está mais próximo do planeta sofre uma atração gravitacional mais forte do que o centro da lua, e o ponto que está mais distante do planeta sofre uma atração mais fraca do que o centro da lua. Esse estiramento resulta em uma "protuberância de maré". Ainda que a órbita da lua seja ligeiramente elíptica, a força da maré será mais forte quando a lua estiver mais próxima do planeta e mais fraca quando ela estiver mais distante. Em outras palavras, a lua em órbita passa por episódios de estiramento e afrouxamento em cada revolução, e essas mudanças na deformação da maré, conforme a protuberância sobe e desce, geram um atrito interno que aquece o interior da lua.

A história da descoberta de que as luas que orbitam gigantes gasosos podem esconder grandes oceanos de água líquida sob sua superfície é um exemplo fascinante de como os avanços da ciência moderna podem ser obtidos através de um trabalho gradativo de "detetive".

Tudo começou com observações espectroscópicas das luas de Júpiter realizadas na década de 1960 e no início da década de 1970. O grande poder da espectroscopia está em sua capacidade de identificar a composição do material emissor de luz ou da matéria pela qual a luz passa. Por exemplo, na luz infravermelha o gelo de água tem uma assinatura espectroscópica distinta na forma de duas feições de absorção. Assim, a espectroscopia no infravermelho revelou de imediato que as luas de Júpiter Calisto e Europa provavelmente estavam cobertas de gelo.

O próximo passo importante foi dado por teóricos. Em artigos fundamentais publicados em 1979 e 1980, os cientistas planetários Stanton Peale e Patrick Cassen, da Universidade da Califórnia, em Santa Bárbara, e Ray Reynolds, do Centro de Pesquisa Ames, da Nasa, propuseram que o aquecimento de marés gerado pela atração de Júpiter (e também pelas chamadas luas galileanas, Europa, Calisto e Ganimedes) poderia literalmente derreter uma parte significativa do interior da lua mais próxima de Júpiter, Io. A implicação era clara: Io poderia apresentar atividade vulcânica e fluxos de lava. Em um desdobramento extraordinário, uma longa série de observações subsequentes, primeiro pelas sondas *Voyager 1* e *Voyager 2* (em 1979, literalmente apenas alguns dias após a publicação da previsão teórica!), e depois pela sonda espacial *Galileo* (em 1995 e no período de 1999-2002), pela sonda *Cassini* (em 2000), pela *New Horizons* (em 2007) e, mais recentemente, pela sonda espacial *Juno* (em 2023), mostraram que Io é, na verdade, o objeto mais geologicamente ativo do sistema solar. A *Juno*, particularmente, passou a cerca de 1.500 quilômetros de Io em dezembro de 2023 e confirmou que a lua abriga mais de quatrocentos vulcões ativos. Todas essas descobertas feitas até agora são apenas o início de uma fascinante aventura científica.

A TERRA É EXCEPCIONAL?

Júpiter II

Io é, sem duvida, um objeto extremamente interessante por si só, mas, do ponto de vista da busca por vida, acredita-se que tenha a menor quantidade de água (em termos de porcentagem atômica) entre todos os objetos conhecidos no sistema solar. Mas Peale, Cassen e Reynolds fizeram outra previsão empolgante, que pode vir a ter consequências dramáticas para a identificação de mundos potencialmente habitáveis. Eles sugeriram que o aquecimento de marés poderia criar um oceano de água líquida coberto por uma crosta de gelo em Europa — a menor das quatro luas de Júpiter descobertas em 1610 por Galileu Galilei (que se referia a Europa como Júpiter II).

Por mais intrigante que fosse essa previsão, ela também apresentou aos astrônomos um sério desafio observacional: confirmar (ou refutar) a existência de um oceano líquido superficial coberto por uma camada de gelo de muitos quilômetros de espessura. Diante dessa difícil tarefa, os cientistas planetários desenvolveram uma série de investigações engenhosas.

Primeiro, eles perceberam que já havia algumas pistas sugestivas. As imagens feitas pela *Voyager 2* mostraram que a superfície de Europa é quase desprovida de crateras. Na verdade, é a superfície mais lisa de qualquer corpo sólido conhecido no sistema solar. Isso implicava a operação de uma espécie de máquina natural de remoção de imperfeições no gelo — assim como as pistas de patinação no gelo, Europa está sendo recoberta por gelo fresco. Esse recobrimento, por sua vez, sugeria que movimentos do gelo semelhantes à tectônica de placas poderiam estar ocorrendo. O motor mais provável para essa dinâmica atividade geológica seria um corpo de líquido subsuperficial. Ao mesmo tempo, descobriu-se que a superfície de Europa também estava coberta por rachaduras, como estrias escuras (chamadas de *lineae*, que significa "linhas"). Essas rachaduras lembravam as dorsais oceânicas da Terra, sugerindo novamente o equivalente à tectônica de placas, com as rachaduras provavelmente causadas pela flexão de maré exercida pela gravidade de Júpiter. Além disso, posteriores espectroscopias realizadas pela sonda *Galileo* e pelo telescópio espacial Hubble revelaram que as rachaduras pareciam conter sais, que teriam se originado a partir de um oceano sob a superfície.

A segunda pista veio da medição das mudanças na velocidade da sonda espacial *Galileo* com uma precisão surpreendente de alguns décimos de polegada por segundo. Usando essas informações, John Anderson, do Laboratório de Propulsão a Jato, e sua equipe conseguiram mapear com muita exatidão o campo gravitacional de Europa e, portanto, a distribuição da densidade de massa dentro da lua. Eles descobriram que, para se adequar aos dados, Europa deveria ser composta por três camadas de densidades diferentes: um núcleo de ferro com cerca de 1.200 quilômetros de diâmetro, cercado por um manto rochoso feito de silicatos, sobre o qual haveria uma camada de água ou gelo, com algo entre 80 e 160 quilômetros de espessura. As medições ainda não eram precisas o suficiente para distinguir entre água líquida e gelo.

A evidência final veio de medições magnéticas impressionantes. O magnetômetro (que mede as mudanças nos campos magnéticos) a bordo da sonda *Galileo* descobriu que Europa age como uma barra magnética fraca, cujo magnetismo é *induzido* pelo campo magnético de Júpiter. Simplificando, Júpiter tem um campo magnético forte devido ao seu núcleo de hidrogênio metálico em rotação. Como o eixo magnético de Júpiter não coincide de maneira exata com seu eixo de rotação (o mesmo acontece com a Terra), Europa experimenta um campo magnético que varia periodicamente (como se fosse iluminada por um "farol" magnético) à medida que Júpiter gira em torno de seu eixo. No eletromagnetismo, quando um condutor elétrico — material que permite a passagem de eletricidade — é colocado em um campo magnético variável, o próprio condutor se torna um ímã. Em outras palavras, o fato da sonda *Galileo* ter descoberto um campo magnético induzido em Europa significa que a lua contém uma camada de material eletricamente condutivo em seu interior. Com base em medições cuidadosas do campo induzido, Margaret Kivelson, Krishan Khurana e seus colegas da equipe do magnetômetro da

Universidade da Califórnia, em Los Angeles, conseguiram demonstrar que um oceano líquido subsuperficial salgado poderia de fato fornecer a condutividade implícita.

O resumo desse esforço hercúleo e elaborado foi que, por meio de uma sequência de aferições imaginativas e cuidadosas, os pesquisadores conseguiram demonstrar que a espessa camada de gelo da superfície de Europa provavelmente esconde um oceano salgado, que contém cerca do dobro da quantidade total de água dos oceanos superficiais da Terra.

Estima-se que a profundidade do oceano subterrâneo de Europa seja, em média, de cerca de 95 quilômetros, com um fundo rochoso por baixo e uma crosta externa de gelo sólido cuja espessura é incerta, mas estimada em aproximadamente 30 quilômetros. É interessante notar que o telescópio espacial Hubble pode ter fornecido mais uma evidência da existência desse oceano. Uma imagem de Europa tirada pelo Hubble em 2012 revelou o que parece ser uma fina coluna de vapor d'água que se eleva a uma altura de cerca de 190 quilômetros. Pesquisadores usando o Hubble também relataram detecções não confirmadas de colunas em 2016 e 2017. Além disso, astrônomos que reanalisaram dados da sonda *Galileo* concluíram, em 2018, que a sonda espacial pode ter passado por uma dessas colunas ao sobrevoar Europa em 1997. Por fim, uma equipe de pesquisa usando o Observatório Keck, no Havaí, anunciou em novembro de 2019 que havia detectado vapor d'água diretamente acima da superfície de Europa. Essas colunas, se confirmadas de forma inequívoca (até o fim de 2023, elas não haviam sido detectadas pelo telescópio espacial James Webb), podem ter se originado diretamente do oceano subjacente (por meio de rachaduras no gelo) ou de piscinas ou lagos de água líquida encapsulados na camada externa de gelo.

O ponto importante é que essas colunas de vapor poderiam oferecer uma maneira de analisar a composição do oceano sem a necessidade de perfurar quilômetros de gelo. Uma sonda espacial atravessaria a coluna para coletar amostras e analisá-las em órbita. Em 2023, os astrônomos descobriram outra característica intrigante que revela a conexão entre o oceano subsuperficial e a superfície de Europa. Usando dados do James

Webb, eles identificaram dióxido de carbono em uma região específica da superfície congelada de Europa. Uma análise detalhada indicou que esse carbono provavelmente teve origem no oceano subsuperficial, em vez de ser levado à lua por meteoritos ou outras fontes externas. Além disso, foi depositado em uma escala de tempo geologicamente recente.

A resposta para a questão sobre a potencial habitabilidade do oceano salgado de Europa não passa de um "talvez", mas isso significa apenas que definitivamente devemos explorar esse cenário. Os otimistas baseiam suas esperanças em dados de vários ambientes extremos que parecem sustentar um ecossistema diverso em lagos subglaciais na Terra. O principal deles é o lago Vostok, na Antártida.

O lago Vostok está enterrado sob quase 4 mil metros de gelo glacial, isolado de qualquer contato com a atmosfera ou com a luz. Estima-se que esteja continuamente coberto por gelo há cerca de 15 milhões de anos. É um dos maiores lagos de água doce da Terra em termos de tamanho e volume. Devido às suas condições únicas, cientistas do Reino Unido, da Rússia, da França e dos Estados Unidos fizeram várias tentativas de perfurar o gelo até quase a superfície. Em 2013, uma equipe liderada pelo biólogo Scott Rogers, da Universidade de Bowling Green State, realizou o sequenciamento do DNA e do RNA da água congelada do lago presa ao fundo da geleira (chamada de *gelo de acreção*). Esse gelo havia sido coletado durante expedições de perfuração na década de 1990. Rogers e seus colegas identificaram milhares de sequências de genes, em sua maioria de bactérias e eucariontes (organismos cujas células contêm um núcleo), o que sugeriu que a água do lago sustenta vida.

Alguns microbiologistas expressaram ceticismo em relação aos resultados, sugerindo que os achados poderiam ser fruto de contaminação durante o processo de perfuração, em vez de vida genuína do lago. Essas dúvidas parecem ter sido amplamente dissipadas quando o ecologista microbiano John Priscu, da Universidade Estadual de Montana, obteve resultados muito semelhantes em outro lago subglacial na Antártida — o lago Whillans — depois de perfurar 800 metros de gelo. O próprio Scott Rogers reforçou ainda mais a veracidade de suas descobertas em

2020, quando ele e o biólogo Colby Gura publicaram uma nova análise da diversidade biológica no lago Vostok, basicamente confirmando os resultados anteriores de Rogers. Eles concluíram o artigo afirmando: "Portanto, o lago Vostok pode conter um ecossistema funcional que recebe insumos químicos e energéticos da geleira que o cobre e de possíveis fontes hidrotermais."

Há outro aspecto interessante que devemos levar em consideração ao avaliar a capacidade potencial de Europa de sustentar vida. Como descrevemos nos Capítulos 3-5, os experimentos que tentaram originar vida em laboratório mostraram que o caminho da química para a biologia (supondo que esse caminho completo de fato exista) requer altas concentrações de moléculas cruciais para iniciar e sustentar as reações químicas necessárias. Um grande ambiente oceânico não é ideal para obter tais concentrações densas. Na verdade, essa constatação levou à sugestão (discutida no Capítulo 6) de que a vida terrestre começou em lagos relativamente pequenos em vez de nos oceanos. Isso significa, se for verdade, que Europa não poderia abrigar vida? Não necessariamente, embora possa indicar que a vida (se de fato estiver presente) não tenha se originado em Europa. Como já mencionamos, é possível, por exemplo, que rochas ejetadas de Marte (por meio de impactos de asteroides ou cometas), onde a vida poderia (hipoteticamente) ter surgido, tenham chegado a Europa. Se essas rochas contivessem formas de vida microbiana, então a vida poderia (mais uma vez, em princípio) continuar a ser sustentada e talvez até mesmo evoluir no oceano subsuperficial de Europa. Por outro lado, de forma um pouco mais pessimista, um estudo publicado em março de 2024 sugere que as partículas carregadas que bombardeiam a superfície de Europa produzem menos oxigênio (proveniente da decomposição da água congelada) do que se pensava anteriormente.

Os dados que a sonda *Juno* coletou durante suas passagens recentes estão ajudando os pesquisadores que planejam a *Europa Clipper*. Trata-se de uma missão da NASA lançada em outubro de 2024 para chegar a Júpiter em 2030. Espera-se que ela realize uma série de sobrevoos próximos a Europa, alguns talvez a até 25 quilômetros da superfície, enquanto estiver em órbita ao redor de Júpiter. O principal objetivo dessa missão é confirmar a existência do oceano subsuperficial e ajudar na escolha de um local para uma futura missão de pouso.

Europa não é a única lua do sistema solar que poderia, pelo menos em teoria, abrigar vida. Alguns até argumentam que há outras luas que oferecem chances iguais ou ainda melhores.

O pequeno poderoso gigante

A sexta maior lua de Saturno, Encélado, recebeu o nome de um dos "Gigantes" da mitologia grega. Esses gigantes, que lutaram contra os deuses gregos pelo controle do cosmos, não eram necessariamente muito altos, mas eram conhecidos por sua força. O gigante mitológico Encélado, por exemplo, é representado lutando contra Atena em um prato do século VI a.C. encontrado na península Ática, na Grécia (o prato está atualmente no Louvre). A lua Encélado foi descoberta pelo astrônomo William Herschel em 1789 e foi batizada pelo filho dele, o astrônomo John Herschel, em 1847.

Talvez você não esperasse que uma lua tão distante e fria — apenas a sexta em tamanho, mesmo entre as luas de Saturno — atraísse muita atenção. Afinal, não se presume que uma lua como Encélado, que tem pouco mais de 500 quilômetros de diâmetro, seja capaz de reter calor. Mas desde o início Encélado apresentou um enigma aos astrônomos. Imagens da lua obtidas em 1981 pela sonda espacial *Voyager 2*, embora tenham sido tiradas a uma grande distância, revelaram que enquanto a parte sul da lua parecia ser bastante lisa e quase sem crateras, a parte norte abrigava um número consideravelmente maior de crateras de impacto. Como as luas de Saturno são continuamente bombardeadas, essa configuração indicava que, de alguma forma, a área ao redor do polo sul de Encélado havia sido recapeada. Os astrônomos também sabiam que a lua era coberta de gelo, pois, como disse Morgan Cable, cientista do Laboratório de Propulsão a Jato da Nasa, Encélado é "um dos objetos mais brancos e brilhantes do sistema solar".

A TERRA É EXCEPCIONAL?

A pesquisa espacial é complexa, exige paciência e é bastante cara. É por isso que, depois da *Voyager 2*, os pesquisadores tiveram que esperar mais de vinte anos para dar o próximo passo na exploração de Encélado. A sonda *Cassini*, da Nasa, finalmente passou por Encélado entre 2005 e 2017, e as vistas espetaculares e os dados que os cientistas conseguiram coletar (em uma série de nada menos que 23 sobrevoos direcionados) definitivamente valeram a espera. Em sua primeira aproximação, a *Cassini* chegou a apenas 1.116 quilômetros da lua, e seu magnetômetro observou uma distorção no campo magnético de Saturno acima do polo sul de Encélado. Isso parecia estar sendo causado pela ejeção de material da lua, já que o Cosmic Dust Analyzer (CDA), analisador de poeira cósmica a bordo da sonda espacial, detectou muitas partículas do tamanho de poeira.

Os resultados dos sobrevoos subsequentes foram de tirar o fôlego. Em primeiro lugar, as imagens revelaram várias colunas de vapor e jatos semelhantes a gêiseres emanando da região em torno do polo sul de Encélado. Também ficou claro que os jatos estavam alimentando um dos anéis de Saturno, conhecido como anel E. Em segundo lugar, quando a *Cassini* atravessou colunas de vapor e analisou quimicamente sua composição, os pesquisadores descobriram que elas continham vapor d'água, dióxido de carbono, monóxido de carbono, metano, nitrogênio, amônia e outros compostos de carbono tipicamente encontrados em cometas, mas também em fontes hidrotermais na Terra. Uma terceira descoberta surpreendente foi a constatação de que o polo sul de Encélado era mais quente do que seu equador, mesmo recebendo menos luz solar. Além disso, fraturas lineares observadas na superfície ao redor do polo sul (conhecidas como "listras de tigre") tinham uma temperatura cerca de 39 graus mais quente que a do equador, indicando claramente algum tipo de atividade geológica nessa região.

Com base nos primeiros resultados, a possibilidade de que os jatos e colunas de vapor estivessem se originando de um oceano de água líquida subsuperficial já estava na mente de todos os cientistas envolvidos. No entanto, ainda restava uma dúvida incômoda, pois havia uma possível interpretação alternativa: o vapor d'água poderia estar sublimando da superfície, passando diretamente de gelo para gás, em um processo semelhante ao observado em cometas (embora, no caso de Encélado, sem que a luz solar fosse a fonte de calor).

Foi nessa fase que as duas equipes por trás dos dois instrumentos responsáveis pelas análises químicas a bordo da *Cassini* tiveram a oportunidade de brilhar. Primeiro, o Cosmic Dust Analyzer (CDA), operado pela Universidade de Stuttgart, na Alemanha, encontrou sais de sódio no anel E de Saturno — um anel que foi claramente criado pelos jatos de Encélado. De fato, uma combinação de dados da *Cassini* e do Observatório Espacial Herschel mostrou que uma nuvem composta de partículas de gelo e em formato de rosca ao redor de Saturno também foi formada pelos jatos de Encélado. Considerando sua origem, os sais de sódio no anel E indicavam que os próprios jatos continham sais — um fenômeno que nunca havia sido detectado em cometas —, tornando o cenário de sublimação da superfície muito menos provável. Além disso, o CDA detectou partículas específicas de sílica, que na Terra costumam ser encontradas em fontes hidrotermais no fundo do oceano.

Os cristais de sílica coletados nas colunas de vapor de Encélado tinham entre 2 e 8 nanômetros (bilionésimos de metro) de diâmetro, e em geral grãos de sílica pura desse tamanho são formados em um oceano de água salgada se forem expostos a aproximadamente 90ºC — temperaturas associadas a fontes hidrotermais. Porém, em algumas fontes hidrotermais na Terra, o hidrogênio molecular também é produzido a uma taxa muito alta. Assim, havia uma previsão provisória de que as colunas de vapor também deveriam conter hidrogênio molecular. Para a alegria de todos, o Espectrômetro de Íons e Massa Neutra (INMS, na sigla em inglês), operado pelo Southwest Research Institute, no Texas, de fato mostrou que as colunas continham muito mais hidrogênio molecular do que poderia ter simplesmente resultado da quebra de moléculas mais complexas.

Mesmo depois desse sucesso observacional, ainda havia duas perguntas importantes a serem respondidas. Primeiro, se o oceano subsuperficial em Encélado era global ou regional e confinado apenas aos arredores do polo sul. Segundo, se esse oceano era suficientemente antigo para permitir que a vida não apenas se sustentasse (uma vez que tivesse sido introduzida ali), mas talvez também evoluísse.

Felizmente, ainda havia uma coleção valiosa de dados da *Cassini* para serem analisados. Ao examinar as centenas de fotos tiradas durante os sobrevoos da missão, os cientistas conseguiram mapear com precisão as posições das feições da superfície de Encélado e, em 2015, descobriram que a lua oscila em seu movimento. A importância dessa descoberta para o mapeamento da estrutura interna de Encélado não pode ser subestimada. Encélado está acoplado por maré a Saturno, da mesma forma que nossa Lua está acoplada por maré à Terra. Isso significa que Encélado leva o mesmo tempo para girar em torno do próprio eixo que para completar uma órbita em torno de Saturno — fazendo com que o mesmo lado de Encélado esteja sempre voltado para Saturno (assim como a nossa Lua sempre nos mostra a mesma face).

Um pequeno movimento de oscilação lateral (conhecido como *libração em longitude*) ocorre quando a lua não é perfeitamente esférica, de modo que a atração gravitacional fica ligeiramente desequilibrada. O grau de oscilação pode indicar se a lua gira como um corpo sólido ou se sua crosta está, na verdade, flutuando sobre uma camada líquida. No último caso, a amplitude da libração é maior. Ao comparar a oscilação de Encélado com modelos teóricos, os cientistas da *Cassini* concluíram com bastante segurança que Encélado contém um oceano global entre uma camada superficial gelada e um núcleo rochoso.

Três novas e empolgantes descobertas sobre Encélado foram publicadas em 2023. Primeiro, usando o telescópio espacial James Webb, uma equipe liderada por Geronimo Villanueva, do Centro de Voos Espaciais Goddard, da Nasa, detectou uma coluna de vapor d'água de Encélado que se estende por mais de 9,5 mil quilômetros! Segundo, Frank Postberg, da Freie Universität Berlin, e seus colegas analisaram grãos de gelo individuais emitidos por Encélado e descobriram que o fosfato está presente no oceano da lua em níveis pelo menos cem vezes mais altos do que os dos oceanos da Terra. Lembre-se de que o fósforo, na forma de fosfatos, é vital para toda a vida na Terra, pois faz parte da espinha dorsal do DNA e também é um dos componentes de algumas das moléculas das membranas celulares. Esse estudo foi o primeiro a relatar evidências diretas de fósforo em um mundo oceânico extraterrestre. Terceiro, cientistas que analisaram dados coletados décadas atrás pela missão *Cassini* de uma das colunas de água de Encélado levaram as evidências de potencial habitabilidade um passo adiante. Eles encontraram uma forte confirmação da presença de cianeto de hidrogênio, uma molécula que, como vimos nos Capítulos 3-5, é fundamental para a vida.

A imagem detalhada resultante de todos os sobrevoos da *Cassini* transformou Encélado de uma lua pequena, insignificante e distante, sem chance de abrigar vida, em um dos alvos astrobiológicos mais promissores do sistema solar. Agora, acredita-se que Encélado contenha um oceano subsuperficial salgado, sob o qual há um fundo marinho ativo com fontes hidrotermais. Essas fontes parecem envolver uma química rica em produção de hidrogênio molecular — um dos tipos de ambientes colonizados pela vida na Terra. Como já observamos várias vezes, temos razões para acreditar que pequenos lagos em terra são os locais mais prováveis para o surgimento da vida, mas os ambientes de fontes hidrotermais certamente podem sustentá-la. As evidências da existência de fontes, a propósito, foram ainda mais reforçadas pela descoberta de moléculas orgânicas, que se espera que estejam presentes nessas fontes.

Outro achado da *Cassini* foi particularmente intrigante. A análise da composição de uma coluna de vapor através da qual a *Cassini* havia voado revelou uma quantidade surpreendentemente grande de metano. Em 2021, uma equipe de pesquisadores, liderada por Antonin Affholder, da École Normale Supérieure em Paris, demonstrou que o processo químico abiótico mais provável — a reação de minerais em rochas com CO_2 e água quente, conhecida como *serpentinização* — não teria sido capaz de criar tanto metano quanto foi observado. Em contraste, os pesquisadores demonstraram que a ação de metanogênicos — formas de vida microbiana que consomem hidrogênio e dióxido de carbono e produzem metano — poderia explicar a quantidade de metano detectada. Mas não devemos nos entusiasmar muito. Os pesquisadores logo reconheceram que poderia haver outras soluções para o mistério do metano que não envolvessem vida. Isso inclui, por exemplo, um excesso de metano primordial, remanescente da formação de Encélado, ou outro processo abiótico em ação ainda desconhecido.

Caso existisse de fato um ecossistema subsuperficial em Encélado, certamente não se pareceria com uma comunidade ecológica na Terra. Em vez disso, teria de ser similar aos habitats associados a extremófilos — micro-organismos que toleram condições ambientais extremas. Especificamente, esses organismos precisariam ser anaeróbicos e capazes de se desenvolver sem depender da fotossíntese. Talvez o análogo mais próximo na Terra sejam os lagos subglaciais na Antártida e alguns ambientes na Islândia, com sua abundante atividade hidrotermal e gêiseres que produzem jatos.

A questão da idade do oceano de Encélado ainda não foi resolvida. Em um artigo publicado em 2017, uma equipe de cientistas liderada pelo engenheiro aeroespacial Luciano Iess, da Universidade Sapienza, em Roma, tentou determinar a idade dos anéis de Saturno. A aferição da equipe baseou-se na quantidade de poeira atualmente existente nos anéis, e na taxa média de acúmulo de poeira, presumindo que ela esteja vindo na forma de micrometeoroides do cinturão de Kuiper — uma região de objetos gelados além da órbita de Netuno. A estimativa de idade obtida por Iess e seus colegas foi uma surpresa para muitos astrônomos e cientistas planetários — apenas cerca de 100 milhões de anos! Em outras palavras, se for verdade, não só os anéis de Saturno não são tão antigos quanto o sistema solar, como também, na época em que se formaram, a vida na Terra já havia evoluído, adentrando bastante a era dos dinossauros. Isso pode ter implicações importantes para as perspectivas de Encélado abrigar vida, já que um dos cenários para a formação dos anéis sugere que tanto Encélado quanto os anéis de Saturno foram criados ao mesmo tempo, como resultado do impacto de um objeto relativamente grande no planeta (ou em uma de suas luas anteriores).

Nem todos os pesquisadores aceitam a conclusão de Iess e de seus colaboradores de que os anéis são relativamente jovens. Para sermos mais específicos, vários cientistas planetários apontaram que os cálculos da taxa de poluição dos anéis pela poeira envolviam incertezas consideráveis. Outros argumentaram que teria sido difícil formar os anéis em um período de tempo tão curto. Na verdade, o mecanismo de formação dos anéis de Saturno tem sido debatido por cientistas planetários há muitos anos. Um dos modelos mais recentes de formação, apresentado em setembro de 2022 pelo cientista planetário Jack Wisdom, do MIT, e por seus colegas, propôs que uma antiga lua de Saturno (batizada de *Crisálida*) tenha sido despedaçada por forças de maré há cerca de 160 milhões de anos, formando os anéis. Um estudo ainda mais recente realizado por Sascha Kempf, da Universidade do Colorado, em Boulder, e seus colaboradores, determinou o fluxo de bombardeio de micrometeoroides nos anéis de Saturno e restringiu a idade dos anéis a não mais do que 400 milhões de anos. Entretanto, mesmo com as incertezas remanescentes, para muitos astrobiólogos, Encélado continua sendo um dos alvos mais atraentes na busca por vida extraterrestre no sistema solar.

Maria e Lacus

Em latim, *maria* significa "mares" e *lacus* significa "lagos". Há apenas um objeto além da Terra no sistema solar que possui mares e lagos estáveis, estações chuvosas e até mesmo um ciclo de líquidos semelhante ao da Terra em sua superfície: a maior lua de Saturno, Titã. Na verdade, imagens de Ligeia Mare, o segundo maior corpo de líquido em Titã, tiradas pela missão *Cassini*, da Nasa, poderiam ser confundidas com fotos vistas de cima de corpos de água na superfície da Terra. Em 8 de julho de 2009, a *Cassini* chegou a capturar um *brilho* conhecido como *reflexão especular*, o primeiro reflexo de luz solar refletido no Kraken Mare de Titã, confirmando a presença de líquidos na zona lacustre da lua. A atmosfera de Titã é mais densa do que a da Terra e, assim como a atmosfera do nosso planeta, é rica em nitrogênio. Mas não se deixe enganar por esses atributos aparentemente semelhantes aos da Terra, e não espere encontrar também uma biosfera do tipo terrestre na superfície de Titã. A temperatura que caracteriza o terreno da lua é de proibitivos -179ºC, o que significa que os lagos, mares e rios não são compostos de água líquida, mas principalmente de metano, etano e nitrogênio líquidos. A chuva que cai ocasionalmente em Titã é igualmente composta de gotas de metano líquido. A atmosfera de Titã também tem suas peculiaridades. É composta de nitrogênio (mais de 95%), metano (menos de 3%), hidrogênio (uma fração de 1%) e apenas traços de outros hidrocarbonetos (compostos orgânicos formados por carbono e hidrogênio). Além disso, é preenchida por uma névoa espessa, orgânica e de cor laranja.

Inicialmente, a presença de metano na atmosfera foi considerada algo um tanto inesperado, uma vez que a expectativa era que ele tivesse sido completamente destruído pela luz ultravioleta do Sol em menos de 100 milhões de anos. A suposição, portanto, é que o metano está sendo reposto de alguma forma, seja continuamente ou por meio de erupções episódicas emanadas da superfície gelada de Titã. Essa conjectura ganhou um apoio considerável com as observações espetaculares feitas pela sonda *Huygens*, da Agência Espacial Europeia, que, em 2005, se desacoplou da sonda espacial em órbita *Cassini*, descendo de paraquedas até a superfície de Titã. Durante a descida, a *Huygens* detectou na atmosfera de Titã um isótopo do gás nobre argônio, que é produzido pelo decaimento radioativo de um isótopo de potássio. Como a localização mais provável desse isótopo de potássio é dentro de rochas, a presença de argônio na atmosfera é um forte indício de que gases escapam do interior de Titã.

Surpreendentemente, a incrível singularidade da superfície e das características atmosféricas de Titã não são os únicos aspectos interessantes dessa lua. Quando se trata de considerá-lo um habitat em potencial para a vida, há outra particularidade promissora — Titã também possui um oceano subsuperficial de água salgada. Os primeiros indícios da existência desse oceano vieram da descoberta de alguns fenômenos eletromagnéticos inicialmente intrigantes. A sonda *Huygens* detectou ondas de radiofrequência extremamente baixas na atmosfera de Titã, bem como a presença de um campo elétrico diferente de zero, próximo à superfície. Você deve se lembrar de que, no caso da lua Europa, de Júpiter, a detecção de um campo magnético induzido implicava a existência de material condutor dentro da lua. De maneira similar, modelos detalhados de Titã feitos pelo cientista planetário Christian Béghin, da Universidade de Orleans, na França, e por seus colegas, mostraram que a detecção de ondas de rádio de baixa frequência implicavam a existência de uma camada condutora abaixo da superfície — cujas propriedades eram mais compatíveis com um oceano salgado. Além disso, ao traçar com grande precisão a órbita da *Cassini* entre 2006 e 2011, os pesquisadores conseguiram caracterizar e mapear o campo gravitacional de Titã com uma exatidão que lhes permitiu delinear sua estrutura interna. Em particular, ao medir as deformações sofridas pela lua como resultado das constantes mudanças da força de maré exercida por Saturno, eles mostraram que a lua não reagia como um corpo rígido, mas sim como um corpo que possui uma crosta fluida sob sua camada externa de gelo, o que mais uma vez implica a presença de um oceano de água líquida. Não se sabe ao certo a profundidade desse oceano nem a espessura da camada de gelo da superfície, porém estimativas do engenheiro aeroespacial Luciano Iess, membro da equipe da *Cassini*, e de seus colegas, revelam algo entre 80 e 95 quilômetros para ambas as medidas.

Titã oferece (pelo menos em princípio) a fascinante possibilidade de que dois tipos completamente diferentes de vida possam existir no mesmo objeto do sistema solar. Um deles é a vida como a conhecemos, no oceano subsuperficial de Titã. O outro, um tipo de vida ainda desconhecido para nós, que estaria nos lagos de metano/etano líquido na superfície de Titã. Titã, portanto, desafia nosso princípio de "seguir a água", inteiramente baseado em uma bioquímica derivada em grande parte das características da água e de soluções à base de água.

Devemos observar, no entanto, que as razões para nossa inclinação para acreditar na água como solvente para a vida não decorrem apenas de uma visão centrada na Terra — elas têm uma sólida base biológica, química e física. Primeiro, a molécula de água é polar, ou seja, possui pequenas cargas elétricas negativas e positivas nas extremidades do oxigênio e do hidrogênio, respectivamente. Solventes polares dissolvem moléculas polares, e muitos dos componentes básicos da vida (como a conhecemos) envolvem moléculas polares. O metano e o etano líquidos, por outro lado, são solventes bastante pobres. Eles são apolares e, embora possam dissolver outros compostos apolares, como o *acetileno* e outros hidrocarbonetos, não são nada úteis quando se trata dos componentes comuns da vida baseada em carbono. Segundo, a água desempenha um papel importante em uma variedade de processos vitais, que vão desde a garantia da estabilidade estrutural do DNA e das proteínas até o dobramento de proteínas. Terceiro, as células de toda a vida como a conhecemos são compostas principalmente de água.

Ainda assim, uma possibilidade empolgante (em princípio) é que Titã abrigue um tipo de vida completamente diferente, uma verdadeira *segunda gênese*. O astrobiólogo Chris McKay, do Centro de Pesquisas Ames, da Nasa, acreditava que esse tipo de vida fosse possível. Ele argumentava que os compostos orgânicos "livres" encontrados na atmosfera de Titã (por exemplo, o hidrocarboneto acetileno produzido fotoquimicamente) poderiam servir como fonte de energia química (sobretudo ao reagir com o hidrogênio para produzir metano e etano). No entanto, ainda resta saber se um líquido composto de metano e etano pode realmente substituir a água como solvente para as moléculas da vida.

Como explicamos, não há dúvida de que o metano líquido, com sua temperatura extremamente fria, deixa muito a desejar quando comparado à água. Portanto, não é de todo óbvio que possa haver química interessante ocorrendo em um ambiente como esse. Ainda assim, o cenário de McKay fez uma previsão intrigante, embora especulativa: se houvesse vida nos lagos de Titã e se essa vida realmente envolvesse o consumo de hidrogênio, seria esperado um esgotamento do hidrogênio na atmosfera próxima à superfície de Titã. Curiosamente, em 2010 o cientista planetário Darrell Strobel, da Universidade Johns Hopkins, descobriu que os dados da *Cassini* na verdade sugeriam que o hidrogênio molecular estava circulando pela atmosfera de Titã, com o hidrogênio essencialmente desaparecendo na superfície da lua.

Outro estudo, liderado por Roger Clark, do Serviço Geológico dos Estados Unidos, em Denver, mapeou hidrocarbonetos na superfície de Titã e constatou a ausência de acetileno — um resultado que, mais uma vez, é consistente com a sugestão especulativa de McKay. Ainda assim, a maioria dos pesquisadores, incluindo o próprio McKay, adverte que tanto os resultados do hidrogênio quanto do acetileno podem ter explicações não biológicas. Notadamente, estimativas da densidade de biomassa esperada (densidade de massa em organismos) em Titã, embora envolvessem muitas suposições incertas, sugerem que é improvável que a aparente diminuição do acetileno tenha se originado de processos envolvendo organismos vivos. Como observa Mark Allen, principal pesquisador da equipe de Titã do Instituto de Astrobiologia da Nasa: "O conservadorismo científico sugere que uma explicação biológica deve ser a última opção depois que todas as explicações não biológicas forem consideradas. (...) É mais provável que um processo químico, sem biologia, possa explicar esses resultados — por exemplo, reações envolvendo catalisadores minerais." Todavia, McKay enfatizou corretamente que até mesmo a descoberta de um catalisador não biológico que possa ser eficaz nas temperaturas gélidas de Titã seria, por si só, bastante notável.

Considerando as características únicas de Titã, não devemos nos surpreender ao saber que essa lua inspirou mais de uma especulação. Por exemplo, os cientistas planetários Ralph Lorenz, do Laboratório de Física Aplicada da Universidade Johns Hopkins, Jonathan Lunine, da Universidade Cornell, e Catherine Neish, da Universidade de Ontario Ocidental, propuseram que os lagos de Titã poderiam melhorar de maneira significativa sua capacidade como solventes caso contivessem até mesmo pequenas quantidades de cianeto de hidrogênio. Essa hipótese não pode ser excluída por observação, já que a abundância relativa de cianeto de hidrogênio não é capaz de ser determinada de maneira precisa com base nos dados atualmente disponíveis.

A questão é que, como o cianeto de hidrogênio é polar, os pesquisadores sugeriram que os lagos poderiam solvatar (formar um soluto de íons com solvente) até mesmo moléculas polares, como a água. Se essa ideia especulativa for confirmada (primeiro por meio de experimentos laboratoriais precisos), o argumento a favor de um potencial habitat para (alguma forma de) vida na superfície de Titã poderá se fortalecer. Devemos observar que o cianeto de hidrogênio definitivamente existe em Titã. Quando desceu pela atmosfera da lua, a sonda *Huygens* mediu indícios de gelo de cianeto de hidrogênio cerca de 95 quilômetros acima da superfície. Além disso, em 2014, Remco de Kok, cientista planetário da Universidade de Leiden, na Holanda, e sua equipe analisaram os dados coletados pelo espectrômetro infravermelho a bordo da missão *Cassini* e identificaram várias feições em uma nuvem acima do polo sul de Titã. Eles concluíram que tais características foram produzidas por gelo de cianeto de hidrogênio. Curiosamente, portanto, o cianeto de hidrogênio, que provavelmente foi crucial para o surgimento da vida na Terra, poderia, em tese, ser também um facilitador da vida em Titã.

Titã continua a oferecer um terreno fértil para especulações. Por exemplo, os químicos teóricos Martin Rahm e Hilda Sandström, da Universidade Técnica Chalmers, na Suécia, sugeriram que as membranas celulares — uma das principais características da vida como a conhecemos — podem ser totalmente desnecessárias para uma astrobiologia hipotética nas condições de Titã. Em vez disso, eles propuseram que as moléculas da vida simplesmente contariam com o ambiente congelado de Titã para mantê-las unidas. Essas moléculas, argumentaram eles, poderiam ficar presas a uma rocha, com nutrientes flutuando em sua direção, fornecendo-lhes um "almoço grátis".

Embora por enquanto todas essas ideias imaginativas permaneçam apenas na fronteira entre a ciência e a ficção científica (discutiremos mais possibilidades de vida diferentes da que conhecemos no Capítulo 10), a Nasa planeja enviar a Titã em 2026 a missão *Dragonfly*, uma sonda de pouso com asa rotativa. Espera-se que esse veículo multirrotor semelhante a um drone chegue a Titã em 2034, voe para dezenas de locais na superfície da lua e procure possíveis sinais de processos químicos prebióticos à base de água ou hidrocarbonetos.

 Sem dúvida, há outros objetos no sistema solar que supostamente poderiam sustentar a vida simples, apesar dos argumentos em defesa deles serem um pouco menos convincentes do que para os planetas e luas discutidos até agora. Além de Europa, as duas luas galileanas de Júpiter, Ganimedes e Calisto, muito provavelmente também contêm oceanos salgados subsuperficiais. Ganimedes, cujo diâmetro corresponde a cerca de 41% do diâmetro da Terra, possui inclusive um campo magnético intrínseco. No entanto, como o fundo desses oceanos parece ser composto de gelo comprimido sob alta pressão, em vez de rochosos com fontes hidrotermais, as chances da vida ter se desenvolvido ali devem ter sido menores. Ainda assim, se algum tipo de vida tivesse sido levada a esses oceanos por meio de impactos de asteroides, talvez sobrevivesse. A Agência Espacial Europeia desenvolveu uma missão batizada de *Jupiter Icy Moons Explorer* (*JUICE* na sigla em inglês), cujo objetivo é estudar Ganimedes, Calisto e Europa. O plano é que a sonda espacial entre em órbita ao redor de Ganimedes, a fim de determinar sua estrutura interna. A *JUICE* foi lançada com sucesso em 14 de abril de 2023, e está programada para chegar a Júpiter cerca de oito anos depois. Como parte dos preparativos finais antes do lançamento, foi colocada na sonda espacial uma placa comemorativa em homenagem a Galileu, o primeiro a observar e estudar as quatro maiores luas de Júpiter com seu telescópio.

 Há algumas evidências (embora mais limitadas) da possível existência de um oceano subsuperficial em uma das luas de Netuno, Tritão, e até mesmo sob o gelo da Sputnik Planitia, uma bacia preenchida com gelo de nitrogênio na superfície do planeta anão Plutão. Mimas, a pequena lua de Saturno, provavelmente também contém um oceano jovem sob sua crosta gelada. Da mesma forma, imagens do planeta anão Ceres (feitas em 2015 pela missão *Dawn*, da Nasa) sugerem atividade geológica. Quando combinadas com evidências adicionais de vapor d'água e a possível detecção de carbonatos na superfície de Ceres, o conjunto completo de dados sugere também a possibilidade de haver um oceano subsuperficial nesse planeta anão. Surpreendentemente, em 2024, uma equipe de pesquisadores encontrou evidências de atividade geotérmica inclusive nos planetas anões gelados Éris e Makemake, localizados no cinturão de Kuiper. O metano detectado na superfície pelo JWST possivelmente aponta para processos térmicos que o produzem no núcleo rochoso.

Todos esses objetos adicionais são muito interessantes do ponto de vista geológico propriamente dito e podem fornecer pistas importantes sobre a formação e a evolução do sistema solar, mas não os consideramos candidatos tão promissores para abrigar vida quanto Europa, Encélado e Titã. A conclusão é simples: algumas das luas de Júpiter e Saturno definitivamente devem ser exploradas a fundo. Até mesmo a não detecção de vida nos oceanos subsuperficiais desses objetos (ou nos lagos de metano em Titã) poderia fornecer informações importantes sobre o conceito de habitabilidade.

A descoberta de milhares de planetas extrassolares e sistemas planetários nas últimas três décadas encorajou os astrônomos a serem mais ambiciosos e a expandirem sua procura por vida para além do sistema solar — na galáxia da Via Láctea. A história dessa busca é o próximo passo da nossa jornada.

9. Vida no cosmos

A busca astronômica

> *Se eu deixar de procurar, então, ai de mim, estou perdido. É assim que encaro as coisas — continue, continue, aconteça o que acontecer.*
>
> Vincent Van Gogh, *The Letters of Vincent Van Gogh*

Se encontrássemos alguma forma de vida em Marte, em Vênus ou em uma das luas do sistema solar, esta seria, sem dúvida, uma descoberta extremamente empolgante. Contudo, a menos que essa vida realmente exiba uma linhagem completamente independente da vida na Terra — *uma verdadeira segunda gênese* —, sempre haverá a incômoda suspeita de que a vida em ambos os lugares veio da mesma fonte e que foi simplesmente transportada (em um processo chamado de *panspermia*) de um local para o outro (por exemplo, por meio do poderoso impacto de um asteroide). Consequentemente, não há dúvida de que encontrar vida em um planeta extrassolar (exoplaneta) em algum sistema planetário distante constituiria uma descoberta muito mais eletrizante, com implicações impactantes para muito além da ciência — que literalmente mudaria nossa percepção do nosso lugar no cosmos. Em um futuro próximo, entretanto, a menos que uma civilização tecnológica extraterrestre visite fisicamente a Terra — e ainda não há nenhuma evidência convincente de que isso tenha acontecido —, a descoberta de vida extrassolar só será viável de maneira remota, por meio do uso de uma variedade de telescópios espaciais e terrestres.

A primeira etapa precisa ser a detecção dos próprios exoplanetas. O principal problema que os astrônomos enfrentam ao tentar observar exoplanetas é que as estrelas em torno das quais eles orbitam geralmente são milhões, e ocasionalmente, até bilhões de vezes mais brilhantes do que os planetas em órbita. Por exemplo, uma estrela como o Sol é 1 bilhão de vezes mais brilhante do que algum planeta terrestre que a orbite. Qualquer luz refletida por um planeta como esse é completamente encoberta pela poderosa radiação proveniente da estrela hospedeira. Para superar esse problema, os astrônomos desenvolveram técnicas de observação engenhosas. Como estamos especificamente interessados na detecção de vida, não vamos discutir em detalhes todos os métodos de detecção de exoplanetas, mas faremos um breve resumo dos principais métodos que levaram à descoberta de planetas extrassolares e, em seguida, passaremos às técnicas que, esperamos, levarão à descoberta de sinais de vida — as *bioassinaturas*.

Detecção de exoplanetas

A maioria dos exoplanetas conhecidos atualmente foi descoberta por um dos dois métodos a seguir: *fotometria de trânsito* ou *velocidade radial*. A fotometria de trânsito se baseia no fato de que, visto da Terra, quando um planeta atravessa na frente de sua estrela hospedeira (um fenômeno chamado de "trânsito"), o fluxo observado da estrela diminui ligeiramente durante o trânsito, de modo geral em cerca de 1%. As medições de velocidade radial são baseadas na física de dois objetos gravitacionais que giram em torno de seu centro de massa. Na verdade, os planetas não orbitam uma estrela estacionária. Em vez disso, a estrela e seu planeta giram em torno de seu centro de massa comum, sendo mantidos juntos pela atração gravitacional. Isso significa que, a menos que vejamos de forma exata a órbita no polo, observaremos a estrela sendo ligeiramente empurrada (porque sua massa costuma ser muito maior do que a do planeta), mas de forma periódica, ora em direção à Terra, ora para longe dela, devido à atração gravitacional exercida sobre ela pelo planeta. A velocidade radial (ou seja, ao longo da linha de visão) desse movimento pode ser deduzida com base na mudança periódica nas linhas espectrais da estrela, devido a um efeito conhecido como *efeito Doppler* — as ondas de luz são comprimidas e, portanto, ligeiramente deslocadas para o azul quando a estrela está se movendo em nossa direção, e esticadas e deslocadas para o vermelho quando ela se afasta de nós. Obviamente, é mais fácil detectar planetas por meio de velocidades radiais quando a razão entre a massa do planeta e a da estrela é maior, pois a estrela é mais afetada pela atração gravitacional do planeta e, em consequência, os deslocamentos para o azul e para o vermelho são maiores.

Devemos observar que as velocidades radiais que os astrônomos medem são a projeção da velocidade real da estrela ao longo da linha de visão. Somente quando vemos a órbita de borda podemos medir o valor real da velocidade. Por conseguinte, quando aplicamos uma das leis do movimento planetário descobertas pelo astrônomo Johannes Kepler no século XVII, as medições da velocidade radial geralmente produzem apenas o valor *mínimo* que a massa do planeta pode ter. O método de velocidade radial pode determinar um valor muito próximo da massa exata para planetas *em trânsito*, já que só podemos ver os trânsitos quando observamos a órbita em um ângulo de quase 90 graus.

Até o lançamento do telescópio espacial Kepler, em 2009, o método da velocidade radial proporcionou o maior número de descobertas de exoplanetas. Desde então, entretanto, a maioria das detecções de exoplanetas foi obtida pelo método de trânsito. Até o fim de 2023, mais de 4 mil exoplanetas tinham sido descobertos usando o método de trânsito, em comparação com pouco mais de mil por meio de medições de velocidade radial. Formalmente, falamos de um *trânsito* quando um planeta passa na frente da estrela (quando visto da Terra) ou, em geral, quando o menor dos dois objetos passa na frente do outro. Quando o objeto maior passa na frente do menor, chamamos isso de *ocultação*. Obviamente, nem todos os planetas exibem trânsitos, uma vez que eles ocorrem apenas quando o plano da órbita se alinha perfeitamente do ponto de vista do observador.

A TERRA É EXCEPCIONAL?

É fácil demonstrar que, como a inclinação das órbitas planetárias em relação à nossa linha de visão deve ser distribuída de forma aleatória, a probabilidade de observar um trânsito em um sistema estrela-planeta é dada de maneira aproximada pela razão entre o raio da estrela e o raio da órbita planetária para órbitas circulares (ou o semieixo maior da órbita para órbitas elípticas). Como era de esperar, isso significa que os planetas próximos têm uma probabilidade maior de produzir trânsitos observáveis. Em média, para planetas em órbitas próximas, a probabilidade de um trânsito é de cerca de 10%, e essa probabilidade diminui quanto maior for a órbita. Por exemplo, para um planeta que orbita uma estrela semelhante ao Sol em uma órbita circular com diâmetro igual ao da órbita da Terra ao redor do Sol, a probabilidade de um trânsito é de menos de 0,5%. Consequentemente, as pesquisas em busca de exoplanetas em trânsito tiveram de examinar centenas de milhares de estrelas. Esse esforço gigantesco levou a milhares de detecções. Durante seus 9,6 anos em órbita, a missão *Kepler* descobriu mais de 2.660 exoplanetas, observando mais de meio milhão de estrelas.

A quantidade de escurecimento observada durante um trânsito é aproximadamente igual à fração de área da face estelar que está sendo bloqueada pelo planeta. Portanto, os astrônomos podem determinar o raio do exoplaneta a partir da redução observada no fluxo, já que em geral eles conhecem o raio da estrela a partir da luminosidade e da temperatura da superfície observadas. Como vimos anteriormente, no caso de exoplanetas em trânsito, a geometria sugere que as órbitas estão sendo observadas quase de lado. As medições de velocidade radial, portanto, fornecem a massa do planeta, e a massa e o raio juntos determinam a sua densidade média, uma vez que a densidade é igual à massa dividida pelo volume. O conhecimento da densidade é fundamental na busca por vida, pois permite a identificação de planetas semelhantes à Terra — a densidade média de planetas rochosos como a Terra ou Marte é maior do que a de gigantes gasosos como Júpiter ou Saturno. É interessante notar que as observações do sistema *TRAPPIST-1*, uma incrível coleção de sete planetas de tamanho próximo ao da Terra orbitando uma estrela anã vermelha a cerca de quarenta anos-luz de distância, mostraram que todos os sete planetas são rochosos e têm densidades muito semelhantes.

Uma desvantagem do método de trânsito é o risco de uma taxa relativamente alta de detecções falsas. Existem três fontes principais de potenciais falsas descobertas. Primeiro, há sistemas estelares binários eclipsantes nos quais a estrela eclipsante mal toca o limbo (borda externa) da outra estrela (quando vista da Terra), produzindo assim uma inclinação muito pequena, que imita um trânsito planetário. Segundo, há sistemas binários eclipsantes nos quais a presença coincidente de uma terceira estrela ao longo da linha de visão dá a impressão de uma profundidade de eclipse mais rasa (do que a real), mais uma vez semelhante a um trânsito planetário. Terceiro, as estrelas anãs brancas — os núcleos densos remanescentes de estrelas semelhantes ao Sol — têm aproximadamente o mesmo tamanho dos planetas (assim como as anãs marrons, objetos que não conseguiram iniciar reações nucleares de queima de hidrogênio em seu centro) e, portanto, dão origem a um escurecimento semelhante ao produzido por exoplanetas gigantes. Em todos esses casos, os astrônomos precisam usar dados observacionais adicionais para descartar as detecções falsas.

Outros métodos usados para identificar exoplanetas incluem, por exemplo, a *microlente gravitacional*, em que o campo gravitacional de uma estrela e de seu planeta ampliam a luz de uma estrela de fundo, produzindo uma curva de luz característica. Até o fim de 2023, mais de duzentos exoplanetas haviam sido descobertos dessa forma. Outro método é a *astrometria*, que consiste em observar com precisão mudanças mínimas na posição de uma estrela no céu, à medida que ela oscila ao redor do centro de massa devido à presença de um planeta, mas até agora apenas alguns planetas foram localizados através desse sistema. Um processo que, sem dúvida, vai ganhar mais destaque com os futuros telescópios é a *imagem direta*, em que os planetas são detectados por meio de sua própria emissão térmica. Com a tecnologia atual, até o fim de 2023 cerca de setenta exoplanetas haviam sido descobertos graças à imagem direta. Outro sistema interessante é a *cronometragem de pulsares* — anomalias na cronometragem dos pulsos de rádio observados em estrelas de nêutrons giratórias em torno das quais os planetas orbitam. Esse parâmetro foi usado para descobrir mais de meia dúzia desses planetas incomuns.

No entanto, como já enfatizamos, estamos interessados sobretudo em métodos que possam levar à detecção de sinais de vida, e a *imagem direta* provavelmente vai se tornar uma ferramenta poderosa com a próxima geração de grandes telescópios. Por exemplo, telescópios espaciais equipados com coronógrafos poderão barrar a luz da estrela central — da mesma forma que usamos a mão para proteger os olhos da luz solar intensa —, possibilitando a captura de imagens de planetas. Também há propostas de levar a um desses locais no espaço (entre a estrela observada e o telescópio espacial) um *starshade*, espécie de bloqueador gigante do Sol que impediria a luz ofuscante da estrela de entrar no telescópio.

Descobrir exoplanetas é apenas a primeira etapa. O objetivo principal é identificar quais exoplanetas são habitáveis ou, melhor ainda, se algum deles realmente abriga vida.

Exoplanetas habitáveis

A maioria dos astrônomos concorda que o critério mais simples para definir se um planeta pode ser considerado "habitável" é a capacidade de manter água líquida estável e duradoura em sua superfície rochosa. Em outras palavras, se pudéssemos detectar *diretamente* a presença de um corpo de água na superfície de um exoplaneta, esse planeta seria automaticamente considerado habitável. Essa detecção talvez se torne viável com a próxima geração de telescópios espaciais.

A ideia por trás das observações que foram propostas com esse objetivo baseia-se no fato de que, quando vistos de ângulos indiretos, os oceanos (e lagos) refletem a luz de forma diferente da terra firme, produzindo flashes de luz — um fenômeno conhecido como *glint*, ou reflexão especular. Talvez você se lembre de que esse tipo de brilho já foi observado em um lago na lua de Saturno Titã (embora esse lago contenha metano líquido e não água). Além disso, conforme o exoplaneta gira em torno do próprio eixo e, ao mesmo tempo, orbita sua estrela hospedeira, observaríamos diferentes partes da superfície, que seriam iluminadas em diferentes ângulos pela estrela (mais ou menos como as fases da Lua). Como os oceanos e os lagos são mais reflexivos do que a terra firme, usando planetas simulados e analisando cuidadosamente a luz percebida a partir deles, pesquisadores demonstraram que podem elaborar mapas da refletividade da superfície (uma propriedade conhecida como *albedo*) e, assim, descobrir se há a presença de oceanos. Comparando seus resultados simulados com observações reais à distância da Terra feitas pela missão *EPOXI*, da Nasa, cientistas da Universidade de Washington concluíram que os telescópios espaciais planejados para o futuro, com diâmetros superiores a 6 metros, poderiam medir os efeitos de brilho de um a dez exoplanetas que orbitam as estrelas mais próximas, semelhantes ao Sol ou menores, na zona habitável. Pesquisadores também desenvolveram ferramentas de análise de dados que poderiam detectar tanto a heterogeneidade terra-oceano quanto a variação da cobertura de nuvens, mapeando as superfícies planetárias por meio de observações de imagens diretas (mais uma vez, através de futuros telescópios).

Na ausência de observações diretas de oceanos (até o momento), os astrônomos dependem de outros métodos para determinar quais exoplanetas podem ser considerados habitáveis. O ideal é que esses métodos incluam determinações observacionais da temperatura e da pressão atmosféricas, junto com a detecção de vapor d'água na atmosfera. De forma mais grosseira, um exoplaneta rochoso (terrestre) pode ser considerado habitável se estiver na zona habitável estimada de sua estrela hospedeira. Devemos observar que astrobiólogos tentaram até mesmo identificar planetas "super-habitáveis", ou seja, sistemas estrela-exoplaneta que, teoricamente, poderiam permitir que os planetas fossem ainda mais adequados para a vida do que a nossa Terra. Neste capítulo, não estamos considerando a possibilidade de vida em luas que orbitam planetas gigantes extrassolares, uma vez que observações detalhadas dessas luas fora do sistema solar (*exoluas*) estão além da capacidade dos telescópios atuais. Na verdade, até hoje não há uma única exolua explicitamente confirmada, embora algumas candidatas tenham sido detectadas (por exemplo, em novembro de 2022, uma candidata a exolua foi relatada em torno do planeta Kepler-1513b). Também excluímos da consideração o potencial de vida em oceanos subsuperficiais de exoplanetas cobertos de gelo, porque é bastante improvável a detecção remota desse tipo de vida em um futuro próximo.

Há dois outros fatores que determinam se podemos esperar detectar vida em exoplanetas. Um deles é o tempo de vida teoricamente previsto da estrela central. Se a vida na Terra puder servir como uma referência rudimentar, então a estrela hospedeira (que é a principal fonte de energia para a vida) precisa viver por pelo menos alguns bilhões de anos para que bioassinaturas *detectáveis* tenham tempo de evoluir em um planeta em órbita. Por exemplo, uma alta concentração de oxigênio na atmosfera de um exoplaneta é considerada uma boa (embora não conclusiva) bioassinatura. Entretanto, a detecção de oxigênio biogênico requer duas coisas: primeiro, fotossíntese oxigenada e, segundo, tempo para que o oxigênio produzido oxide todo o ferro da superfície antes de começar a aumentar sua concentração. Além do mais, o enterramento de carbono reduzido (orgânico) pode ser necessário para que o oxigênio se acumule em altas concentrações. Estrelas de grande massa queimam seu combustível nuclear furiosamente. O resultado disso é que, quanto mais massiva for a estrela, mais curta será sua vida útil. Por exemplo, enquanto a vida útil do nosso Sol em sua fase estável de queima de hidrogênio é de cerca de 10 bilhões de anos, a vida útil de uma estrela com dez vezes a massa do Sol é de apenas 20 milhões de anos. Portanto, podemos esperar encontrar biosferas ativas somente em torno de estrelas menos massivas, com cerca de 1,5 massa solar.

Há um segundo elemento que pode determinar a habitabilidade, mesmo para planetas terrestres na zona habitável: ele está relacionado à questão de haver ou não um *limite inferior* para a massa que uma estrela pode ter e ainda assim ser capaz de hospedar um planeta que abrigue vida. Essa questão é particularmente importante porque as estrelas anãs M, com massas entre 0,08 e 0,5 da massa solar, representam cerca de 70% de todas as estrelas da Via Láctea (embora o brilho dessas estrelas seja tão tênue que, da Terra, nenhuma delas é visível a olho nu). Essas estrelas de baixa massa também são as que têm vida mais longa. Espera-se que uma estrela com metade da massa do Sol viva por quase 60 bilhões de anos, e uma estrela com um décimo da massa do Sol, por trilhões de anos. Portanto, essas estrelas podem oferecer, pelo menos em tese, maior período de tempo para o surgimento e a evolução da vida. Além disso, os astrônomos especulam que talvez até 80% das anãs M possam ter planetas em sua zona habitável.

No entanto, apesar das características aparentemente positivas em relação à possibilidade de vida, várias preocupações foram levantadas sobre a adequação das anãs M como hospedeiras de planetas portadores de vida. Eis apenas algumas dessas preocupações. Em primeiro lugar, as anãs M costumam apresentar intensa atividade de chamas — erupções de radiação que também desencadeiam ejeções de massa. As chamas aumentam tanto em frequência de ocorrência quanto em amplitude, conforme menor for a massa da estrela. Além disso, mesmo as estrelas anãs M, que são relativamente menos ativas, apresentam explosões e episódios de emissão significativa de raios X e raios ultravioleta durante mais ou menos o primeiro bilhão de anos de sua evolução. Os planetas expostos a esses eventos severos podem perder sua atmosfera, seus oceanos, ou ambos, e já estarem totalmente estéreis quando a estrela se estabilizar em sua longa fase de queima de hidrogênio (a chamada *sequência principal*). Em segundo lugar, como a zona habitável em torno das anãs M está muito mais próxima da estrela central (devido à baixa luminosidade dessas estrelas), é provável que os planetas sejam acoplados por maré, apresentando apenas uma face para sua estrela-mãe (assim como a nossa

A TERRA É EXCEPCIONAL?

Lua é acoplada por maré com a Terra e Encélado é acoplado por maré com Saturno). Isso poderia gerar uma enorme diferença de temperatura entre os lados do exoplaneta nos quais é permanentemente dia ou perpetuamente noite, com os gases do lado noturno congelados, enquanto o lado diurno vai ficando completamente seco.

Como resultado, os cientistas costumavam ser bastante céticos quanto à capacidade dos planetas acoplados por maré abrigarem uma biosfera. Se a vida existisse ali, argumentavam, teria de estar confinada à zona de penumbra estreita e eterna ao longo da linha que separa os dois lados.

As opiniões sobre a habitabilidade de planetas que orbitam anãs M começaram a mudar um pouco nos últimos anos. Primeiro, alguns pesquisadores sugeriram que campos magnéticos poderiam proteger os exoplanetas dos efeitos deletérios das erupções e evitar uma erosão significativa da atmosfera e dos oceanos, atenuando os efeitos dos ventos estelares. Segundo, simulações teóricas identificaram mecanismos atmosféricos que poderiam, no caso de atmosferas suficientemente densas, circular e distribuir o calor do lado diurno para o noturno. Por exemplo, ventos fortes poderiam ser esperados, com rajadas de gás quente soprando em altas altitudes em direção ao lado frio, e ventos frios soprando em baixas altitudes em direção ao lado voltado para a estrela. Além disso, modelagens feitas por um grupo de pesquisadores da Universidade de Exeter, no Reino Unido, mostraram que a poeira mineral transportada pelo ar poderia resfriar o lado diurno e aquecer o lado noturno de um planeta acoplado por maré, ampliando assim a área habitável. Esses pesquisadores também identificaram um mecanismo de retroalimentação plausível que poderia aumentar a quantidade de poeira na atmosfera e retardar a perda de água do lado diurno (em planetas na borda interna da zona habitável), mantendo dessa forma tais planetas habitáveis por períodos mais longos. Como resultado dessas e de outras ideias teóricas semelhantes, e talvez também por causa do efeito poste de luz — o fato de que muitos dos exoplanetas descobertos na zona habitável orbitam anãs M, e esses são os primeiros a serem estudados —, essa classe de objetos tornou-se o alvo principal na busca por vida extrassolar. Mais especificamente, a esperança é de que o telescópio espacial James Webb (JWST) possa responder pelo menos à importante questão sobre a existência ou não de uma atmosfera estável nos exoplanetas que orbitam as anãs M. Uma vez que os possíveis sinais de bioassinatura de planetas rochosos orbitando anãs M são muito fracos, até mesmo o JWST pode não conseguir nos dar muito mais informações. De acordo com o astrônomo Jacob Bean, da Universidade de Chicago: "Elas [observações com o JWST] podem ser suficientes para nos dizer que uma atmosfera está presente, mas a probabilidade de nos dizerem algo sobre bioassinaturas nesses exoplanetas rochosos... eu realmente não acho que isso vá acontecer."

Surpresas sempre são possíveis, e alguns astrônomos são um pouco mais otimistas. A astrofísica Sara Seager, do MIT, por exemplo, espera que o JWST consiga determinar se alguns dos exoplanetas na zona habitável em torno de anãs M têm vapor d'água em sua atmosfera (o que, por sua vez, pode implicar a existência de água líquida na superfície). O que quer que o JWST descubra, não há dúvida de que esse potente telescópio não apenas vai lançar mais luz sobre a enorme diversidade de exoplanetas, mas também nos dará um primeiro vislumbre da atmosfera de planetas potencialmente habitáveis (ou, pelo menos, nos dirá se tais atmosferas estão presentes).

Prova de vida

Suponhamos que encontremos um planeta semelhante à Terra na zona habitável de uma estrela semelhante ao Sol ou de uma anã M. Como vamos saber se ele abriga vida ou não? Além de uma longa lista de dificuldades técnicas envolvidas nas tentativas de detectar vida (que vamos descrever em breve), há também obstáculos relacionados à própria evolução da vida. Por exemplo, basta dizer que alguém que tivesse observado a Terra com telescópios semelhantes aos que possuímos hoje, há 3 bilhões de anos, provavelmente não teria identificado nenhum sinal de vida, embora a vida na Terra tenha surgido há mais de 3,5 bilhões de anos. A questão é que é impossível detectar qualquer bioassinatura inequívoca antes da vida ter tido tempo suficiente para modificar os ambientes atmosféricos e superficial do planeta a ponto dessas mudanças serem claramente discerníveis por meio de observações telescópicas. Esse impacto significativo da vida sobre seu habitat faz parte do que foi chamado de "construção de nicho". Para deixar claro, quando falamos de bioassinaturas em exoplanetas, estamos nos referindo a qualquer característica, substância ou vestígio que possa ser usado como evidência de vida passada ou presente. Por sua própria natureza, quaisquer assinaturas detectadas por meio de sensoriamento remoto que não sejam a detecção clara de uma espécie inteligente e tecnológica (tecnoassinaturas) provavelmente serão apenas *sugestivas* da presença de vida.

Já mencionamos um dos melhores exemplos de construção de nicho ecológico na Terra: o enriquecimento da atmosfera terrestre com oxigênio, por meio do processo de fotossíntese oxigenada realizada por organismos minúsculos conhecidos como cianobactérias (ou algas verde-azuladas). Notavelmente, até há cerca de 2,4 bilhões de anos, não havia uma quantidade significativa de oxigênio na atmosfera da Terra. Por volta dessa época, a concentração de oxigênio aumentou em várias ordens de magnitude durante um período de tempo relativamente curto — um episódio conhecido como o "Grande Evento de Oxigenação". Um importante aumento subsequente, que elevou a concentração de oxigênio aos níveis modernos, só ocorreu entre 750 e 460 milhões de anos atrás. Na verdade, o surgimento e a diversificação de formas de vida grandes e multicelulares na Terra talvez tenham tido que aguardar esse segundo aumento de oxigênio, tanto nos oceanos quanto na atmosfera terrestre.

Outro exemplo, um tanto mais perturbador, dos efeitos que a vida pode ter sobre o ambiente planetário é o que a maioria dos cientistas acredita ser a mudança climática induzida pela atividade humana que estamos vivenciando atualmente na Terra, o declínio da biodiversidade e o aumento da acidificação dos oceanos associados a ela. Ao que parece, pela primeira vez nos 4,5 bilhões de anos de existência do nosso planeta, os seres humanos podem ser capazes de determinar o futuro da biosfera terrestre. Para associar alguns números aos efeitos sobre a acidificação e a biodiversidade, a acidez dos oceanos aumentou cerca de 30% nos meros 250 anos decorridos desde o início da Revolução Industrial, devido ao aumento do dióxido de carbono atmosférico. Biodiversidade é a variedade de vida na Terra em todas as suas formas, compreendendo o número de espécies, sua variação genética e sua interação dentro de ecossistemas complexos. Em um relatório das Nações Unidas publicado em 2019, cientistas alertaram que até 1 milhão de espécies (de um total estimado de 8,7 milhões) estão ameaçadas de extinção.

Um dos muitos desafios importantes na detecção de vida em planetas extrassolares é a eliminação de "falsos positivos" — aparentes bioassinaturas que na verdade são geradas por processos que não envolvem vida (*abióticos*). Já encontramos esse tipo de dificuldade nas alegadas descobertas de vida em Marte e Vênus, mas o problema é obviamente muito mais acentuado quando se lida com dados telescópicos relativamente limitados, obtidos por meio da observação de exoplanetas distantes. Como consequência, em vez de revisarmos todas as possíveis bioassinaturas e todo o conjunto de técnicas observacionais que foram consideradas, vamos nos concentrar nas poucas que, em nossa opinião, oferecem as melhores chances de levar a uma descoberta bem-sucedida de vida extrassolar (supondo que ela exista) em um futuro relativamente próximo.

A ideia de que seria possível descobrir vida em outros planetas por meio da detecção de bioassinaturas gasosas não é nova. Já em 1965, James Lovelock, o criador da "hipótese de Gaia", que propôs que os organismos vivos formam um sistema sinérgico com seu ambiente inorgânico, publicou um artigo intitulado "A Physical Basis for Life Detection Experiments" [Um fundamento físico para experimentos de detecção de vida]. Nesse artigo, Lovelock identificou de forma presciente os gases que estão em desequilíbrio químico com o restante da atmosfera como um dos sinais da existência de vida. Ele escreveu: "Procure na atmosfera do planeta a presença de compostos incompatíveis a longo prazo. Por exemplo, oxigênio e hidrocarbonetos coexistem na atmosfera da Terra." O biólogo molecular e pesquisador de inteligência artificial Joshua Lederberg também publicou no mesmo ano um artigo sobre possíveis maneiras de detectar bioassinaturas, com ênfase especial em Marte.

O conceito por trás da busca específica por bioassinaturas gasosas é simples. O metabolismo é uma das características da vida e produz subprodutos capazes de se acumular na atmosfera com o tempo. Se conseguirmos encontrar uma maneira de detectar esses gases nas atmosferas de exoplanetas, então esses planetas poderiam, pelo menos em princípio, abrigar vida.

Teoricamente, identificar os tipos de gases que poderiam indicar a presença de vida é simples: gases que não podem ser produzidos por meio de reações químicas puramente abióticas ou gases que não podem permanecer em equilíbrio termoquímico na atmosfera por longos períodos de tempo. No segundo caso, se esses gases forem identificados na atmosfera de um exoplaneta, isso significa que eles estão sendo produzidos de forma contínua e em grande quantidade, e a fonte mais provável que conhecemos atualmente é a própria vida.

Para determinar quais gases específicos procurar, os cientistas planetários, os cientistas atmosféricos e os astrofísicos adotaram duas estratégias distintas, mas complementares. Primeiro, como a própria Terra abriga vida, eles a trataram como se fosse um exoplaneta e examinaram em detalhes os espectros da atmosfera terrestre. Isso foi conseguido, por um lado, por meio de sondas espaciais que se voltaram para investigar a Terra de longe (por exemplo, a missão *EPOXI* observou o nosso planeta por vários meses, a uma distância de 50 milhões de quilômetros) e, por outro, analisando a *luz cinérea* — o brilho que clareia a parte apagada da Lua devido à reflexão da luz do Sol na superfície iluminada da Terra.

Como segundo plano de ação, os pesquisadores realizaram milhares de simulações computadorizadas de modelos de atmosferas exoplanetárias, por meio das quais examinaram e acompanharam detalhadamente a evolução da química atmosférica, para uma ampla gama de composições e tipos de estrelas hospedeiras. Naturalmente, os cientistas tentaram garantir que a rede de reações incluísse tanto os principais processos que gerariam moléculas rastreáveis na atmosfera quanto aqueles que poderiam destruir e remover essas moléculas.

Com base em todos esses intensos esforços de pesquisa, os pesquisadores chegaram a uma lista dos melhores gases candidatos a bioassinatura. A lista é bastante curta — inclui *oxigênio molecular*, *ozônio* e *óxido nitroso*, com *água* e *metano* desempenhando papéis de apoio importantes.

O mais amplamente estudado entre esses gases de bioassinatura é o oxigênio molecular (composto por dois átomos de oxigênio) e, em menor escala, seu parente próximo, o ozônio (composto por três átomos de oxigênio). O fato do oxigênio estar no topo da lista de sinais de vida não surpreende. Primeiro, na Terra, o oxigênio foi produzido quase exclusivamente como subproduto metabólico por bactérias e plantas fotossintéticas. Segundo, o oxigênio tornou-se um componente dominante na atmosfera terrestre (21% em número de moléculas). Na verdade, a concentração de oxigênio na atmosfera da Terra é cerca de 100 milhões de vezes maior do que a prevista pela química de equilíbrio puro (abiótico). Terceiro, e muito importante para a busca por vida, o oxigênio apresenta assinaturas espectrais que, em princípio, são detectáveis remotamente. Por exemplo, o oxigênio molecular produz uma banda relativamente forte na luz refletida que está na parte visual infravermelha próxima do espectro, com um comprimento de onda de 0,76 mícron (um mícron é um milionésimo de metro, cerca de 0,00004 polegada). Essa faixa espectral ainda tem a vantagem de não se sobrepor a feições de outros gases comuns. Por fim, uma razão adicional que torna o oxigênio uma bioassinatura muito promissora é o fato das simulações terem mostrado que, em planetas semelhantes à Terra — que giram especificamente em torno de estrelas semelhantes ao Sol —, não se espera que o oxigênio se acumule de maneira considerável a partir de processos que não envolvam a vida (como processos geológicos ou fotoquímicos em que a luz dissocia moléculas de água ou dióxido de carbono, liberando oxigênio). Em outras palavras, se detectássemos em tal exoplaneta uma alta concentração de oxigênio (digamos, no nível de 20%), isso constituiria um sinal muito encorajador da existência de vida. Devemos advertir, porém, que vários estudos que simularam a química atmosférica de mundos alienígenas em potencial mostraram que o oxigênio abiótico poderia se acumular em planetas girando em torno de outros tipos de estrelas (em particular, estrelas anãs M). Por exemplo, em exoplanetas com taxas muito altas de evaporação oceânica devido a um efeito estufa descontrolado, o vapor d'água poderia entrar na estratosfera do exoplaneta, onde seria dissociado pela radiação da estrela central (com o hidrogênio sendo perdido no espaço), resultando em uma concentração de oxigênio relativamente alta.

Outro mecanismo abiótico identificado como capaz de gerar acúmulos de oxigênio molecular semelhantes aos da Terra é a divisão da água líquida na própria superfície do planeta, por meio da ação do óxido de titânio como catalisador. Portanto, estudos atmosféricos detalhados destacam corretamente o perigo de "falsos positivos", o que significa que a detecção de oxigênio molecular *por si só* (ou de ozônio, como veremos adiante) não pode ser considerada uma evidência definitiva de vida. Ao mesmo tempo, a produção abiótica de oxigênio molecular ou ozônio deixaria para trás outras pistas que poderiam identificá-la como um processo não biológico. Por exemplo, se o oxigênio for realmente liberado por meio da divisão das moléculas de vapor d'água, isso resultaria numa escassez suspeita de vapor d'água.

Como já mencionamos, a oscilação termoquímica é outro sinal sugestivo de vida. Um estudo com o objetivo de investigar qual desequilíbrio específico na atmosfera da Terra seria o mais extremo — em termos de potência (taxa de entrada de energia) necessária para gerar esse estado fora de equilíbrio — identificou a coexistência simultânea de grandes concentrações de oxigênio molecular, nitrogênio molecular e água líquida como o indicador mais instável. Sem a ação de organismos vivos, o oxigênio, o nitrogênio e a água teriam participado de uma série de reações cujo resultado de equilíbrio seria a produção de nitratos (sais contendo um grupo composto por um átomo de nitrogênio e três átomos de oxigênio) nos oceanos. Consequentemente, um exoplaneta no qual esses três componentes sejam identificados (água líquida e altas concentrações de oxigênio e nitrogênio) será um forte candidato a abrigar vida. Em tese, essas detecções seriam viáveis com a próxima geração de telescópios. Oceanos poderiam ser revelados por meio do efeito da reflexão especular, o oxigênio molecular por meio de suas feições de absorção na luz infravermelha próxima, e o nitrogênio molecular por uma feição de absorção em um comprimento de onda de 4,1 mícrons, resultante das colisões entre as moléculas de nitrogênio. Devemos enfatizar, no entanto, que o fato dessa combinação de assinaturas ser potencialmente detectável não implica que ela seja fácil ou iminente. Em vez disso, representa apenas um desafio válido para um futuro relativamente próximo.

O ozônio é outra bioassinatura promissora. Ele é produzido na estratosfera do nosso planeta por reações fotoquímicas em que a radiação ultravioleta do Sol divide o oxigênio molecular, e o oxigênio atômico resultante se combina com o oxigênio molecular para formar a molécula de três átomos do ozônio (em geral com a ajuda de uma molécula de nitrogênio que absorve energia). O que torna o ozônio um gás de bioassinatura atraente por si só (além do oxigênio molecular ser necessário para a formação do ozônio) é o fato de que sua assinatura espectral, ao absorver energia, surge nas partes ultravioleta e infravermelha média do espectro, e portanto não se sobrepõe às faixas proeminentes do oxigênio molecular.

Outro bom candidato a gás de bioassinatura (pelo menos para a vida como a conhecemos) é o óxido nitroso, que é composto de dois átomos de nitrogênio e um de oxigênio. Na Terra moderna, esse gás costuma ser produzido através de reações microbianas. Pouquíssimas fontes não biológicas produzem óxido nitroso (embora os raios o façam), e essas fontes em geral produzem apenas concentrações muito pequenas. Embora a luz ultravioleta possa criar mais óxido nitroso em exoplanetas que giram em torno de estrelas magneticamente muito ativas, seria possível (pelo menos teoricamente) distinguir essa produção da biológica, já que seria esperada uma presença abundante de outros compostos associados e detectáveis (como o óxido de nitrogênio).

Frequentemente o metano também é considerado e discutido no contexto da busca por vida (como já vimos no caso das observações e dos experimentos em Marte). Trata-se da molécula contendo carbono mais estável (de uma perspectiva termodinâmica) em atmosferas redutoras (por exemplo, aquelas dominadas por hidrogênio). Devemos lembrar, porém, que além de ser produzido por organismos unicelulares (metanogênicos), o metano também pode resultar de uma variedade de processos não biológicos, como no caso da lua de Saturno Titã, onde é abundante. Mas o metano ainda é muito útil, pois se o encontrarmos junto com oxigênio ou ozônio (ou junto com outros gases oxidantes), teremos uma evidência bastante forte de vida.

A razão pela qual a presença simultânea de moléculas de metano e oxigênio é uma assinatura bastante confiável de atividade biológica é que o metano não dura muito tempo em uma atmosfera que contenha moléculas de oxigênio — não mais do que a existência simultânea e no mesmo local de um grupo repleto de estudantes e grandes quantidades de biscoito Oreo se sustentariam. Em vez disso, o metano e o oxigênio molecular se oxidam rapidamente em dióxido de carbono e água. Isso significa que, se ambos forem observados ao mesmo tempo, o metano terá de ser continuamente reposto, e a maneira mais fácil de restaurar o metano na presença de oxigênio é por meio de processos vitais. O oposto também é verdadeiro. Para manter o oxigênio em uma atmosfera repleta de metano, é preciso trazer constantemente o oxigênio de volta, o que é alcançado com mais eficiência por meio de reações que envolvam a vida. A presença simultânea de dióxido de carbono (que em geral implica uma atmosfera de neutra a oxidante) e metano também indicaria a possibilidade de vida, já que o metano teria de ser produzido por meio de processos biológicos ou de reações entre rochas e água — sugerindo indiretamente pelo menos a existência de água líquida na superfície do planeta.

Como discutimos em capítulos anteriores, grandes impactos de asteroides podem produzir uma atmosfera redutora transitória do tipo Miller-Urey. Essa atmosfera transitória duraria até milhões de anos, dependendo do tamanho do objeto causador do impacto. A detecção de tais atmosferas seria extremamente empolgante do ponto de vista da química prebiótica, embora essas atmosferas redutoras possam fornecer sinais confusos com relação à detecção de vida.

No entanto, diferentemente do caso de Marte, onde um rover estava se deslocando pela superfície marciana ao mesmo tempo que uma sonda orbitava o planeta, identificar metano em exoplanetas, mesmo isolados, não é fácil. Sua banda espectral mais forte na luz infravermelha está centrada entre 7 e 8 mícrons, onde se sobrepõe às feições espectrais tanto do óxido nitroso quanto da água. Assim, uma detecção convincente de metano em exoplanetas exigirá telescópios com alta resolução espectral. Além dessa dificuldade, a história da atmosfera da Terra sugere que a detecção simultânea de oxigênio e metano pode ser uma quimera. Na Terra atual, a concentração de metano é tão baixa (cerca de 1,6 parte por milhão) que sua assinatura espectral seria indistinguível. Por outro lado, na Terra primitiva (por exemplo, durante o período *Arqueano*, entre 2,5 bilhões e 4 bilhões de anos atrás), quando o nível de metano poderia ter sido mais alto, o oxigênio estava totalmente ausente. O melhor indicador para possíveis formas de vida durante o Arqueano provavelmente teria sido a detecção simultânea de dióxido de carbono e metano (talvez acompanhados de água líquida e nitrogênio).

Por fim, devemos mencionar a interessante possibilidade de que a fotoquímica envolvendo altas concentrações de metano possa formar uma *névoa orgânica* plausivelmente verificável, semelhante à névoa laranja que observamos na lua de Saturno Titã. Essa névoa absorve a luz ultravioleta, produzindo uma feição distinta na luz refletida observada. Embora a presença de uma névoa orgânica, por si só, certamente não implique a existência de vida, ela ainda assim pode ser um indicativo de exoplanetas potencialmente habitáveis que merecem ser examinados mais a fundo. De fato, as névoas também são capazes de se formar após grandes impactos, com os estados atmosféricos transitórios de não equilíbrio resultantes.

Devido ao risco de falsos positivos, nenhuma bioassinatura gasosa isolada pode ser considerada evidência definitiva de vida. Portanto, os astrônomos consideraram alguns outros gases, além dos candidatos mais promissores, que teriam potencial de ser ao menos sugestivos da existência de vida. Exemplos dessa categoria incluem gases que contêm enxofre. Esses gases são de importância secundária como bioassinaturas, pois, embora seja verdade que o metabolismo produz diretamente gases contendo enxofre, como o sulfeto de hidrogênio e o dióxido de enxofre, processos vulcânicos e hidrotérmicos criam esses gases específicos em quantidade muito maior. Talvez alguns gases menos importantes que contêm enxofre sejam mais interessantes no contexto das bioassinaturas. Estudos demonstraram que a radiação ultravioleta de certos tipos de estrela poderia catalisar a produção abundante de etano a partir de compostos organossulfurados mais complexos (como o *sulfeto de dimetila* [DMS] e o *dissulfeto de dimetila*). Uma assinatura de etano anormalmente alta poderia, portanto, sugerir uma biosfera rica em enxofre. Além disso, como o etano tem feições espectrais bastante fortes na luz infravermelha média, sua detecção é definitivamente viável. Como veremos mais adiante neste capítulo, uma possível constatação promissora (mas até agora não confirmada) de sulfeto de dimetila em um exoplaneta foi relatada em setembro de 2023. Na Terra, a maior parte do DMS na atmosfera é emitida pelo fitoplâncton em ambientes marinhos (mas ainda há muito a explorar em se tratando das formas abióticas de produzi-lo).

Os pesquisadores também examinaram o gás *cloreto de metila*, que contém cloro. Esse gás costuma ser criado por uma variedade de plantas e algas e por matéria orgânica em decomposição. Entretanto, ele também pode ser gerado por processos abióticos, como o vulcanismo. A principal característica que talvez torne o cloreto de metila menos atraente é o fato de que, na maioria dos casos, não sobreviva por muito tempo na atmosfera de um exoplaneta — ele reage fortemente com o hidróxido (o componente da água que consiste em um átomo de hidrogênio ligado a um átomo de oxigênio). Os únicos lugares onde talvez se possa esperar encontrar cloreto de metila são as atmosferas de planetas que orbitam pequenas estrelas anãs vermelhas (anãs M) que também não apresentam atividade de erupção (e, consequentemente, não ocorre fotodissociação da água).

A vida também pode alterar um ambiente planetário de outras formas além da produção de bioassinaturas gasosas na atmosfera. Por exemplo, ela pode alterar as propriedades de reflexão e absorção da superfície do planeta e também poderia produzir variações sazonais ou outras variações dependentes do tempo no espectro observado de um planeta. Na seção a seguir, discutiremos brevemente algumas dessas possíveis assinaturas *superficiais* da vida.

Vida no limite

A bioassinatura de superfície conhecida como Borda Vermelha da Vegetação (na sigla em inglês VRE) é causada pela vegetação e foi a que atraiu mais atenção. A VRE representa o fato de que há uma mudança muito acentuada na refletância da vegetação na parte do infravermelho próximo do espectro. A clorofila das plantas absorve a maior parte da luz visível (por exemplo, a luz azul e a luz vermelha na faixa de comprimento de onda de 0,66 a 0,7 mícron), mas as plantas dispersam e refletem a luz no infravermelho próximo (na faixa de 0,75 a 1,1 mícron). Consequentemente, a refletância da vegetação pode aumentar de forma um tanto abrupta, de cerca de 5% em um comprimento de onda de 0,68 mícron (luz vermelha visível) para cerca de 50% em 0,76 mícron (luz infravermelha próxima). A propósito, essa é a razão pela qual a folhagem aparece muito brilhante em fotografias infravermelhas e por que a VRE é usada com frequência por satélites de observação da Terra para avaliar as condições das florestas e da vegetação.

Estimativas indicam que a detecção da VRE em exoplanetas semelhantes à Terra ainda será extremamente desafiadora, pois mesmo para telescópios com um poder de resolução relativamente alto, seria necessário que o exoplaneta não apenas tivesse uma fração significativa de sua superfície coberta por plantas, mas também que não houvesse nuvens sobre as áreas com vegetação durante uma parte considerável do dia (em média). Essa última condição pode não ser fácil de satisfazer, pois, pelo menos no caso da Terra, os dados de satélites geoestacionários sugerem que há um forte aumento na cobertura de nuvens sobre grandes regiões de florestas.

Embora a VRE seja definitivamente uma bioassinatura genuína (já que não se conhece nenhuma fonte abiótica de falsos positivos), o fato de se basear especificamente nas propriedades da vegetação da Terra torna sua aplicabilidade a exoplanetas um tanto incerta. É possível, por exemplo, que outras substâncias diferentes da clorofila produzam "bordas" ou outros tipos de assinatura em comprimentos de onda diferentes (outras feições de borda também podem ser mais suscetíveis a falsos positivos).

Pesquisadores até examinaram a *quiralidade* como uma possível bioassinatura de superfície — o fato das moléculas da vida serem assimétricas em relação a sua imagem espelhada. Por exemplo, embora a maioria dos aminoácidos possa existir tanto na forma levogira (para a esquerda) quanto na forma dextrogira (para a direita), a vida na Terra é feita apenas de aminoácidos levogiros. Supondo que essa preferência pela esquerda seja característica da maior parte da vida no universo, a detecção da quiralidade poderia revelar a presença abundante de organismos vivos na superfície de um planeta. Entretanto, essa é uma tarefa bastante difícil. Talvez possa ser feita por meio da *espectroscopia de polarização*. A luz consiste em campos elétricos e magnéticos oscilantes, sendo que os dois campos são sempre perpendiculares entre si. Por convenção, a "polarização" da luz se refere à direção do campo elétrico. Quando os campos oscilam em uma única direção, chamamos isso de polarização linear. Na polarização circular, os campos giram a uma taxa constante em um plano (seja para a direita, seja para a esquerda) à medida que a onda se propaga. A absorção de pigmentos pode produzir um nível de polarização linear — por exemplo, ela foi detectada na luz cinérea, o brilho da Terra refletido na Lua. A polarização linear é relativamente alta na luz visível e baixa no infravermelho próximo, o oposto da refletividade da Borda Vermelha da Vegetação, mas a dispersão por poeira pode produzir efeitos semelhantes, o que gera o risco de falsos positivos. A polarização circular pode, por um lado, fornecer uma assinatura mais confiável da ação óptica dos aminoácidos, mas, por outro, o sinal esperado é muito fraco e, portanto, provavelmente impossível de identificar.

Além das bioassinaturas de superfície e de estabilidade gasosa, os astrônomos também consideraram a possibilidade de bioassinaturas *variáveis no tempo*. Isso inclui, por exemplo, mudanças na concentração de gases, como dióxido de carbono, oxigênio molecular e metano, e variações na refletividade (albedo) da superfície planetária. Na Terra, essas modulações costumam ser observadas sobretudo como resultado da mudança das estações e da variabilidade associada à vegetação. Entretanto, como as variações esperadas são, na melhor das hipóteses, da ordem de poucos por cento (e também suscetíveis a falsos positivos), a detecção confiável dessas bioassinaturas temporais parece estar atualmente além dos recursos até mesmo da próxima geração de telescópios.

Por sua própria natureza, sabemos que toda essa discussão sobre bioassinaturas teve de ser um tanto técnica. No entanto, o panorama geral que emerge é bastante simples e extremamente empolgante: ou estamos prestes a descobrir vida extrassolar ou, pelo menos, em breve poderemos estabelecer algumas restrições significativas sobre a raridade da vida extraterrestre (no caso de não detecção). Quase não resta dúvida de que os primeiros sinais de vida simples a serem detectados em exoplanetas provavelmente estarão na forma de bioassinatura gasosa. Esses gases podem indicar um estado de desequilíbrio na atmosfera de um exoplaneta ou podem ser produzidos em uma biosfera que tenha experimentado a fotossíntese. Os astrônomos perceberam que a detecção de uma alta concentração de oxigênio molecular (possivelmente por meio da descoberta de ozônio) provavelmente seria o sinal mais promissor nesse sentido. Até recentemente, porém, os pesquisadores achavam que o telescópio espacial James Webb não seria capaz de detectar oxigênio. O motivo era simples. O JWST não foi originalmente projetado para escanear planetas distantes em busca de suas concentrações de oxigênio ou, na verdade, nem mesmo para procurar os exoplanetas com maior probabilidade de serem habitáveis. Em vez disso, seu objetivo original era fazer uma busca profunda no cosmos, mais longe do que o telescópio espacial Hubble, e nos mostrar as primeiras galáxias que se formaram no universo. Com sua visão exclusivamente infravermelha, o JWST deveria ser cego às feições espectrais mais proeminentes do oxigênio. Mas os astrônomos são bastante engenhosos e estão acostumados a nunca desistir quando se trata de aproveitar a disponibilidade de um telescópio tão notável. Assim, como primeiro passo, uma equipe de pesquisadores liderada pelo astrobiólogo Joshua Krissansen-Totton, da Universidade de Washington, produziu em 2018 um resultado teórico empolgante. Eles usaram simulações de computador para mostrar que o par de bioassinaturas de desequilíbrio metano e dióxido de carbono é plausivelmente detectável pelo JWST. Especificamente, descobriram que o JWST deve ser capaz de detectar dióxido de carbono e, ao mesmo tempo, restringir a abundância de metano suficientemente bem, de modo a descartar cenários conhecidos de produção não biológica de metano (com um nível de confiança de cerca de 90%).

Especialmente animador nesse aspecto foi o fato de que o JWST talvez possa realizar essa façanha em observações da atmosfera do exoplaneta em zona habitável mais comentado — o TRAPPIST-1e — que orbita a zona habitável de uma anã vermelha com uma massa de cerca de 9% da massa do Sol. O TRAPPIST-1e é semelhante à Terra em massa e raio, na temperatura de superfície e no fluxo estelar que recebe de sua estrela hospedeira. Isso automaticamente fez dele um dos exoplanetas mais dignos de ser estudado no que diz respeito ao potencial de habitabilidade. Outro sistema que recebe muita atenção é o TOI-700, que tem dois planetas do tamanho da Terra (TOI-700d e TOI-700e) orbitando sua estrela hospedeira na zona habitável.

Os astrônomos também não desistiram totalmente da detecção de oxigênio. Em 2020, um grupo de astrônomos liderado por Thomas Fauchez, do Centro de Voos Espaciais Goddard, da Nasa, mostrou que o JWST poderia detectar uma feição de oxigênio em 6,4 mícrons, feição essa que até então não havia sido amplamente explorada no estudo de exoplanetas. Fauchez e seus colaboradores mostraram que, quando moléculas de oxigênio na atmosfera de exoplanetas em órbita colidem (entre si ou com outras moléculas de gás), essas moléculas de oxigênio podem absorver luz infravermelha nesse comprimento de onda específico, criando uma forte feição de absorção no espectro, detectável (teoricamente) em exoplanetas relativamente próximos. Se o JWST de fato identificar uma atmosfera rica em oxigênio em algum exoplaneta, essa será uma descoberta extremamente encorajadora, embora a presença de uma única bioassinatura gasosa não possa ser considerada prova explícita de vida.

O JWST já demonstrou suas capacidades promissoras em relação à determinação da composição da atmosfera de um exoplaneta. Os espectros de transmissão de alta fidelidade obtidos pelo JWST em 2022 do gigante WASP-39b encontraram dióxido de carbono pela primeira vez em um exoplaneta. Entretanto, definitivamente não se espera que o

WASP-39b abrigue vida. Ele é um gigante gasoso (com uma massa de cerca de 0,28 da massa de Júpiter), orbitando muito próximo de sua estrela hospedeira (com um período orbital de apenas quatro dias), o que o torna extremamente quente (sua temperatura é de cerca de 900ºC). Portanto, ele pertence a uma classe conhecida como "Júpiteres quentes".

De forma ainda mais impressionante, em setembro de 2023, uma equipe liderada por Nikku Madhusudhan, da Universidade de Cambridge, usou o JWST para detectar metano e dióxido de carbono na atmosfera do exoplaneta sub-Netuno K2-18b (com um raio de cerca de 2,6 vezes o da Terra e uma massa de cerca de 8,6 massas terrestres). O metano e o dióxido de carbono aparentemente abundantes (ambos em um nível de cerca de 1%), combinados com a não detecção de amônia, são consistentes ao menos com alguns modelos que sugerem a presença de um oceano na superfície sob a uma atmosfera rica em hidrogênio (com o oceano agindo como um reservatório para a amônia, basicamente sugando-a da atmosfera). Não é provável que o metano em si seja produzido por alguma forma de vida, pois em atmosferas ricas em hidrogênio ele pode ser facilmente formado por meio de reações fotoquímicas entre carbono e hidrogênio.

Planetas do tipo do K2-18b foram apelidados de planetas hiceanos (uma junção de hidrogênio e oceano). O mais intrigante é que os pesquisadores também encontraram sinais potenciais de sulfeto de dimetila (DMS), embora, no momento em que este texto foi escrito, não com uma significância estatística convincente. Se isso for confirmado, esse poderia ser o primeiro possível sinal de vida extraterrestre, já que o DMS é considerado um biomarcador em mundos hiceanos. Como mencionamos anteriormente neste capítulo, na Terra o DMS é produzido, por exemplo, por microalgas marinhas. No entanto, devemos observar que, em um estudo publicado em janeiro de 2024, uma equipe de pesquisadores liderada por Nicholas Wogan, do Centro de Pesquisa Ames, da Nasa, sugeriu que as observações do K2-18b pelo JWST podem ser explicadas como um mini-Netuno rico em gás, sem superfície habitável. De qualquer forma, esses resultados definitivamente motivam futuras tentativas de caracterizar as atmosferas de candidatos a mundos hiceanos. Em particular, as próximas observações do JWST devem ser capazes de confirmar (ou refutar) se o DMS está de fato presente na atmosfera do K2-18b em níveis significativos.

Para determinar quais tipos de composição atmosférica seriam considerados prova convincente de vida em planetas rochosos, o astrobiólogo David Catling, da Universidade de Washington, e seus colegas tentaram produzir uma estrutura probabilística através da qual se possa avaliar a probabilidade de determinados dados observacionais representarem uma detecção genuína em vez de um falso positivo. Eis apenas alguns exemplos ilustrativos de seus resultados. Eles estimaram que, se porventura encontrássemos um planeta do tamanho da Terra na zona habitável de sua estrela hospedeira e pudéssemos confirmar a presença de um oceano de água líquida em sua superfície (por exemplo, por meio de observações de reflexão especular), e também descobríssemos que a atmosfera do planeta fosse rica em oxigênio molecular e contivesse óxido nitroso e metano, a probabilidade desse exoplaneta ser habitado seria de 90% a 100%. No caso de um exoplaneta semelhante na zona habitável, no qual detectássemos apenas oxigênio molecular atmosférico, acompanhado de dióxido de carbono e vapor d'água, a probabilidade dele ser realmente habitado cairia para aproximadamente 66% a 100%. Um exoplaneta (ainda na zona habitável) no qual fosse detectado *apenas* oxigênio molecular, ou *apenas* uma combinação de névoa orgânica com metano em abundância, ou *apenas* uma feição espectral indicando a Borda Vermelha da Vegetação, teria a mesma probabilidade de ser habitado que de não ser habitado. Um número ainda menor de detecções levaria à conclusão de que o planeta provavelmente não seja habitado.

Devemos ter em mente que determinar a composição da atmosfera dos exoplanetas é um grande desafio. Lembre-se de que até mesmo a mera detecção dos exoplanetas em si era impossível até cerca de três décadas atrás.

A TERRA É EXCEPCIONAL?

Detecção de bioassinaturas

Atualmente, a técnica mais promissora para a detecção de bioassinaturas gasosas é a *espectroscopia de transmissão* (às vezes chamada de *espectroscopia de trânsito*). Esse método foi sugerido pela primeira vez pelos astrofísicos Sara Seager, do MIT, e Dimitar Sasselov, de Harvard, assim que o primeiro exoplaneta em trânsito foi descoberto. Logo após a publicação da ideia teórica, um grupo de astrônomos liderado por David Charbonneau, de Harvard, usou com sucesso a espectroscopia de transmissão para identificar pela primeira vez a presença de um gás específico na atmosfera de um exoplaneta — o exoplaneta HD 209458b, semelhante a Júpiter. O gás era sódio atômico (que não tem relação com a vida).

A ideia por trás da espectroscopia de transmissão é genial em sua simplicidade. Quando um exoplaneta transita sua estrela hospedeira, parte da luz da estrela passa pela atmosfera superior do planeta a caminho da Terra. Uma fração dessa luz é absorvida pela atmosfera, e a composição da atmosfera determina quais comprimentos de onda são absorvidos e quais não são. Assim, ao registrar espectros quando o planeta está em trânsito e quando não está, os astrônomos podem obter o espectro de transmissão. Esses dados observacionais podem então ser usados (em combinação com os comprimentos de onda conhecidos nos quais várias moléculas gasosas absorvem a luz) para descobrir quais moléculas estão presentes em abundância na atmosfera. Os cálculos da intensidade esperada do sinal mostram que, empregando essa técnica, é possível caracterizar a atmosfera de planetas do tamanho da Terra em torno de pequenas estrelas anãs M, mas não a atmosfera de exoplanetas semelhantes que orbitem estrelas mais luminosas, semelhantes ao Sol. Particularmente, os astrônomos esperam ser capazes de detectar vapor d'água (se estiver presente) nas atmosferas (se existirem) dos exoplanetas que orbitam as anãs M TRAPPIST-1 e Proxima Centauri (a estrela mais próxima do sistema solar). Orbitando a Proxima Centauri, foram identificados dois planetas (e um candidato), um dos quais está na zona habitável.

Como já mencionamos, o planeta TRAPPIST-1e foi considerado um alvo especialmente promissor, pois não apenas está na zona habitável de sua estrela hospedeira (há três planetas nessa zona do sistema TRAPPIST-1), mas também porque ele é o mais parecido com a Terra em termos de massa, tamanho e posição orbital em relação à estrela central. Se o vapor d'água for de fato detectado, isso sugerirá que o TRAPPIST-1e tem água líquida em sua superfície. Observações já confirmaram que o TRAPPIST-1e não tem uma atmosfera livre de nuvens e dominada por hidrogênio, o que significa que, se houver uma atmosfera, é mais provável que ela seja compacta, como a dos planetas terrestres no sistema solar. Outro exoplaneta que recebeu considerável atenção é conhecido como LP 890-9c ou SPECULOOS-2c. Trata-se de uma *superterra* — provavelmente rochoso e cerca de um terço maior que a Terra. Ele orbita a zona habitável de uma estrela anã vermelha a cerca de cem anos-luz de distância de nós.

Os resultados já começaram a aparecer. Em dezembro de 2022, astrônomos apresentaram resultados preliminares das observações feitas pelo JWST do sistema planetário TRAPPIST-1. Em particular, o astrônomo Björn Benneke, da Universidade de Montreal, apresentou os primeiros estudos com dados do JWST sobre o TRAPPIST-1g (o segundo planeta mais distante da estrela central).

O TRAPPIST-1g é o maior dos planetas desse sistema, com um raio que é 1,154 vez o da Terra. Até o momento, o telescópio só conseguiu determinar que o planeta provavelmente não tem uma atmosfera primordial rica em hidrogênio — algo que a astrônoma Nikole Lewis, da Universidade Cornell, e sua equipe já haviam demonstrado anteriormente usando o telescópio espacial Hubble. Essa atmosfera seria fisicamente expandida devido à sua densidade muito baixa, o que a tornaria relativamente fácil de detectar. O fato do TRAPPIST-1g não ter uma atmosfera tão extensa pode significar que o planeta tem uma atmosfera mais densa, mais compacta e mais parecida com a da Terra, composta talvez de moléculas mais pesadas, como dióxido de carbono, nitrogênio molecular e água, ou nenhuma atmosfera. Olivia Lim, da Universidade de Montreal, apresentou observações preliminares do planeta mais interno: o TRAPPIST-1b. Suas observações também sugerem que esse planeta, assim como o TRAPPIST-1g, não está cercado por uma atmosfera expandida e rica em hidrogênio. Resultados posteriores de Thomas Greene, do Centro de Pesquisas Ames, da Nasa, e colaboradores mostraram que o TRAPPIST-1b é provavelmente uma rocha nua sem dióxido de carbono em sua atmosfera. Nem o TRAPPIST-1b nem o TRAPPIST-1g estão na zona habitável do TRAPPIST-1.

Em junho de 2023, outra equipe internacional de pesquisadores, liderada por Sebastian Zieba, do Instituto de Astronomia Max Planck, na Alemanha, usou o JWST para determinar a quantidade de energia térmica emitida pelo planeta rochoso TRAPPIST-1c. Os resultados sugeriram (ainda com algumas incertezas dependentes do modelo) que a atmosfera desse planeta, se é que existe, também é extremamente rarefeita. Essas descobertas foram muito interessantes, pois, como apontou a coautora Laura Kreidberg, do Max Planck, o TRAPPIST-1c é, de certa forma, um gêmeo de Vênus: tem aproximadamente o mesmo tamanho e recebe de sua estrela hospedeira uma quantidade de radiação semelhante à que Vênus recebe do Sol. Portanto, observou Kreidberg, "achamos que ele poderia ter uma atmosfera densa de dióxido de carbono como Vênus".

Modelagens atmosféricas subsequentes feitas por uma equipe diferente de pesquisadores sugeriram que o TRAPPIST-1c teve uma história de formação relativamente pobre em voláteis (em comparação com a Terra e Vênus) ou perdeu uma quantidade substancial de dióxido de carbono durante uma fase inicial de escape hidrodinâmico. Investigações posteriores usando simulações atmosféricas avançadas, no entanto, levantaram a possibilidade de atmosferas substanciais de oxigênio ou vapor.

Devemos observar que tanto o TRAPPIST-1b quanto o TRAPPIST-1c estão situados no interior do que é conhecido como o limite de efeito estufa descontrolado, onde poderiam ter experimentado uma erosão atmosférica completa causada pela radiação. Por outro lado, o TRAPPIST--1e e o TRAPPIST-1f residem dentro da zona habitável e provavelmente experimentaram uma atmosfera vaporosa relativamente breve durante a fase inicial de vida do TRAPPIST-1. Consequentemente, a erosão atmosférica completa talvez não seja esperada nesse caso. Além disso, um estudo publicado em agosto de 2023 pelo astrônomo Franck Selsis, da Universidade de Bordeaux, e por seus colegas, sugere que se alguns dos planetas do sistema TRAPPIST-1 transportassem calor internamente, de forma parcial, por radiação em vez de totalmente por convecção (movimento de fluidos), sua superfície permaneceria fria o suficiente para que eles pudessem reter a água. É possível, é claro, que todos os planetas TRAPPIST-1 tenham se formado sem atmosfera. Além disso, um estudo publicado em fevereiro de 2024 sugeriu que o rápido movimento orbital do TRAPPIST-1e poderia impulsionar o aquecimento atmosférico (por meio de correntes elétricas) e, assim, levar a uma completa remoção da atmosfera. A esse respeito, vale notar que os resultados das observações da emissão térmica de outros dois exoplanetas, o LHS 3844b e o GJ 1252b, também foram consistentes com a ausência de atmosfera.

Além da espectroscopia de transmissão, os astrônomos também podem usar o que é conhecido como *espectroscopia de ocultação* — que se baseia na diferença entre o espectro obtido quando a face "diurna" do exoplaneta está totalmente visível e quando o exoplaneta está totalmente eclipsado por sua estrela hospedeira. No entanto, como nesse caso a redução no fluxo observado depende não apenas do tamanho do planeta, mas também de sua temperatura (que determina sua emissão térmica), a espectroscopia de ocultação pode ser mais bem aferida (se for possível) na faixa de comprimento de onda do infravermelho entre cerca de 8 e 30 mícrons. Infelizmente, a sensibilidade necessária para essas observações é um pouco maior até mesmo do que aquela que o JWST pode fornecer com segurança. Há alguns outros métodos disponíveis atualmente para os astrônomos, mas as chances de detectar bioassinaturas com esses métodos em um futuro muito próximo são provavelmente menores do que as oferecidas pela espectroscopia de transmissão.

A questão, então, é: qual é o melhor caminho a seguir? A "Pesquisa Decadal" divulgada pela Academia Nacional de Ciências dos Estados Unidos em novembro de 2021 foi inequívoca. Essa pesquisa é realizada a cada dez anos para delinear "Caminhos para as descobertas em astronomia e astrofísica" para a década seguinte. Em suas orientações e recomendações para a astronomia e a astrofísica, o comitê responsável pela pesquisa decadal deu prioridade máxima à busca por vida extraterrestre. Ele solicitou que a Nasa começasse a desenvolver uma missão espacial capaz de determinar se a vida extraterrestre na Via Láctea é ausente, rara ou ubíqua. Para atingir esse objetivo, o comitê contemplou tanto a *geração de imagens* de planetas do tamanho da Terra nas zonas habitáveis de suas estrelas hospedeiras quanto os estudos espectroscópicos desses exoplanetas para a caracterização de sua composição atmosférica. O plano é examinar primeiro mais de cem estrelas e seus exoplanetas em órbita, de modo a identificar cerca de duas dúzias de sistemas que possam ser acompanhados de forma mais objetiva. No caso dos exoplanetas do grupo selecionado, espera-se que a missão proposta seja capaz de encontrar moléculas como água, dióxido de carbono, oxigênio e metano em sua atmosfera — em outras palavras, exatamente os tipos de bioassinatura que descrevemos como aquelas que poderiam fornecer as evidências mais convincentes.

O telescópio espacial proposto deve ter cerca de 6 metros de diâmetro e ser capaz de observar uma ampla faixa de comprimentos de onda, desde o ultravioleta, passando pela luz visível, até o infravermelho. Por isso, o conceito original foi batizado de Large Ultraviolet Optical Infrared Surveyor (LUVOIR). Ele também deve ser equipado com um coronógrafo, um dispositivo encarregado de bloquear a luz da estrela central, permitindo que os astrônomos façam imagens de exoplanetas pequenos e rochosos. O comitê diretor da pesquisa decadal estimou que esse telescópio poderia ser lançado em meados da década de 2040 e também recomendou que pelo menos um telescópio terrestre extremamente grande — com cerca de 30 metros de diâmetro — seja concluído na próxima década. No contexto da busca por vida, espera-se que esse telescópio descubra e estude planetas com massas tão baixas quanto a da Terra na zona habitável, obtenha imagens diretas de planetas maiores e, por meio de espectroscopia de alta resolução, caracterize a atmosfera de planetas em trânsito. O conjunto de instrumentos desse telescópio também permitirá que os astrônomos investiguem os primeiros estágios da formação de sistemas planetários e estudem os discos protoplanetários ao redor de estrelas.

Você deve ter notado que a maioria das bioassinaturas que discutimos até agora se refere à vida como a conhecemos. Isso naturalmente levanta a questão sobre até que ponto podemos ter certeza de que todas as formas de vida no universo compartilham as mesmas características da vida na Terra.

10. A vida como ela é (ou não é)

A concepção de formas de vida naturais e não naturais

O antinatural também é natural.
Johann Wolfgang von Goethe

Os biólogos químicos já conseguiram demonstrar que os principais componentes da vida como a conhecemos podem ser gerados, por incrível que pareça, a partir de cianeto — hoje considerado um veneno letal —, enxofre e luz solar (UV), por meio de uma rede de transformações que está sendo progressivamente mais bem compreendida. Essa estrutura comum sugere, pelo menos, que a vida em nosso planeta poderia ter surgido de forma natural a partir da química disponível na Terra primitiva. Entretanto, suponhamos que em uma futura exploração de nossa galáxia encontremos vida biológica com uma química subjacente distinta. Seríamos capazes de dizer se essa vida também surgiu de maneira espontânea? Quais pistas poderiam indicar que ela não poderia ter surgido por meio de processos naturais? Em outras palavras, precisamos identificar o que procurar para poder distinguir a vida natural da vida artificial resultante de uma concepção de alienígenas inteligentes. Devemos deixar claro que, até aqui, ainda estamos discutindo apenas uma forma de vida do tipo orgânica e não uma forma eletrônica (inteligência artificial). Discutiremos brevemente a possibilidade de máquinas inteligentes no fim deste capítulo.

A TERRA É EXCEPCIONAL?

Talvez a melhor maneira de começar a pensar sobre o problema da vida diferente da que conhecemos e também sobre como reconhecer a vida sintética seja simplesmente tentar projetar e criar novas formas de vida. Isso pode parecer um projeto audacioso, em especial porque ainda não conseguimos sintetizar completamente o tipo de vida que conhecemos, com o tipo de química que estamos quase convencidos de que pode produzir vida (como a conhecemos). Que razão haveria para imaginar que uma química diferente poderia levar a outra variante de vida? Há pelo menos uma justificativa clara para sermos bastante otimistas quanto às perspectivas de um projeto como esse: a química sintética moderna oferece milhares de maneiras de produzir novas substâncias químicas, mesmo por meio de processos que talvez nunca pudessem ocorrer na natureza. Esse repertório químico é realmente vasto, se comparado ao conjunto relativamente pequeno de variações químicas sobre um mesmo tema, atualmente usadas nas tentativas de fabricar moléculas de vida na Terra. Como resultado, um projetista com conhecimento suficiente e imaginação criativa, seja ele humano ou alienígena, deveria ser capaz, pelo menos em tese, de conceber uma infinidade de químicas alternativas para a vida. Na verdade, agora os químicos estão explorando esse campo nascente, começando com pequenas modificações na química que acreditamos ter levado à vida na Terra e, em seguida, progredindo de maneira gradual para ideias cada vez mais divergentes que podem um dia levar a formas de vida muito distintas. Eis apenas alguns exemplos desses empreendimentos ousados e fascinantes.

A maioria das moléculas de vida na Terra possui uma quiralidade distinta. Os nucleotídeos, componentes básicos do DNA e do RNA, e os aminoácidos, componentes básicos das proteínas, são todos "de uma única mão" — não sobreponíveis a sua imagem espelhada —, como nossas mãos direita e esquerda. Os aminoácidos característicos da vida são todos "canhotos" na forma, enquanto os ácidos nucleicos são "destros". Consequentemente, talvez a ideia mais simples seja criar uma versão espelhada da vida na Terra, na qual cada tipo de molécula natural seria substituído por seu fac-símile inverso. De fato, alguns cientistas ousados estão tentando ativamente atingir esse objetivo. Por exemplo, pesquisadores do laboratório do biólogo Ting Zhu, hoje na Universidade Westlake, em Hangzhou, usaram métodos químicos para sintetizar trechos de DNA e RNA de imagem espelhada. Eles também lançaram mão da química sintética para produzir enzimas proteicas de imagem espelhada e empregaram essas enzimas para replicar trechos de DNA. Ou seja, uma imagem espelhada de uma proteína característica da vida na Terra pode amplificar uma versão espelhada do DNA normal por PCR de imagem espelhada. Além disso, em seguida os pesquisadores sintetizaram uma proteína de imagem espelhada que é uma enzima RNA polimerase, o que lhes permitiu transcrever suas fitas de DNA de imagem espelhada em RNA de imagem espelhada.

O objetivo imediato desses experimentos é a síntese de um ribossomo de imagem espelhada que poderia ser usado para traduzir um mRNA de imagem espelhada em uma proteína de imagem espelhada. Se esses experimentos levarem à capacidade de criar células vivas de imagem espelhada em laboratório, saberemos com certeza que essa vida é resultado de um projeto artificial, pois será distinta de qualquer forma de vida existente em nosso planeta. Ainda assim, a descoberta de vida espelhada em qualquer outro exoplaneta da Via Láctea não seria uma grande surpresa, uma vez que a quiralidade das moléculas da vida foi quase certamente acidental, com a química existente ou sua imagem espelhada tendo igual probabilidade de surgir. Mencionamos anteriormente que uma pesquisa publicada em 2023 sugere que o mineral magnetita provavelmente foi o agente natural mais adequado para acomodar um processo de geração de homoquiralidade nas moléculas da vida na Terra. Notavelmente, esse processo seleciona tanto a quiralidade destra quanto a canhota, dependendo da direção do campo magnético aplicado, que seria oposta nos hemisférios norte e sul. Assim, a quiralidade dos componentes básicos da vida pode se resumir a uma antiga casualidade no que diz respeito ao local de nascimento.

Em relação à vida celular comum com a qual estamos familiarizados, outra questão intrigante se apresenta: seria possível construir membranas celulares a partir de componentes básicos não biológicos? Lembre-se de que as membranas fornecem à vida a importante característica da compartimentalização. Por um lado, elas criam barreiras físicas para as células e, por outro, controlam o transporte molecular para dentro e para fora da célula. Com o objetivo de investigar a possibilidade de membranas celulares incomuns, o biólogo químico Neal Devaraj e seus colegas da Universidade da Califórnia, em San Diego, estão desenvolvendo reações capazes de desencadear a formação e a reprodução de vesículas. Para sermos mais específicos, eles tiraram proveito de uma classe de reações químicas ganhadora do Prêmio Nobel e conhecida como "química de cliques", que em geral é usada para conectar pequenas unidades a fim de criar moléculas mais complexas. O grupo de Devaraj usa essa química para unir dois lipídios de cadeia única e criar um fosfolipídio de cadeia dupla muito semelhante aos fosfolipídios de cadeia dupla encontrados na biologia moderna. Esses fosfolipídios sintéticos se organizam em membranas bilipídicas, assim como os fosfolipídios naturais. No entanto, o processo celular de síntese de fosfolipídios requer uma série de enzimas complexas, enquanto a abordagem da química de cliques é tão simples e rápida que não requer enzimas.

O que talvez seja mais interessante sobre esses experimentos (e que pode ou não se aplicar a condições prebióticas realistas em um exoplaneta) é o fato de que o grupo de Devaraj conseguiu desenvolver um catalisador para essa reação capaz de catalisar até mesmo sua própria síntese. Ou seja, contanto que os componentes básicos sintéticos corretos sejam fornecidos, essas membranas criadas de forma artificial poderiam crescer e se dividir indefinidamente, desempenhando o papel de um sistema de membrana de protocélula não biológico.

A questão ainda mais intrigante é, obviamente, a possibilidade de haver modificações nas moléculas centrais da biologia, o DNA e o RNA. Essa investigação é ainda mais motivada pelo fato de sabermos, depois de algumas décadas de experimentos agressivos de síntese, que existem muitas variantes de DNA e RNA que aparentemente podem servir como moléculas genéticas perfeitamente funcionais. Será que algumas delas poderiam ser usadas como base para o projeto de vida artificial? Isso pode soar como ficção científica, mas o laboratório de Szostak está empenhado em desenvolver um sistema genético sintético, baseado em uma variação da estrutura do DNA, que, na prática, até melhoraria sua capacidade de se copiar!

Especificamente, Szostak e seus colegas têm trabalhado com uma molécula chamada *DNA fosforamidato*, cuja estrutura química é a mesma do DNA, exceto pelo fato de que um átomo de oxigênio em uma determinada posição de cada componente de carboidrato foi substituído por um átomo de nitrogênio. O resultado é que os nucleotídeos modificados são muito mais reativos, e as moléculas são mais fáceis de copiar nesse sistema químico, sem a ajuda de enzimas. Devemos observar que, embora a equipe de Szostak ainda não tenha conseguido replicar totalmente fitas únicas e curtas de seu DNA sintético, os cientistas envolvidos na pesquisa acham que pode estar próximo o momento em que poderão construir células vivas utilizando um material genético diferente do RNA e do DNA padrão. Portanto, certamente seria interessante se encontrássemos vida exoplanetária que usasse essa ou outra versão semelhante do DNA, mas, com base em nosso conhecimento presente, não poderíamos descartar totalmente uma origem natural para essa vida.

Os exemplos que discutimos até agora ainda não se afastaram muito da biologia da Terra. Isso nos leva à questão sobre a viabilidade de existir vida com uma química totalmente distinta. Em outras palavras, gostaríamos de saber se nós, outra espécie inteligente, ou a própria natureza, poderíamos projetar algo completamente diferente da vida que conhecemos. Para os pesquisadores, embora desafiadora, essa é uma tarefa incrivelmente instigante e um grande desafio para o próximo século da química. A descoberta de vários lagos de metano e etano líquidos na superfície da lua de Saturno Titã (como descrito no Capítulo 8) também inspirou pesquisas nessa direção. No entanto, ao perceber que é muito difícil trabalhar com metano líquido em laboratório, os cientistas voltaram sua atenção para outros solventes orgânicos não polares, como o hidrocarboneto *decano* (composto por 10 átomos de carbono e 22 de hidrogênio). De fato, já em 1991, o químico Hironobu Kunieda, da Universidade Nacional de Yokohama, no Japão, e seus colegas conseguiram produzir vesículas de membrana invertidas em decano. Com "invertidas" queremos dizer que, ao contrário das membranas das células normais, nas membranas de Kunieda as partes polares dos lipídios estavam no interior, enquanto as partes hidrofóbicas (que repelem a água) ficavam voltadas para fora, no solvente (também hidrofóbico). É interessante notar que, apesar de serem invertidas e compostas por constituintes moleculares muito diferentes, as vesículas de Kunieda se pareciam com as vesículas normais que encontramos na vida como a conhecemos. Isso naturalmente levanta a questão se também é possível construir polímeros genéticos para substituir o RNA e o DNA nesses solventes não polares. Embora ainda não saibamos a resposta para essa pergunta, alguns pesquisadores consideram irresistível o desafio de projetar e produzir esse material genético. Consequentemente, e sem nenhuma surpresa, as tentativas nesse sentido estão avançando a toda velocidade.

Isso nos leva mais uma vez à possibilidade de vida fria na própria Titã, talvez nadando alegremente nesses lagos de metano/etano líquido. No entanto, como já observamos no Capítulo 8, por mais tentadora que essa ideia possa parecer, o metano/etano líquido é um solvente pobre em tal grau, que talvez seja impossível que qualquer tipo de química complexa ocorra em um ambiente tão inóspito. Sendo assim, por enquanto temos de admitir que a existência de formas de vida tão distintas em Titã talvez tenha de permanecer no reino da ficção científica.

Entretanto, a ideia de que formas de vida alternativas possam surgir em solventes diferentes da água continua a intrigar os pesquisadores. O químico Steven Benner, da Universidade da Flórida, e seus colegas já discutiram amplamente essa possibilidade em um artigo publicado em 2004. Eles concluíram (embora de forma especulativa) que a vida "pode existir em uma ampla gama de ambientes. Isso inclui sistemas de solventes não aquosos em baixas temperaturas".

Entre outros possíveis solventes que os pesquisadores consideraram ao longo dos anos, um dos principais é a amônia (composta por um átomo de nitrogênio ligado a três átomos de hidrogênio). De fato, como a amônia (assim como a água) é abundante no cosmos, a possibilidade da vida extraterrestre usar a amônia como solvente já tinha sido levantada em 1954 pelo geneticista britânico J. B. S. Haldane. Assim como a água, a amônia é capaz de dissolver muitas moléculas orgânicas. Além disso, ela também pode dissolver alguns metais. Todavia, permanece controversa sua capacidade de concentrar suficientemente as moléculas prebióticas e mantê-las unidas de modo a permitir a síntese de sistemas autorreplicantes.

A lista de outros solventes em potencial inclui, por exemplo, o sulfeto de hidrogênio (composto de dois átomos de hidrogênio ligados a um átomo de enxofre), que é bastante semelhante à água em suas propriedades químicas (mas também é conhecido por seu pungente odor de ovo podre) e é abundante em áreas de atividade vulcânica (como a lua de Júpiter Io). Apesar disso, uma séria desvantagem do sulfeto de hidrogênio como solvente para a vida é o fato de ele permanecer na forma líquida apenas em uma faixa de temperatura um tanto restrita (de cerca de -85 a -60°C), embora essa faixa seja um pouco mais ampla em pressões mais altas.

A detecção preliminar de fosfina na atmosfera de Vênus (descrita no Capítulo 7) reavivou o interesse pela possibilidade de existência de alguma forma de vida nas nuvens venusianas. Como era de esperar, já que essas nuvens consistem principalmente em ácido sulfúrico, questionou-se se o ácido sulfúrico também poderia desempenhar o papel de solvente para as moléculas da vida. O principal problema dessa ideia é que o ácido sulfúrico é um poderoso agente desidratante, capaz de remover a água da estrutura química de muitos compostos. A adição de ácido sulfúrico concentrado a um punhado de açúcar comum resulta por exemplo em uma pilha fumegante de detritos enegrecidos. Ainda assim, em um artigo publicado em abril de 2021, o bioquímico William Bains, do MIT, e seus colegas examinaram a questão da possibilidade de a vida evoluir e se adaptar ao ácido sulfúrico como solvente, usando as nuvens de Vênus como um caso de teste. Surpreendentemente, os pesquisadores concluíram que a vida microbiana pode ser capaz de se adaptar ao ácido sulfúrico concentrado como solvente, mas que é preciso realizar mais pesquisas para explorar se e como a vida poderia de fato se originar nele.

Considerando que um sistema de informação é uma das características cruciais da evolução darwiniana, outros grupos de cientistas deram pequenos passos em direção à concepção de novos materiais capazes de guardar e transmitir informações por meio da replicação. Até o momento, a quantidade de informações armazenadas nas sequências desses novos polímeros é muito pequena, mas trata-se de um empreendimento empolgante, cujas bases estão sendo lançadas agora. No futuro, o design de alternativas ao DNA pode tornar-se tão comum a ponto de se transformar em um projeto escolar, da mesma forma que manipular o DNA e editar o genoma passaram de feitos ganhadores do Prêmio Nobel a experimentos banais nas escolas, e uma atividade atraente para os biohackers.

A questão, então, passa a ser se podemos ir além das substituições químicas para o DNA e o RNA enquanto tentamos imaginar alternativas à vida como a conhecemos. Por exemplo, a vida baseada em silício em vez de carbono é uma ideia antiga (proposta pela primeira vez em 1891 pelo astrônomo alemão Julius Scheiner), já amplamente discutida, uma vez que o silício está no mesmo grupo do carbono na tabela periódica e tem propriedades químicas semelhantes. Porém, ao mesmo tempo, a diversidade bastante limitada da química do silício sugere para muitos que a vida biológica baseada em silício pode ser difícil ou até impossível de construir (Carl Sagan referiu-se a essa ideia como "chauvinismo do carbono"). Em 2020, os astrobiólogos do MIT Janusz Petkowski, William

Bains e Sara Seager forneceram uma avaliação abrangente das possibilidades de uma bioquímica baseada em silício. Em geral, eles descobriram que "a formação de muitos grupos funcionais cruciais para a biologia é muito menos favorável para o silício do que para seus equivalentes de carbono". Consequentemente, concluíram que "a química do carbono é a química da vida, a química do silício é a química das rochas".

Em um tipo de estudo muito diferente, um grupo de astrobiólogos da Universidade Estadual do Arizona examinou dois anos depois um conceito mais generalizável de universalidade bioquímica. Usando bancos de dados genômicos, eles investigaram a composição enzimática de bactérias, arqueas e eucariontes, capturando assim a maior parte da bioquímica da vida na Terra. Isso permitiu que os pesquisadores identificassem padrões estatísticos na função bioquímica das enzimas que poderiam ser independentes da química dos componentes da Terra. Supostamente, essas descobertas poderiam fornecer alguns insights sobre as perspectivas de vida originada em ambientes alienígenas ou para a concepção de vida sintética, mas, no momento, suas implicações práticas são limitadas.

Aonde tudo isso nos leva? Há um vasto espaço químico inexplorado que poderia servir de base para o projeto de formas de vida artificiais, mas ainda baseadas na química, que nunca surgiriam de maneira espontânea na natureza — nem na Terra, nem em nenhum outro planeta. Produzir essas formas de vida pode ser um desafio científico empolgante, mas um temor comum é a possibilidade de perdermos o controle dessa vida artificial, que poderia acabar causando estragos em nosso mundo. Entretanto, qualquer forma de vida artificial inicialmente projetada dependeria de "nutrientes" sintetizados quimicamente, que não são encontrados no mundo natural, de modo que a vida artificial primitiva ficaria confinada ao laboratório em que foi criada. Felizmente, talvez, a criação de formas de vida artificial e quimicamente distintas que pudessem viver de maneira independente no mundo natural seja tão mais difícil, que o conceito permanecerá no reino da ficção científica em um futuro próximo. Se, em alguma missão espacial num futuro distante, descobrirmos variantes de vida realmente extraordinárias, saberemos que elas foram criadas de maneira artificial.

No entanto, há outro ramo da vida que (ainda) não conhecemos, que não se baseia na bioquímica. A existência (ou não) desse tipo de vida depende das respostas a estas perguntas: a inteligência artificial vai se tornar a forma de vida dominante na Terra, como sugerem alguns futuristas da computação? E, em caso afirmativo, essa é a principal espécie "inteligente" esperada na Via Láctea? Ainda não temos resposta para tais perguntas. No entanto, sabemos que, embora a evolução biológica na Terra não tenha parado, ela já foi há muito ultrapassada pela evolução cultural e tecnológica, há uma especulação generalizada sobre a possibilidade da IA nos substituir no futuro.

Em particular, uma das incógnitas mais intrigantes dessa equação está relacionada à *consciência*. Filósofos, psicólogos, neurocientistas e cientistas da computação têm debatido vigorosamente se a consciência é algo que caracteriza apenas o tipo de cérebro orgânico de humanos e outros primatas. A princípio, não deveria importar se a eletrônica de um cérebro é baseada em neurônios biológicos ou em circuitos de silício projetados. O mais importante talvez seja o "design" do cérebro, a natureza de suas interconexões e a capacidade de monitorar e perceber a si mesmo, bem como sua maneira de aprender sobre o mundo externo, incluindo — o que é crucial — outros seres inteligentes autoconscientes. Entretanto, até o momento, simplesmente não sabemos se as inteligências eletrônicas não teriam autoconsciência, mesmo que seu intelecto seja sobre-humano em alguns aspectos, como memória e velocidade. Não temos ideia se elas terão uma "personalidade verdadeira", ou apenas a capacidade de emular qualquer coisa, ou se possuirão uma vida interior.

Talvez o mais importante seja o fato de não sabermos se a consciência é uma propriedade *emergente*, que qualquer computador suficientemente avançado, sofisticado e complexo acabará por adquirir. O cientista da computação Edsger W. Dijkstra afirmou que essa questão é irrelevante e semântica, como perguntar se submarinos construídos por humanos sabem nadar. Temos que admitir que nós, os autores, não consideramos a questão meramente semântica. Se as máquinas não puderem fazer nada além de reproduzir os aspectos da inteligência humana que são passíveis de um tratamento matemático/estatístico, deixando de fora muitas facetas das emoções e do comportamento humanos, talvez não atribuamos às suas experiências o mesmo valor que atribuímos às nossas. Nesse caso, o futuro pós-humano pareceria bastante vazio e, bem, desumano.

Se, por outro lado, os computadores puderem se tornar verdadeiramente conscientes, teremos que aceitar o fato de que sua futura hegemonia aqui e em outros lugares do cosmos é uma consequência natural da evolução em seu sentido mais amplo. Contudo, temos que reconhecer que, mesmo que a IA nunca adquira consciência, ela pode influenciar drasticamente a futura evolução cultural da vida. Da mesma forma que as mídias sociais já têm um impacto significativo na sociedade, dominando o significado e o uso da linguagem, a IA pode no futuro ditar (em algum nível) a narrativa da comunicação global.

Há muitas maneiras pelas quais a vida baseada em IA seria diferente da vida como a conhecemos, até mesmo com relação à metodologia que devemos usar para procurar essas formas de vida. Nos Capítulos 5 e 6, vimos que as criaturas orgânicas provavelmente precisam de um ambiente de superfície planetária, no qual a vida possa emergir da química e, posteriormente, evoluir. Mas se fizerem a transição para uma inteligência totalmente inorgânica, os pós-humanos não precisarão nem de um "pequeno lago morno" nem de uma atmosfera para sobreviver. Eles podem até preferir um ambiente de gravidade zero (ou seja, o espaço sideral), ainda mais se estiverem interessados em construir artefatos massivos. Portanto, procurar por esses seres inteligentes em exoplanetas "habitáveis" pode ser uma perda de tempo. É possível que seja no espaço profundo que cérebros não biológicos desenvolvam poderes que os humanos não conseguem nem imaginar.

A TERRA É EXCEPCIONAL?

É concebível que existam limites químicos, metabólicos e energéticos para o tamanho e a capacidade de processamento dos cérebros orgânicos. Podemos até já estar nos aproximando desses marcos. Os mesmos limites, no entanto, não se aplicam às máquinas eletrônicas de inteligência artificial, tampouco as restringem, e talvez sejam ainda menos aplicáveis aos computadores quânticos. Então, qualquer que seja a definição do que significa pensamento, consciência ou compreensão, a capacidade, a intensidade e a eficiência de recuperação que podem ser alcançadas por cérebros orgânicos do tipo humano serão indubitavelmente superadas pelas cogitações fenomenais que podem ser realizadas por máquinas do tipo IA.

O resultado dessa breve discussão é o reconhecimento de que o domínio familiar de uma forma biológica de inteligência pode ser apenas uma fase relativamente breve e transitória na evolução de seres complexos. O estágio mais permanente e desconhecido talvez seja aquele governado por criaturas que emergem do futuro do aprendizado mecânico. Voltaremos a esse tópico no Capítulo 12, quando discutirmos a busca por civilizações inteligentes.

11. À procura de inteligência

Considerações preliminares

A voz do intelecto é suave, mas não descansa até ser ouvida.
Sigmund Freud, *O futuro de uma ilusão*

Quando se trata de espécies extraterrestres inteligentes (em termos de sua competência cognitiva) e tecnologicamente capazes (aquelas que podem criar assinaturas detectáveis de tecnologia avançada), nosso conhecimento é muito mais frágil do que quando discutimos formas de vida simples. As razões são óbvias. Por um lado, sabemos que, a partir de observações astronômicas de galáxias extremamente distantes, as leis da física e da química são universais. Há também boas razões para acreditarmos que alguma forma de darwinismo molecular pode ser onipresente. Por outro lado, ainda não conseguimos sequer estimar as chances de vida alienígena *surgir* em algum lugar, muito menos as chances de essa vida *evoluir* para o status de uma civilização inteligente ou tecnológica. Também temos de admitir que, mesmo que existam civilizações extraterrestres inteligentes, não temos a menor ideia de quais seriam os propósitos que norteariam essa civilização.

Pense na variedade de motivações (por exemplo, existenciais, ambientais, econômicas, ideológicas, políticas, nacionalistas, egoístas, religiosas e outras) que impulsionaram os esforços humanos no passado. Como um exemplo extremo de como as civilizações alienígenas poderiam ser diferentes de nossas expectativas ingênuas, foi sugerido que elas poderiam ser profundamente contemplativas e reclusas. Isso certamente exigiria uma história evolutiva muito diferente da nossa.

De forma mais especulativa, os seres de IA hiperavançada podem perceber que é mais fácil pensar e realizar algumas operações computacionais em baixas temperaturas e, portanto, se afastar o máximo possível de qualquer estrela, até os confins mais distantes da galáxia. No extremo oposto do espectro comportamental, eles poderiam ser expansionistas e talvez até mais ferozmente agressivos do que nós, o que parece ser a expectativa da maioria daqueles que pensaram sobre a trajetória futura das civilizações. Nossa ignorância é ainda mais agravada pelo fato de que nem sequer sabemos quais das muitas etapas aparentemente necessárias para a evolução de uma espécie inteligente na Terra foram realmente essenciais, e quais foram apenas específicas do caminho que levou ao desenvolvimento da inteligência humana.

Há, no entanto, várias coisas relevantes que de fato sabemos. Primeiro, qualquer inteligência *detectável* deve ter atingido um nível tecnológico superior ao nosso, já que até o momento nossos esforços para buscar inteligência extraterrestre (SETI) não seriam capazes de ter identificado a maioria de nossas próprias transmissões terrestres. Segundo, para ter uma chance não negligenciável de detecção com base na forma como as buscas do SETI são atualmente projetadas e conduzidas, a civilização extraterrestre já deve ter sido capaz de transmitir há pelo menos alguns milhares de anos (caso contrário, o sinal pode não ter chegado até nós). Esse requisito tem uma consequência adicional importante.

Se acreditarmos nos especialistas em inteligência artificial, então o intervalo de tempo previsto entre a conquista da capacidade de transmissão por rádio e laser e o ponto em que a IA começa a dominar a inteligência biológica não é muito maior do que alguns séculos (e possivelmente até menor). Se a IA de fato se tornar a inteligência superior, então, mesmo que essa estimativa do tempo que levaria para a IA se tornar a espécie líder esteja errada em mil anos, isso ainda significa que a maior parte da inteligência no cosmos (supondo que exista) pode residir em máquinas, e não em criaturas biológicas.

Essa constatação deve orientar pelo menos parte de nossas buscas por meio do SETI, pois é provável que até mesmo as máquinas precisem de fontes de energia e matérias-primas. Elas também podem produzir grandes projetos de astroengenharia. Assim, provavelmente deveríamos procurar fontes de infravermelho não naturais que pudessem revelar o calor residual — que é praticamente impossível de esconder, e também deveríamos estar atentos a aparentes "violações" das leis da física, já que civilizações inteligentes de longa duração teriam potencial para alterar seu ambiente cósmico de maneiras fundamentalmente inesperadas. Por exemplo, uma vez que uma civilização superior fosse capaz de controlar o clima em seu planeta natal (supondo que continue a residir na superfície de um planeta), ela produziria padrões de nuvens bizarros na atmosfera do planeta. Além do mais, ao contrário de nossa procura por bioassinaturas simples, definitivamente não devemos restringir nossa busca por inteligência apenas a planetas habitáveis. Em vez disso, as proximidades de fontes de alta energia (como estrelas quentes gigantes ou talvez até mesmo buracos negros) podem ser mais promissoras.

Num esforço para abordar quantitativamente as muitas incertezas envolvidas na estimativa do número de civilizações capazes de estabelecer comunicação interestelar na Via Láctea, o astrônomo Frank Drake, pioneiro e porta-voz das crescentes buscas por vida extraterrestre inteligente, formulou no início dos anos 1960 uma equação de probabilidade heurística que leva seu nome. Embora essa equação ainda não consiga responder à principal pergunta para a qual foi originalmente formulada, vale a pena examinar alguns dos desdobramentos que ocorreram desde sua introdução. Infelizmente, Frank Drake faleceu enquanto escrevíamos este livro, em 2 de setembro de 2022.

A TERRA É EXCEPCIONAL?

A equação de Drake

A equação de Drake é expressa como um produto de uma série de probabilidades na fórmula (o significado dos vários símbolos é descrito em seguida):

$$N = R_* f_p n_e f_l f_i f_c L$$

N é o número que estamos tentando estimar: o número esperado de civilizações em nossa galáxia com uma tecnologia que possibilite a comunicação interestelar.

R_* é a taxa média de nascimento de estrelas em nossa galáxia.

f_p é a fração dessas estrelas que têm planetas em sua órbita.

n_e é o número médio de planetas que podem *potencialmente* permitir o surgimento e a evolução da vida, para cada estrela que hospeda um sistema planetário.

f_l é a fração desses planetas que poderiam sustentar vida e nos quais, *de fato*, a vida surge.

f_i é a fração desses planetas que abrigam vida e que conseguem desenvolver vida *inteligente*.

f_c é a fração de civilizações inteligentes que desenvolvem a *tecnologia* necessária que lhes permite o envolvimento em uma comunicação interestelar detectável.

L é o período de *tempo* durante o qual essas civilizações transmitem sinais interestelares detectáveis.

A taxa média de formação de estrelas na galáxia, R_*, é conhecida desde o fim da década de 1960. As estimativas da taxa de formação estelar baseiam-se principalmente em observações, como a emissão galáctica de UV de estrelas jovens e a contagem do número de estrelas em diferentes faixas etárias. Em geral, esses diferentes métodos fornecem consistentemente um valor de cerca de *uma a dez estrelas por ano* para R_*.

À PROCURA DE INTELIGÊNCIA: CONSIDERAÇÕES PRELIMINARES

O principal desenvolvimento na última década foi que as observações realizadas por meio do observatório espacial Kepler, junto com outros recursos, forneceram estimativas bastante confiáveis para os próximos dois fatores da equação de Drake. A descoberta de mais de 5 mil exoplanetas por meio de uma variedade de técnicas (trânsitos, medições de velocidade radial, microlente gravitacional, imagens e outras, conforme descrito no Capítulo 9) e análises estatísticas baseadas nessas observações levaram à conclusão de que a fração de estrelas que abrigam planetas, f_p, é da ordem da *unidade*. Ou seja, quase todas as estrelas têm planetas em suas órbitas.

Com relação ao número de planetas por sistema planetário reunindo condições que poderiam levar à origem e à evolução da vida, n_e, os astrônomos normalmente consideram que essa seja a fração de estrelas com planetas rochosos (terrestres) de tamanho aproximadamente igual ao da Terra em sua zona habitável. Lembre-se de que a zona habitável é o intervalo de distâncias da estrela central que permite a existência de água líquida na superfície de um planeta rochoso. Com base principalmente nos dados do Kepler, essa fração é aproximadamente (e de maneira conservadora) igual a 0,2, ou seja, cerca de uma em cada cinco estrelas tem um planeta assim.

No entanto, devemos enfatizar que, em termos de representação real dos planetas que permitem o surgimento ou a manutenção da vida, esse valor está associado a uma série de incertezas, que podem aumentá-lo ou diminuí-lo. Vimos, por exemplo, que algumas das luas de Júpiter e Saturno no sistema solar possuem grandes oceanos subsuperficiais que supostamente poderiam abrigar vida, embora esses satélites não estejam na zona habitável do Sol. Isso poderia aumentar o valor de n_e. Por outro lado, mencionamos o fato de que não está claro se os planetas da zona habitável em torno de estrelas de baixa massa, como as anãs M, podem realmente abrigar vida, dados os efeitos prejudiciais das erupções estelares e do acoplamento de maré. Isso poderia diminuir o valor médio de n_e.

A TERRA É EXCEPCIONAL?

Não temos informações nas quais possamos basear estimativas confiáveis para as probabilidades f_l (a fração de planetas que poderiam suportar vida e nos quais a vida de fato surge) e f_i (a fração de planetas nos quais há vida que consegue evoluir para vida inteligente), uma vez que ainda não descobrimos nenhuma vida extraterrestre. Em particular, embora alguns pesquisadores tenham considerado o fato da vida na Terra ter surgido de forma relativamente rápida (apenas algumas centenas de milhões de anos depois que a Terra esfriou o suficiente para se tornar habitável) como evidência de que a abiogênese (surgimento da vida a partir da química) deve ser comum, uma análise estatística detalhada mostrou que não se pode chegar a essa conclusão baseando-se apenas em um exemplo de vida.

Ainda que o surgimento precoce da vida na Terra forneça uma pista de que ela *pode* ser abundante no universo (se condições semelhantes às da Terra primitiva forem comuns), essa evidência é definitivamente inconclusiva e, na verdade, estatisticamente consistente até agora, mesmo com uma probabilidade intrínseca arbitrariamente baixa. Por outro lado, é verdade que a descoberta de um único caso de vida surgindo independentemente da linhagem de vida na Terra (uma *segunda gênese*) forneceria uma evidência muito mais forte de que a abiogênese não é extremamente rara no cosmos.

Como veremos mais adiante neste capítulo, alguns dos céticos quanto à existência de vida extraterrestre inteligente afirmam que a evolução da inteligência humana envolveu tantas contingências e eventos improváveis que as chances de algo semelhante se repetir em exoplanetas, f_i, são extremamente baixas. Ao mesmo tempo, outros sugerem que, uma vez originada a vida, a evolução para alguma forma de inteligência é quase inevitável.

Os dois últimos fatores da equação de Drake, f_c e L, são ainda mais difíceis de conhecer. O primeiro deles, que supostamente representa a fração de civilizações inteligentes a atingir um nível tecnológico que lhes permite produzir sinais detectáveis, não é incontestavelmente definido porque depende da sensibilidade de detecção alcançada pela civilização receptora. Para que um sinal seja *detectável*, é necessário que a civilização envolvida em tal detecção atinja um determinado nível tecnológico. A esse respeito, podemos apenas observar que, se transmitíssemos sinais eletromagnéticos com nossa melhor tecnologia disponível hoje, talvez outra civilização próxima em um estágio tecnológico semelhante pudesse detectá-los, embora as chances fossem muito pequenas.

O valor de L, o intervalo de tempo durante o qual as civilizações tecnológicas podem gerar sinais detectáveis, é igualmente desconhecido. Várias análises da equação de Drake no passado apresentaram, por diversos motivos, valores que normalmente variam de cerca de mil anos a 100 milhões de anos. A possibilidade de autoextinção por guerra nuclear talvez tenha sido o argumento mais poderoso a favor de um valor baixo. Por outro lado, o astrobiólogo David Grinspoon argumentou, por exemplo, que uma vez que uma civilização tenha se desenvolvido o suficiente, ela pode superar todas as ameaças à sua sobrevivência, durando assim por um período de tempo indefinido.

Carl Sagan e o astrofísico soviético Iosif Shklovsky defendiam com otimismo valores da ordem de 100 milhões de anos. Nós, os autores, temos de admitir que, além de ter em conta o fato de que os seres humanos sobreviveram até agora como uma civilização quase tecnológica por menos de um século, não temos a menor ideia de qual deveria ser o valor de L. No entanto, devemos ressaltar que toda a perspectiva sobre o valor de L pode ter sido equivocada. Se, como preveem os especialistas em inteligência artificial, as máquinas não biológicas dominarão as civilizações inteligentes no futuro, então teremos de revisar completamente o conceito de L, já que uma inteligência inorgânica pode, em tese, persistir e continuar a evoluir, potencialmente por bilhões de anos.

Considerando todas essas incertezas, apenas como um exercício divertido, podemos tentar adivinhar determinados valores para os fatores desconhecidos e inseri-los na equação de Drake. Os grandes avanços da astronomia nas últimas três décadas nos permitem, com alguma confiança, escolher R_* como sendo igual a cerca de 10, f_p também pode ser seguramente considerado como sendo da ordem de 1 e n_e como sendo conservadoramente cerca de 0,2. Os fatores restantes não passam de conjecturas com pouca fundamentação.

Suponhamos que a fração de planetas nos quais a vida *de fato* surge (entre aqueles que *poderiam* abrigar vida), f_l, seja de aproximadamente 0,1. Seremos otimistas em relação à fração de planetas com vida nos quais se desenvolve vida inteligente e presumiremos que f_i também seja igual a 0,1 (embora um número considerável de pesquisadores seja cético em relação a um valor tão alto; na Terra, por exemplo, as restrições geoquímicas atrasaram o surgimento de animais de grande porte por 4 bilhões de anos).

Ficamos um pouco mais seguros em supor que, assim como uma espécie desenvolve a inteligência, ela também poder atingir o nível tecnológico necessário para desenvolver a comunicação interestelar (embora alguns de nossos ancestrais, como o *Homo habilis*, o *Homo erectus* e os neandertais, não tenham desenvolvido essa tecnologia antes de serem extintos). Portanto, consideraremos (de forma muito otimista) que f_c é igual a 1. Como já observamos, não temos nenhuma ideia do valor de L. Ignorando por enquanto a possibilidade de IA não biológica, vamos examinar o que obtemos se usarmos o valor mínimo de mil anos e o valor máximo de 100 milhões de anos. Todos esses números juntos não dão o número esperado de civilizações na Via Láctea que possuem uma tecnologia capaz de permitir a comunicação interestelar,

$$N(\min) = 10 \times 1 \times 0{,}2 \times 0{,}1 \times 0{,}1 \times 1 \times 1.000 = 20,$$
$$N(\max) = 10 \times 1 \times 0{,}2 \times 0{,}1 \times 0{,}1 \times 0{,}1 \times 1 \times 100.000.000 = 2.000.000$$

Observe que, dadas as enormes incertezas nos valores de pelo menos três desses fatores, esse número poderia ser facilmente reduzido para 1, o que significaria que estamos sozinhos na galáxia, ou aumentado para muitos milhões, o que implica que somos membros de uma grande comunidade galáctica. Nesse sentido, a equação de Drake não faz muito mais que simplesmente enfatizar nossa ignorância. É claro que, se aceitarmos a previsão de que as civilizações tecnológicas das galáxias são, na verdade, dominadas por máquinas não biológicas (que podem facilmente existir por bilhões de anos), então N pode atingir valores ainda mais altos.

Embora tenha havido tentativas de modificar/melhorar os valores da equação de várias maneiras, argumentando por exemplo que a fração de planetas habitáveis nos quais a vida realmente surge pode não ser constante, mas sim uma função do tempo (uma vez que, no universo muito primitivo, a abundância de elementos pesados que formam os planetas terrestres era muito baixa), todas essas sutilezas adicionais não conseguem superar a ausência fundamental de dados observacionais confiáveis. Apesar de suas deficiências óbvias, a equação de Drake foi usada nos últimos anos para chegar a duas conclusões interessantes. Uma delas foi apontada em 2016 pelo astrofísico Adam Frank, da Universidade de Rochester, e pelo astrônomo Woodruff Sullivan, da Universidade de Washington. Esses pesquisadores fizeram a si mesmos a intrigante pergunta: quantas civilizações tecnológicas já existiram *ao longo de toda* a história do universo? Ao formular a questão dessa forma, em vez de indagar se essas civilizações se sobrepõem à nossa no tempo, eles puderam remover da equação o valor altamente incerto da vida média dessas civilizações, L. Além disso, em sua tentativa de responder a essa pergunta alternativa, Frank e Sullivan combinaram criteriosamente o produto dos três primeiros fatores da equação de Drake (aqueles que se tornaram conhecidos por meio de observações astronômicas) da seguinte maneira:

$$f = M f_p n_e,$$

em que M é o número total estimado de estrelas no universo. Da mesma forma, fundiram o produto dos três fatores restantes (desconhecidos) em um só:

$$U = f_l f_i f_c.$$

A TERRA É EXCEPCIONAL?

Consequentemente, a equação revisada para o número total T de civilizações tecnológicas que já existiram assumiu a forma muito simples $T = fU$, em que f é conhecido por meio da astronomia e U engloba tudo o que não sabemos na equação de Drake. Em outras palavras, ele mede a probabilidade da vida surgir e evoluir para se tornar uma civilização inteligente e tecnológica — o que poderíamos chamar de probabilidade "biotecnológica".

Em termos quantitativos, sabemos, por meio de observações astronômicas, que há aproximadamente 100 bilhões de estrelas em uma galáxia típica, e também sabemos, por meio das observações do Hubble (e dos dados iniciais do JWST), que há um número da ordem de 1 trilhão de galáxias no universo observável. Combinando tudo isso, a conclusão é simples (tomando como antes $f_p = 1$ e $n_e = 0{,}2$): a menos que a probabilidade biotecnológica seja menor do que cerca de uma em 20 bilhões de trilhões (2×10^{22} em notação científica), *os seres humanos não seriam a única civilização tecnológica que já surgiu em todo o universo*! É claro que, como não temos ideia de qual poderia ser o valor da probabilidade biotecnológica, não podemos realmente concluir que outras civilizações tecnológicas *com certeza* existiram. No entanto, esse simples exercício revela quão pequena essa probabilidade teria que ser para que estivéssemos sozinhos no universo durante todos os seus 13,8 bilhões de anos de existência.

A outra derivação interessante da equação de Drake foi formulada pela astrofísica Sara Seager, do MIT. Em 2013, ela criou uma equação semelhante em conceito à equação de Drake para estimar o número N de planetas com sinais detectáveis de vida na forma de bioassinatura gasosa. Essa equação alternativa é expressa como $N = N^* F_Q F_{HZ} F_O F_L F_S$, em que os diferentes fatores do lado direito representam, em sequência: o número de estrelas que um determinado levantamento astronômico observa; a fração dessas estrelas adequadas para a busca de planetas (o subscrito Q refere-se a estrelas "quietas", que não obscurecem a busca por serem variáveis); a fração desse subconjunto de estrelas que têm planetas rochosos em sua zona habitável; a fração desses planetas que podem ser observados atualmente; a fração daqueles que abrigam vida (de qualquer forma); e a fração desses planetas com vida nos quais são produzidos gases de bioassinatura detectáveis.

Dados os esforços intensivos em curso para detectar vida, Seager também tentou inserir alguns números nessa equação para uma pesquisa com os instrumentos atualmente disponíveis. Ela utilizou estimativas baseadas nas expectativas de conseguir detectar planetas usando observações com o Transiting Exoplanet Survey Satellite (TESS) e de procurar bioassinaturas com o JWST. O número de estrelas adequadas da pesquisa do TESS foi estimado em cerca de 30 mil. Dessas, esperava-se que cerca de 60% não variassem muito em brilho, de modo que os planetas que as orbitassem pudessem ser detectados pelo método de trânsito. Como já observamos, a fração de planetas rochosos na zona habitável é (de forma conservadora) conhecida como sendo cerca de 0,2. A fração de planetas que transitam sua estrela hospedeira (e, portanto, poderiam ser descobertos pelo TESS) é de cerca de 0,1 para estrelas anãs M, e somente em cerca de 1% desses casos a atmosfera do planeta pode ser observada em detalhes e caracterizada, pelo menos em parte, pelo JWST.

Multiplicando esses números, encontramos inicialmente $N = 3,6\ F_L\ F_S$. Os dois últimos fatores do lado direito são tão desconhecidos na versão de Seager quanto fatores semelhantes na equação original de Drake. Se adotarmos para F_L (a fração de planetas que abrigam vida) o mesmo valor otimista que adotamos para a equação de Drake (0,1) e também presumirmos (mais uma vez de forma otimista) que a fração desses planetas que abrigam vida e que produzem uma bioassinatura detectável por espectroscopia de trânsito é 0,1, então obteremos, para o número de planetas para os quais a combinação TESS/JWST pode detectar sinais de vida, o número decepcionantemente baixo de 0,036! Esse exercício simples exemplifica a magnitude do problema da descoberta de bioassinaturas. Mesmo empregando o poderoso sistema TESS/JWST, teremos que contar com muita sorte. No entanto, a boa notícia é que, com a próxima geração de telescópios (tanto no espaço quanto em terra), as chances de detecção aumentarão de maneira significativa.

Voltando ao tópico das civilizações tecnológicas extraterrestres, como observamos no Capítulo 1, o fato de ainda não termos visto nenhum sinal da existência de uma civilização avançada na Via Láctea foi uma surpresa para o famoso físico Enrico Fermi. Sua perplexidade ficou conhecida como o *Paradoxo de Fermi*.

Onde está todo mundo?

Enrico Fermi talvez tenha sido o último físico capaz de realizar tanto um trabalho teórico complexo e altamente original quanto experimental e inovador. Em 1926, ele descobriu as leis estatísticas (hoje conhecidas como "estatísticas Fermi-Dirac") que se aplicam a partículas como elétrons e neutrinos, agora coletivamente chamadas de "férmions". Após a descoberta da fissão nuclear — a reação na qual um núcleo atômico pesado se divide em dois núcleos mais leves —, ele percebeu de imediato que nêutrons poderiam ser emitidos no processo, criando uma reação em cadeia. Assim, começou a dirigir uma série clássica de experimentos em laboratórios improvisados construídos em uma quadra de squash situada sob as arquibancadas do estádio Stagg Field, da Universidade de Chicago. Esse esforço levou rapidamente à primeira reação nuclear em cadeia controlada. Por seu trabalho sobre radioatividade artificial e sobre reações nucleares provocadas por nêutrons lentos, ele recebeu o Prêmio Nobel de Física de 1938.

Como observamos brevemente no capítulo introdutório, a história relacionada ao Paradoxo de Fermi ocorreu durante a visita de verão de Fermi ao Laboratório Científico de Los Alamos, em 1950. O cenário, ao que parece, foi um almoço com os colegas físicos Emil Konopinski, Edward Teller e Herbert York. Konopinski recordou depois que, enquanto caminhavam para o almoço, os quatro físicos trocaram comentários bem-humorados sobre um cartoon publicado na revista *New Yorker*, que mostrava alienígenas roubando latas de lixo públicas das ruas de Nova York. Mais tarde, no meio do almoço, Fermi voltou repentinamente ao tema dos alienígenas, fazendo outra versão da pergunta que é título desta seção: "Onde está todo mundo?" Ele estava expressando sua surpresa com a ausência de sinais da existência de outras civilizações inteligentes na galáxia da Via Láctea. Essa pergunta levou ao conceito do Paradoxo de Fermi.

Como um aparte divertido, devemos observar que dar o nome de Fermi a esse problema é apenas mais um exemplo de um fenômeno que ficou conhecido como "lei da eponímia de Stigler", que afirma que nenhuma descoberta científica recebe o nome de seu descobridor original. Na verdade, o visionário cientista de foguetes russo Konstantin Tsiolkovsky já havia discutido a questão da ausência de evidências da existência de civilizações extraterrestres avançadas em um breve artigo, publicado em 1933. Além disso, Tsiolkovsky chegou a pensar que sabia a solução para esse paradoxo — em sua opinião, os alienígenas avançados devem ter considerado que os seres humanos não eram maduros o suficiente para um encontro ou até mesmo um contato.

Voltando ao paradoxo em si, à primeira vista, a perplexidade de Fermi era justificada. Mesmo empregando os tipos de foguetes de propulsão química que a humanidade atualmente possui (mas também utilizando a ajuda do que é conhecido como *estilingue gravitacional* — usando a gravidade de objetos astronômicos para mudar a direção de uma sonda espacial e acelerar sua velocidade), é possível alcançar até mesmo os cantos mais remotos da nossa galáxia em um tempo cerca de dez a cem vezes menor do que a idade da galáxia. Além disso, o enigma de não termos visto até agora nenhum indício de civilizações avançadas torna-se ainda mais pronunciado e surpreendente quando consideramos o fato de que, presumivelmente, essas civilizações não teriam ficado presas à tecnologia de nossos foguetes de velocidade lenta (relativamente falando), mas poderiam ter conseguido viajar pelo espaço a uma fração significativa da velocidade da luz. E isso não é tudo. O mistério é ainda mais exacerbado se presumirmos que algumas dessas sondas interestelares poderiam, pelo menos teoricamente, ser autorreplicantes.

Ninguém conhece de fato a solução para o Paradoxo de Fermi, mas ao longo dos anos passados desde que ele fez a pergunta, mais de cem possíveis soluções foram sugeridas. De certa forma, a solução mais fácil é, obviamente, pensar que estamos realmente sozinhos na Via Láctea e que não existe nenhuma outra inteligência tecnológica, ou que essas civilizações são tão raras e distantes entre si que as chances de qualquer tipo de contato são mínimas.

Um dos primeiros céticos em relação à existência de civilizações alienígenas inteligentes foi o cosmólogo Brandon Carter, renomado físico teórico conhecido por seu trabalho sobre buracos negros e por formular o *Princípio Antrópico* — a ideia de que o que podemos esperar observar sobre a estrutura atual do universo, os valores assumidos pelas constantes da natureza e as leis da física têm de estar restritos às condições necessárias para nossa própria existência como observadores. Há quatro décadas, Carter já levantava dúvidas sobre a existência de vida extrassolar complexa ou inteligente. Seu argumento baseava-se na coincidência aparentemente notável em relação ao tempo que a vida levou para surgir e evoluir até a inteligência na Terra (cerca de 4 bilhões de anos) e a "janela de oportunidade" que a evolução do Sol oferece para a existência de vida na Terra. Carter estimou que essa janela se estende desde aproximadamente 3,8 bilhões de anos atrás, quando o bombardeio da Terra por asteroides começou a diminuir, até daqui a cerca de 800 milhões de anos, quando o Sol se tornará tão quente, em seu caminho para se tornar uma gigante vermelha, que esterilizará o planeta. Consequentemente, se a vida na Terra não tivesse conseguido surgir relativamente rápido (em termos astronômicos), os seres humanos não teriam tido a chance de evoluir antes que a janela de habitabilidade se fechasse.

Devemos observar que, à primeira vista, a coincidência (dentro de um fator de dois) entre as duas escalas de tempo — basicamente o tempo de vida da estrela hospedeira (por exemplo, nosso Sol) e o tempo para a evolução de uma espécie inteligente em um planeta habitável (por exemplo, a Terra) — parece de fato surpreendente, pois *a priori*, essas escalas de tempo parecem ser grandezas completamente independentes. O tempo para a evolução da inteligência é presumivelmente determinado por processos químicos e biológicos na superfície de um planeta, enquanto o tempo de vida de uma estrela é ditado pela energia disponível a partir das reações de fusão nuclear no núcleo da estrela, pela luminosidade da estrela e pela interação entre esses dois aspectos e a força da gravidade. A partir dessa coincidência inesperada no caso do sistema Terra-Sol, Carter alegou ter demonstrado que o tempo necessário para a evolução de uma espécie inteligente seria *tipicamente* (ou seja, quase sempre) muito maior do que a janela de oportunidade que as estrelas oferecem a seus planetas habitáveis e, portanto, que a vida inteligente seria extremamente rara. A Terra, de acordo com o argumento de Carter, devia ser uma dessas excepcionalíssimas exceções.

Eis uma breve explicação do argumento de Carter em termos não matemáticos. Vamos examinar duas escalas de tempo: a escala de tempo para a evolução de vida inteligente na superfície de um exoplaneta e o tempo de vida da estrela hospedeira desse sistema planetário. Se essas duas escalas de tempo forem de fato independentes, então a probabilidade de ambas serem da mesma ordem de magnitude é extremamente pequena. Em vez disso, para duas quantidades totalmente independentes, cada uma das quais pode assumir uma faixa muito ampla de valores, é bem mais provável que uma seja muito maior do que a outra. Entretanto, se o tempo necessário para a evolução da vida inteligente for, *em geral*, muito menor do que o tempo de vida da estrela, seria extremamente difícil entender por que, *no primeiro sistema* em que encontramos vida inteligente — o sistema Terra-Sol —, descobrimos que as duas escalas de tempo são quase iguais (dentro de um fator de dois). Ao invés, deveríamos ter descoberto que a evolução havia produzido uma espécie inteligente quando a Terra era muito mais jovem (digamos, com apenas 100 milhões de anos).

Por outro lado, se o tempo necessário para a evolução da vida inteligente for, *em geral*, muito mais longo do que o tempo de vida da estrela — significando que quase sempre a vida inteligente não se desenvolve na janela de oportunidade disponível —, deveríamos de fato *esperar* que, no primeiro sistema em que encontrássemos vida inteligente, as duas escalas de tempo fossem quase iguais. Isso porque apenas nos casos demasiado raros em que o tempo de evolução foi praticamente idêntico ao tempo de vida da estrela, a inteligência teria tido a chance de aparecer (já que o tempo para a evolução da inteligência sempre tem de ser menor ou igual ao tempo de vida da estrela). Portanto, a partir da quase igualdade das duas escalas de tempo no sistema Terra-Sol, Carter concluiu que as civilizações *tipicamente* inteligentes não têm tempo suficiente para evoluir, e a Terra é uma exceção muito rara.

Em um artigo publicado em 1999, um de nós (Livio) tentou examinar o argumento de Carter. Ele observou que se fosse possível mostrar que, à medida que o tempo de vida da estrela aumenta, o mesmo acontece com o tempo de evolução, então poderíamos até mesmo *esperar* constatar que as duas escalas de tempo seriam quase iguais no primeiro sistema que encontrássemos abrigando vida complexa. A razão é simples. O tempo de evolução não pode exceder o tempo de vida da estrela, uma vez que a vida precisa da estrela como fonte de energia. Paralelamente, sabemos que o número de estrelas aumenta com o aumento do tempo de vida (há muito mais estrelas de baixa massa, que também vivem mais).

Livio, portanto, usou um modelo simplificado para revelar que as duas escalas de tempo poderiam (pelo menos em princípio) estar relacionadas, em vez de serem totalmente independentes. Na atmosfera dos planetas, por exemplo, a radiação ultravioleta (UV) da estrela pode levar ao aumento inicial do oxigênio (e do ozônio) atmosférico, dividindo as moléculas de água. Devido a suas propriedades de absorção, o ozônio é necessário para proteger a vida multicelular emergente em terra da radiação UV. De forma ainda mais geral, como vimos no Capítulo 3, o fluxo de luz UV desempenha um papel importante nos processos relacionados à origem da vida. Essencialmente, a intensidade e o espectro da luz UV que uma estrela emite são definidos pelo tipo da estrela (sua temperatura de superfície e luminosidade) — as mesmas características que também determinam seu tempo de vida.

Assim sendo, Livio sugeriu que a conclusão sombria de Carter sobre a não existência de civilizações extraterrestres inteligentes pode não ser totalmente inevitável. Além disso, o longo tempo que o oxigênio levou para atingir níveis protetores na atmosfera da Terra e, coincidentemente, para níveis que suprissem as necessidades energéticas de animais de grande porte também poderia fornecer uma explicação simples para o surgimento tardio da vida complexa. Esse atraso (de cerca de 3 a 4 bilhões de anos) levou o zoólogo britânico Matthew Cobb a concluir que não há um impulso evolutivo significativo para a multicelularidade complexa. Assim como Carter, Cobb também concluiu que a vida inteligente deve ser extremamente rara. Na direção contrária dessa opinião, a necessidade de uma atmosfera rica em oxigênio indica que a vida complexa pode, na verdade, ter surgido na Terra muito rapidamente, mas apenas quando a existência de altos níveis de oxigênio permitiram seu surgimento.

O astrofísico Milan Ćirković, do Observatório Astronômico de Belgrado, e seus colegas levantaram outra objeção, mais básica, ao argumento de Carter. Eles apontaram que, devido a uma variedade de fenômenos astrofísicos e planetários potencialmente catastróficos para a vida (como explosões de raios gama, explosões de supernovas, episódios de congelamento "bola de neve" etc.), as duas escalas de tempo usadas por Carter em seu raciocínio (o tempo de vida da estrela e o tempo para a evolução de uma civilização inteligente) não são particularmente bem definidas, o que prejudica significativamente sua análise.

Já mencionamos que outro cético em relação à existência de vida extrassolar é o cosmólogo, astrobiólogo e autor Paul Davies. Seu pessimismo começa com sua convicção de que as leis fundamentais da física e da química são "indiferentes à vida". Ou seja, em sua opinião, não há nada nessas leis indicando a *vida* como um estado final favorável ou um objetivo maior. Além disso, ele afirma que nem sequer foi confrontado com "um argumento teórico convincente para um princípio universal de complexidade organizada crescente".

Em outras palavras, Davies sugere que não há nada que impeça uma sopa de substâncias químicas desordenadas de permanecer caótica para sempre (embora, como vimos, não tenha sido assim que a vida começou!). Além disso, em uma tentativa de atribuir um peso probabilístico mais específico ao seu pessimismo, Davies apresentou o seguinte argumento: suponhamos que a origem da vida necessite de uma sequência específica de dez etapas químicas críticas e certeiras (ele supõe que dez etapas representem, na melhor das hipóteses, uma subestimação do número real de etapas críticas absolutamente necessárias). Suponhamos ainda que cada uma dessas etapas tenha uma probabilidade de ocorrência (durante o período em que um exoplaneta permanece habitável) de 1% (mais uma vez, um valor que ele considera otimista). Então, a probabilidade combinada da vida se originar é incrivelmente baixa: de uma em cem bilhões de bilhões. Nesse caso, mesmo com uma estimativa da presença de provavelmente centenas de milhões de planetas habitáveis na Via Láctea, a chance de haver um segundo planeta que abrigue vida em nossa galáxia (além da Terra) seria insignificante. A conclusão sombria de Davies: "Provavelmente somos os únicos seres inteligentes observáveis no universo, e eu não ficaria muito surpreso se o sistema solar contivesse a única forma de vida observável no universo."

Nós, os autores, acreditamos que os estudos atuais sobre química prebiótica tornam essas conclusões prematuras. Conforme descrevemos nos Capítulos 2-5, as descobertas mais recentes dos pesquisadores da origem da vida parecem sugerir que nas últimas quatro décadas toda a perspectiva sobre essa questão estava equivocada. O debate passo a passo sobre "o que veio primeiro" originou-se de um cenário que presumia que seria necessário encontrar uma maneira de construir as primeiras células, um subsistema (por exemplo, informacional, metabólico, de compartimentalização) por vez, com cada subsistema abrindo caminho para o próximo. Isso mudou radicalmente nos últimos anos. O pensamento e os resultados experimentais atuais sugerem que seria possível produzir os componentes básicos de *todos* os subsistemas de uma só vez.

Pesquisas de laboratório indicam que, apesar de serem entidades muito complexas, as primeiras células podem ter surgido a partir de uma mistura de substâncias químicas dominada pelos componentes básicos necessários, e não de misturas incrivelmente complexas geradas, por exemplo, pelo experimento de Miller-Urey. Assim, em vez de presumir um processo composto por uma etapa de cada vez, o que os pesquisadores estão tentando fazer agora é desenhar o cenário de um caminho completo e robusto para a vida, que integre todos os dados de estudos de química prebiótica com observações de geologia, química atmosférica e astrofísica. Isso não quer dizer que saibamos a probabilidade do surgimento da biologia a partir da química. Essa probabilidade ainda pode ser muito pequena, mas é prematuro presumir que podemos estimar seu valor.

O físico e autor John Gribbin concorda com Davies sobre a escassez de civilizações tecnológicas. Ele escreveu um livro intitulado (de forma um tanto deprimente, do ponto de vista dos presentes autores) *Alone in the Universe: Why Our Planet Is Unique* [Sozinhos no universo: por que nosso planeta é único], no qual lista uma série de propriedades do sistema solar (como as características do próprio Sol, a presença do planeta gigante Júpiter etc.) e uma sequência de eventos cósmicos na história da Terra (como a formação da Lua como resultado da colisão de um planeta do tamanho de Marte com a Terra, o impacto de asteroides que provocou a extinção dos dinossauros etc.), que ele acredita terem sido, em última análise, responsáveis pelo surgimento de uma forma única de vida inteligente em nosso planeta. Ele encerra o livro com uma declaração categórica: "As razões pelas quais estamos aqui formam uma cadeia tão improvável que a chance de qualquer outra civilização tecnológica existir na Via Láctea é atualmente muito pequena. Estamos sozinhos, e é melhor nos acostumarmos com essa ideia."

A TERRA É EXCEPCIONAL?

Tanto Davies quanto Gribbin expressaram suas crenças fundamentadas na raridade da vida inteligente na galáxia cerca de uma década depois que o geólogo Peter Ward e o astrônomo Donald Brownlee publicaram seu sistemático e bem pesquisado (e um tanto controverso) livro *Rare Earth: Why Complex Life Is Uncommon in the Universe* [Terra rara: por que a vida complexa é incomum no universo]. Ward e Brownlee apresentaram uma longa lista de critérios que vão desde a existência de placas tectônicas até o fato do planeta ser acompanhado por uma lua relativamente grande, e uma enumeração de contingências improváveis, todas as quais, em sua opinião, desempenharam um papel crucial na evolução da vida complexa na Terra. Para eles, o resultado final era simples: a vida microbiana pode ser comum no universo, mas é provável que a vida complexa e inteligente seja extremamente rara. No entanto, devemos dizer que nós, os autores, suspeitamos que Ward e Brownlee tenham partido de sua conclusão e ido em busca de argumentos que favorecessem seus vieses.

Também podemos tentar examinar a questão da escassez das civilizações tecnológicas em nossa galáxia a partir da perspectiva da equação de Drake. Seguindo a ordem dos respectivos componentes da equação, a escassez de espécies tecnológicas pode resultar do valor de qualquer um dos últimos cinco fatores $n_e f_l f_i f_c L$ (ou mais de um) ser extremamente baixo. Apenas como exemplo, mencionamos no Capítulo 6 que alguns estudos sugerem que os impactos de asteroides na Terra primitiva podem ter sido importantes para o surgimento da vida. A principal razão é que a interação do núcleo de ferro quente dos asteroides com a água pode acelerar o acúmulo de cianeto de hidrogênio, que, como vimos no Capítulo 3, foi crucial para a química prebiótica na Terra em lagos e seus sedimentos (sobretudo na forma de ferrocianeto). Como a formação de um cinturão de asteroides estável e o mecanismo que direciona os asteroides desse cinturão para impactar a Terra exigiam (no sistema solar) a presença dos planetas Júpiter e Saturno, a ausência de uma arquitetura semelhante de planetas gigantes em outros sistemas solares poderia (teoricamente) resultar em uma probabilidade menor de surgimento da vida. Devemos deixar claro, porém, que isso é apenas um exemplo. Não sabemos com certeza se os impactos de asteroides são de fato uma condição necessária para a vida. Além disso, o período de formação da Terra deve ter incluído uma fase de bombardeio gradualmente decrescente, com elementos relativamente grandes.

Todavia, de modo geral, parece para nós, os autores, um pouco mais provável que, se estivermos mesmo sozinhos na Via Láctea, isso não se deva apenas ao fato da vida não ter *surgido* em nenhum outro lugar, mas também porque a evolução para uma espécie inteligente e tecnológica, capaz de produzir sinais detectáveis, parece seguramente envolver uma série de etapas de probabilidade bastante baixa. Basta observar, por exemplo, que nem sequer é certo que uma civilização tecnológica teria surgido na Terra, não fosse o fatídico impacto de um asteroide, há cerca de 66 milhões de anos, que exterminou os dinossauros (junto com 80% de todas as espécies animais). Além disso, a história mostrou que até mesmo linhagens anteriores de hominídeos, os ancestrais do *Homo sapiens*, foram eliminadas muito antes de desenvolverem qualquer tecnologia mais avançada que um punhado de ferramentas muito básicas e primitivas.

Outra solução sugerida para o Paradoxo de Fermi, ainda na categoria geral de "estamos sozinhos", é a suposição de que o *tempo de vida* das civilizações tecnológicas, representado pelo fator L na equação de Drake, seja bastante curto. Isso pode ser resultado tanto de catástrofes produzidas pela civilização (como uma guerra nuclear), quanto de riscos cósmicos naturais. Entretanto, consideramos implausíveis essas soluções para o paradoxo. Embora não seja possível negar que uma guerra nuclear ou um desastre biotecnológico (como um que cause uma pandemia descontrolada) possa destruir nossa civilização atual, talvez seja menos previsível que essas catástrofes levem à extinção da nossa espécie. Além disso, é difícil acreditar que esse seria o destino de *todas* as civilizações avançadas da galáxia. Da mesma forma, embora os resultados do impacto de um grande asteroide ou da explosão de uma supernova próxima pudessem ser devastadores para a vida, é provável que civilizações excepcionalmente avançadas (se existirem) tenham desenvolvido mecanismos adequados de mitigação de riscos e defesa contra esses desastres.

Para provar esse ponto, até mesmo a investigação do Double Asteroid Redirection Test (DART), da Nasa, em setembro de 2022, demonstrou que o impacto cinético de uma sonda espacial do tamanho de um carrinho de golfe com um asteroide alvo do tamanho de um campo de beisebol (chamado *Dimorphos*) poderia efetivamente alterar a órbita do asteroide. A propósito, essa foi a primeira vez que humanos modificaram de maneira proposital o movimento de um objeto celeste e a primeira demonstração em grande escala da tecnologia de desvio de asteroides.

Nós, os autores, temos uma objeção mais filosófica em relação às soluções propostas para o Paradoxo de Fermi que invocam o caminho do "estamos sozinhos". O fato de sermos cientistas não significa que estejamos totalmente livres de opiniões pessoais e emoções, ou imunes a elas. Acreditamos que pensar que o único lugar na galáxia onde existe vida seja a Terra é no mínimo arrogante e muito antropocêntrico. Tal convicção, sem nenhuma evidência experimental ou observacional convincente, talvez tenha tido seu lugar na história passada da psique humana até a revolução científica, mas não depois dela. Agora, estamos mais inclinados a adotar uma posição mais humilde que ficou conhecida como o *Princípio de Copérnico*.

O astrônomo Nicolau Copérnico propôs, no século XVI, que o planeta em que vivemos não está no centro do sistema solar. Caso você esteja se perguntando, há uma razão convincente para o modelo copernicano, que foi inicialmente sugerido apenas para explicar as observações do sistema solar, ter sido elevado ao status de *princípio*. Nos séculos que se passaram desde que a ideia de Copérnico foi publicada, parece que esse conceito humilde — de que, na escala cósmica, os seres humanos não são nada de especial — vem ganhando cada vez mais apoio por meio de uma série de descobertas subsequentes de importância monumental.

Primeiro, Charles Darwin mostrou que, em vez de ser o apogeu da criação, os seres humanos são apenas um produto comum da evolução por meio da seleção natural. Segundo, o astrônomo Harlow Shapley revelou, no início do século XX, que o próprio sistema solar não está no centro da Via Láctea. Na verdade, está a quase dois terços de distância do centro, nos subúrbios galácticos. Terceiro, como já mencionamos, estimativas recentes baseadas em buscas por planetas extrassolares na Via Láctea colocam o número de planetas do tamanho da Terra na zona habitável ideal de suas estrelas hospedeiras potencialmente na casa das centenas de milhões, se não mais. Quarto, o astrônomo Edwin Hubble (que dá nome ao telescópio espacial Hubble) já havia demonstrado, em 1924, que existem outras galáxias além da Via Láctea. Além disso, as estimativas mais recentes do número de galáxias no universo observável nos dão o impressionante número de cerca de 2 trilhões. Até mesmo a matéria de que somos feitos — a matéria comum (*bariônica*) — parece constituir menos de 5% de toda a energia cósmica, sendo que o restante aparentemente está na forma de *matéria escura* — material que não emite nem absorve luz — e *energia escura* — uma forma suave de energia que permeia todo o espaço. E se tudo isso não for suficiente, nos últimos anos, muitos físicos teóricos começaram a especular que até mesmo o nosso universo inteiro pode ser apenas um membro de um enorme conjunto de universos — um *multiverso*.

O Princípio de Copérnico sugere, portanto, que devemos ter humildade — que, de uma perspectiva puramente física, somos apenas um grão de poeira no grande esquema cósmico —, em vez de acreditar que somos tão privilegiados a ponto de sermos a única civilização tecnológica inteligente em nossa galáxia. Consequentemente, nós, os autores, não estamos preparados (pelo menos não ainda) para aceitar a solução "estamos sozinhos", a menos que surja alguma evidência concreta e convincente sugerindo que outras espécies tecnológicas realmente não existem.

Duas outras classes de ideias foram propostas para resolver o Paradoxo de Fermi. Uma ampla categoria sustenta que civilizações extraterrestres de fato já estiveram aqui no passado ou, acreditemos ou não, que até mesmo estão aqui agora. Embora ainda não haja absolutamente nenhuma evidência que fundamente tal hipótese, seria difícil refutar vários dos cenários apresentados. Por exemplo, alguns cientistas, incluindo o astrofísico Fred Hoyle e os biólogos Francis Crick e Leslie Orgel, defenderam a *panspermia* — a migração de micróbios e extremófilos pelo espaço — como sendo a fonte da vida na Terra.

A panspermia é uma hipótese um tanto insatisfatória, pois apenas empurra a origem da vida para algum ambiente planetário desconhecido anteriormente. A razão pela qual a panspermia poderia ser relevante para o Paradoxo de Fermi é que Crick e Orgel sugeriram especulativamente que ela poderia ter sido deliberada, o que significaria que a vida na Terra foi plantada por alguma civilização alienígena avançada. Uma maneira de testar essa classe de soluções potenciais seria pesquisar com mais vigor a possibilidade de artefatos alienígenas à espreita no sistema solar. Mencionaremos adiante algumas tentativas nessa direção.

Um segundo esquema é ainda mais extremo. Ele segue a linha imaginativamente retratada na série de filmes de ficção científica distópica *Matrix*. Em outras palavras, sugere que a humanidade, e talvez até mesmo toda a vastidão cósmica que observamos, estão inconscientemente presas em uma realidade simulada projetada e administrada por alguma civilização hiperinteligente. Embora não haja nenhuma maneira de provar que essa hipótese está errada, aceitá-la como correta não nos ajuda a decifrar a origem da vida, não mais do que acreditar na panspermia ou em uma causa sobrenatural.

O último grupo de soluções propostas para o Paradoxo de Fermi pressupõe a existência das civilizações tecnológicas, mas que a humanidade ainda não foi capaz de descobri-las. Esse suposto fracasso em detectar quaisquer tecnoassinaturas pode se dever ao fato dessas civilizações não estarem muito interessadas em anunciar sua existência (ou talvez até mesmo ajam de maneira deliberada a fim de impedir sua detecção), ou porque nossa tecnologia ou metodologia são inadequadas e ainda não atingiram um nível suficientemente elevado para permitir detecções bem-sucedidas.

À PROCURA DE INTELIGÊNCIA: CONSIDERAÇÕES PRELIMINARES

Podemos estar procurando nos lugares errados (por exemplo, as exocivilizações com inteligência artificial podem não estar associadas a planetas), podemos estar usando os métodos errados (por exemplo, esses alienígenas podem não estar usando o que seria, para eles, uma comunicação por rádio há muito ultrapassada) ou simplesmente podemos não ser capazes de identificar e decifrar os sinais de uma civilização muito superior. Das três amplas categorias de soluções propostas para o Paradoxo de Fermi ("estamos sozinhos"; "eles estão aqui"; "eles existem, mas ainda não os encontramos"), a terceira nos parece talvez a mais plausível. Uma vez que as tecnologias tenham emergido, desenvolvem-se rapidamente, mas se as civilizações tecnológicas não forem de fato onipresentes, as chances de uma civilização estar em um estágio evolutivo sincronizado com o nosso são relativamente pequenas. Ao contrário, é provável que tais civilizações estejam separadas de nós em termos de progresso tecnológico, por centenas de milhões ou talvez até bilhões de anos. Nesse caso, considerando nossa relativa juventude como espécie tecnológica, é de esperar que sejamos aquela que ainda está muito atrasada. Se de fato, como sugerem os gurus da IA, após uma fase relativamente breve de inteligência biológica as civilizações forem dominadas por máquinas inteligentes, então até mesmo a premissa na qual se baseia o Paradoxo de Fermi pode estar errada.

O paradoxo surgiu da suposição de que civilizações inteligentes são expansionistas e se esforçam para conquistar todos os cantos da nossa galáxia. Mas se a inteligência na galáxia for realmente dominada por máquinas pensantes, isso pode mudar completamente as implicações da equação de Drake e ainda oferecer uma nova solução para o Paradoxo de Fermi. Em relação à equação de Drake, enquanto as civilizações de carne e osso podem ter duração curta, as máquinas conseguem ser quase imortais. Em segundo lugar, como não evoluíram por meio da seleção natural (que favorece e valoriza a "sobrevivência do mais apto"), as máquinas podem não ser movidas pelos mesmos tipos de tendências agressivas características dos humanos. Elas podem não estar interessadas em colonizar a galáxia, por exemplo, e assim o argumento básico de

A TERRA É EXCEPCIONAL?

Fermi para sua inexistência, pelo fato de ainda não as termos visto, não se aplicaria. Em vez disso, essas espécies muito superiores podem estar levando uma vida conscientemente introspectiva. Até onde sabemos, se contentariam em permanecer em seu local de origem, pensando em como melhorar seu próprio mundo.

Quais as consequências da detecção bem-sucedida de uma tecnoassinatura? Os desdobramentos naturalmente seriam muito diferentes, dependendo da origem suspeita. Por exemplo, um sinal identificado como originário de um exoplaneta específico nos forneceria a localização física de uma civilização alienígena, com todas as ramificações associadas a essa descoberta (por exemplo, a possibilidade de comunicação). Por outro lado, um sinal não associado a nenhum planeta e codificado além da compreensão poderia ter apenas implicações mais filosóficas em vez de aplicações práticas imediatas (por exemplo, para nossa percepção de autoestima ou para nossas crenças religiosas).

12. À procura de inteligência

As buscas

Eu, por exemplo, não estou tão impressionado com o sucesso que estamos obtendo aqui com nossa civilização a ponto de estar preparado para acreditar que somos o único lugar neste imenso universo onde há criaturas vivas e pensantes.

Winston Churchill, "Are We Alone in the Universe?"

Em 2016, quando um de nós (Livio) visitou o National Churchill Museum em Fulton, no estado americano do Missouri, o diretor do museu, Timothy Riley, entregou-lhe um ensaio datilografado de Winston Churchill. Para seu espanto, Livio descobriu que no ensaio de onze páginas intitulado "Are We Alone in the Universe?" [Estamos sozinhos no universo?], Churchill refletia de forma presciente sobre a existência de vida extraterrestre. Aparentemente, Churchill escreveu o primeiro rascunho desse ensaio, talvez para o jornal dominical londrino *News of the World*, em 1939, quando a Europa estava prestes a entrar em guerra. Em seguida, ele o revisou ligeiramente no fim da década de 1950, enquanto estava hospedado no sul da França, na casa de seu editor, Emery Reves. Wendy Reves, esposa do editor, doou o manuscrito para os arquivos do National Churchill Museum na década de 1980. Riley, que se tornou diretor do museu em maio de 2016, tinha acabado de redescobrir o manuscrito, até então inédito. A citação no início deste capítulo vem desse intrigante texto. Churchill sarcasticamente acrescentou que não acreditava que "somos o tipo mais elevado de desenvolvimento mental e físico que já apareceu na vasta extensão do espaço e do tempo".

Muitos hoje pensam como Churchill, mas especular sobre isso é uma coisa, provar que existem outras civilizações tecnológicas (biológicas ou de IA) é outra. Aqui, descreveremos brevemente algumas das buscas por tecnoassinaturas realizadas até o momento, e examinaremos ideias sobre o que fazer a seguir.

Buscas eletromagnéticas

Até agora, grande parte dos esforços para detectar tecnoassinaturas concentrou-se na busca por sinais de rádio. As principais razões são simples: a radiação eletromagnética viaja à velocidade da luz, é relativamente fácil (e barata) de transmitir e receber, além de ser o tipo de radiação emitida por nossas próprias redes de TV e canais de rádio. Ao mesmo tempo, como não sabemos nem as frequências em que as civilizações alienígenas poderiam transmitir, nem a natureza, a direção e o momento dos possíveis sinais, as pesquisas anteriores tentaram fazer conjecturas sobre onde, como e quais tipos de sinais procurar. Por exemplo, como a busca por vida em geral adotou uma filosofia de "seguir a água", a faixa de frequências entre 1,4 e 1,7 giga-hertz (GHz), conhecida como "buraco de água" tem sido uma das faixas favoritas da busca por sinais de rádio (1,42 GHz é emitido por átomos de hidrogênio, e 1,67 GHz, pelo componente OH da água). Da mesma forma, uma vez que uma civilização avançada pode detectar a presença de vida em outros planetas através da espectroscopia de trânsito, foi sugerido que eles também possam anunciar sua própria existência (supondo que queiram fazê-lo e que ainda vivam na superfície de um planeta) enquanto seu planeta natal estiver transitando a estrela hospedeira. Nem é preciso dizer que uma atenção especial tem sido dada aos planetas da zona habitável (incluindo o popular sistema TRAPPIST-1).

Muitas das buscas por sinais de rádio até agora foram realizadas com a ajuda de várias ramificações do Projeto SETI, cuja encarnação moderna teve como pioneiro o astrônomo Frank Drake, seguindo as ideias originais e inspiradoras dos físicos Giuseppe Cocconi e Philip Morrison. As pesquisas têm utilizado uma variedade de observatórios de rádio, como o Green Bank Telescope, o Allen Telescope Array, o Jansky Very Large Array, o Murchison Widefield Array e o Low-Frequency Array (LOFAR). O que foi encontrado? Infelizmente, nada até o momento — quer dizer, nenhuma transmissão de rádio persistente (nas frequências usadas, até o limite de detecção). No entanto, considerando que o número total de estrelas ou sistemas exoplanetários pesquisados de maneira metódica ainda seja muito pequeno em comparação ao número de estrelas na galáxia, os dados são excessivamente insuficientes para permitir qualquer conclusão embasada.

A esse respeito, devemos observar que o lado oculto da Lua seria um excelente local para um observatório de rádio, já que essa face é praticamente livre de contaminação por emissões de rádio humanas, permitindo assim buscas com uma sensibilidade sem precedentes. Observatórios de rádio para investigações cosmológicas já foram e estão sendo construídos na Terra, com o objetivo de detectar a emissão de hidrogênio cósmico do universo primitivo. Acontece que as faixas de radiofrequência cobertas por esses radiotelescópios coincidem exatamente com a faixa de frequências usadas para telecomunicações por rádio na Terra. Consequentemente, esses observatórios (no solo e mais ainda, no outro lado da Lua) seriam capazes (em princípio) de detectar o vazamento de transmissões de rádio de exocivilizações semelhantes.

Curiosamente, houve um sinal de rádio em 1977, que de início gerou muito entusiasmo, sendo até elevado ao status de receber seu próprio nome: o sinal *Wow!*. O sinal em questão foi registrado em 15 de agosto daquele ano pelo radiotelescópio Big Ear, da Universidade Estadual de Ohio, como parte do Projeto SETI. Ele foi descoberto nos dados alguns dias depois pelo astrônomo Jerry Ehman, que escreveu "Wow!" na impressão do computador. O sinal consistia numa emissão de banda estreita próxima da frequência de 1,4 GHz do hidrogênio e tinha uma intensidade muito acima do ruído de fundo. Embora tenha havido várias tentativas de encontrar o sinal de novo — sendo a mais recente delas em 2022, pelo projeto Breakthrough Listen (veja a descrição adiante), essas buscas não conseguiram detectar nada. Como resultado, os pesquisadores concordam que o sinal "Wow!" não pode ser considerado uma tecnoassinatura genuína.

Em 2022, astrônomos chineses usando o radiotelescópio Five-hundred-meter Aperture Spherical Telescope (FAST) detectaram um sinal de rádio que, supostamente, poderia ser de uma civilização extraterrestre — ou seja, estava na frequência de 1140,604 MHz, com uma largura de banda muito estreita. Além disso, o sinal parecia vir da direção de um exoplaneta rochoso chamado Kepler 438b, que está na zona habitável de uma estrela anã vermelha. No entanto, assim como em casos anteriores, o sinal foi rapidamente descartado como sendo resultado da interferência de radiofrequência (RFI) da Terra, e os pesquisadores concluíram: "Embora ainda não tenhamos determinado a causa exata desse sinal, sua característica de polarização sugere que é mais provável que ele seja atribuído à RFI."

Uma nova iniciativa, que constitui o empreendimento mais ambicioso do SETI até o momento, foi lançada em 20 de julho de 2015 e começou a operar em janeiro de 2016. O programa, conhecido como Breakthrough Listen, planeja pesquisar o milhão de estrelas mais próximas do Sol, bem como o centro da Via Láctea, e até mesmo tentar "ouvir" possíveis mensagens oriundas das cem galáxias mais próximas da nossa. O projeto foi iniciado com um financiamento de 100 milhões de dólares do empresário Yuri Milner e com milhares de horas de observação garantidas no telescópio Green Bank, no hemisfério norte, e no telescópio Parkes, no hemisfério sul.

Nos resultados divulgados até 2022, nenhuma tecnoassinatura confirmada tinha sido encontrada. No entanto, em abril e maio de 2019, um sinal intrigante em uma frequência de 982,002 MHz foi detectado pelo radiotelescópio Parkes, aparentemente vindo da direção da estrela mais próxima do sistema solar, Proxima Centauri. Sabe-se que essa estrela tem pelo menos dois planetas, um dos quais é rochoso. Observou-se que a frequência do sinal apresentava um leve desvio, de uma forma geralmente consistente com o efeito Doppler de um objeto em órbita, embora isso não seja consistente com o movimento de nenhum planeta conhecido no sistema Proxima Centauri. Em uma expressão das esperanças dos observadores, o sinal foi chamado de Breakthrough Listen Candidate 1 (BLC1), mas alguma forma de interferência de radiofrequência terrestre ainda era considerada pelos veteranos do SETI a fonte mais provável. No fim de 2020, observações de acompanhamento não conseguiram detectar o sinal novamente e, após uma análise mais aprofundada em 2021, a equipe do Breakthrough Listen concluiu que "o BLC1 não é uma tecnoassinatura extraterrestre, mas sim uma intermodulação eletronicamente flutuante, produto de interferentes locais e variáveis no tempo e alinhados com a cadência de observação".

Um segundo tipo de sinal eletromagnético procurado estava na forma de feixes de laser colimados ópticos (e, em menor escala, infravermelhos), que mantêm sua forma por longas distâncias). A ideia era que uma civilização avançada talvez preferisse usar essa tecnologia para comunicação interestelar. Nesse caso, no entanto, em vez de procurar sinais de longa duração, as buscas se concentraram sobretudo em tentativas de detectar pulsos curtos. Infelizmente, apesar de meia dúzia de estudos terem pesquisado mais de 20 mil estrelas, nenhuma evidência de sinais de laser pulsado foi encontrada.

Duas das estrelas submetidas a um exame do tipo SETI merecem uma menção especial, apesar de seus nomes pouco inspiradores. São elas: a HD 139139 e a KIC 8462852. A primeira — uma estrela semelhante ao Sol a cerca de 350 anos-luz de distância da Terra — provavelmente é parte de um sistema estelar binário, tendo como estrela secundária uma anã vermelha. A HD 139139, apelidada de Random Transiter, apresenta várias diminuições em seu brilho (28 eventos em um período de 87 dias), algo que se assemelha ao que é causado por planetas parecidos com a

A TERRA É EXCEPCIONAL?

Terra em trânsito, exceto pelo fato de que as diminuições não parecem ser periódicas. Naturalmente, a estrela se tornou um alvo das buscas por tecnoassinaturas. Em particular, o Breakthrough Listen observou a HD 139139 com o telescópio Green Bank, mas não detectou nenhum sinal.

A segunda estrela de interesse, KIC 8462852, também é conhecida como "Estrela de Tabby" ou "Estrela de Boyajian", em homenagem à astrônoma Tabetha S. Boyajian, principal autora do artigo de 2015 que anunciou a descoberta das flutuações irregulares na luz dessa estrela. Essas flutuações incluem uma redução de brilho de até 22%. Embora muitas explicações para o comportamento peculiar de escurecimento da estrela tenham sido propostas, nenhuma delas é considerada totalmente satisfatória. As teorias variam desde flutuações produzidas por fragmentos resultantes da explosão de uma lua órfã, até megaestruturas eclipsantes construídas por uma civilização alienígena, como uma esfera de Dyson (projetada para capturar uma fração considerável da produção de energia da estrela). No entanto, as buscas do SETI por sinais ópticos e de rádio no período de 2015 a 2017 não encontraram nenhuma evidência de indicadores relacionados à tecnologia provenientes da Estrela de Tabby. O Breakthrough Listen também examinou a estrela de Tabby em 2019 com o Automated Planet Finder, no observatório Lick, mas os resultados relacionados a sinais de laser foram igualmente nulos.

Os resultados negativos até agora podem parecer desanimadores, mas devemos ter em mente que, mesmo ignorando o fato de não sabermos onde nem como procurar, a fração da Via Láctea alcançada por sinais de radiocomunicação da Terra não passa de 1%. Para termos mais chances de sucesso, talvez seja necessário que nossos sinais alcancem aproximadamente metade de todos os exoplanetas adequados antes de esperarmos um sinal de retorno. Isso coloca o tempo mais provável para a recepção de um sinal de rádio de outra civilização em nossa galáxia (supondo que ela exista e use esse tipo de tecnologia) em cerca de 1.500 anos no futuro. Além disso, existe a possibilidade de que a comunicação por rádio (ou óptica/infravermelha) seja considerada arcaica por uma forma de vida avançada. O uso dessa tecnologia talvez tenha sido de curta duração na maioria das civilizações e, portanto, extremamente raro em grandes extensões da nossa galáxia ou do universo.

A questão, então, é se existe algum tipo de tecnoassinatura genérica que poderíamos prever. Pelo menos em princípio, o consumo de energia pode ser uma marca registrada de qualquer civilização avançada, e o calor residual resultante parece ser praticamente impossível de ocultar. Uma das fontes de energia de longo prazo mais plausíveis à disposição de uma tecnologia extremamente avançada é a luz das estrelas. Civilizações alienígenas poderosas talvez construam megaestruturas chamadas "esferas de Dyson" para coletar energia de uma estrela, de muitas estrelas ou até mesmo de uma galáxia inteira. Outra fonte potencial de energia de longo prazo para uma espécie avançada é a fusão controlada de hidrogênio em núcleos mais pesados — um projeto de pesquisa em que a humanidade embarcou na década de 1940, no qual um pequeno ganho líquido de potência (um dispositivo que produz mais energia do que consome) foi confirmado pela primeira vez só em 2024. Em ambos os casos, no entanto, o calor residual e uma assinatura detectável associada ao infravermelho médio seriam um resultado inevitável. A questão é que, mesmo com a produção de energia de maior eficiência esperada de uma civilização tão avançada, a segunda lei da termodinâmica ainda garante que alguns processos sejam irreversíveis. Uma preocupação ao empregar essa metodologia de busca específica é que a emissão de poeira circunstelar possa confundir qualquer sinal hipotético. A esperança é que os sinais naturais sejam diferenciados dos artificiais por meio da espectroscopia.

Os resultados da maior pesquisa em infravermelho realizada até hoje pelo satélite Wide-field Infrared Survey Explorer (WISE) foram publicados em 2015. Os pesquisadores, liderados pelo astrônomo Roger Griffith, da Universidade Estadual da Pensilvânia, examinaram cerca de 100 mil galáxias em busca de emissões extremas no infravermelho médio (MIR). Eles não encontraram em sua amostra nenhuma galáxia que pudesse abrigar uma civilização alienígena que estivesse reprocessando mais de 85% de sua luz estelar no infravermelho médio, e apenas

A TERRA É EXCEPCIONAL?

cinquenta galáxias que tinham luminosidades MIR consistentes com mais de 50% de reprocessamento. Talvez o mais interessante seja o fato de terem identificado cinco galáxias espirais vermelhas cuja combinação de alta luminosidade no infravermelho médio (MIR) e baixa luminosidade no ultravioleta próximo (NUV) foi inconsistente com as expectativas simples de altas taxas de formação de estrelas.

A luminosidade NUV, dominada por estrelas jovens, costuma acompanhar a taxa de formação estelar, enquanto a luminosidade MIR, dominada pelas estrelas de baixa massa, muito mais abundantes, acompanha a massa estelar total. Entretanto, não foi descartada uma explicação mais prosaica para essas observações, como a presença de grandes quantidades de poeira interna. Mesmo assim, essas galáxias peculiares merecem observações de acompanhamento (tanto pelo SETI quanto pela astronomia convencional), antes de fazermos especulações precipitadas sobre se elas representam ou não a assinatura de espécies que dominam a galáxia. Esses achados curiosos destacam o fato de que as atividades do SETI com uso intensivo de dados podem levar, e muitas vezes levam, a descobertas científicas surpreendentes e interessantes sem nenhuma relação com o objetivo original de detecção de tecnoassinaturas.

Houve muitas outras sugestões sobre o que pode constituir assinaturas de artefatos indicando a potencial presença de uma civilização avançada. Por exemplo, a detecção de várias formas de poluição industrial atmosférica ou produtos radioativos de vida curta (e talvez até mesmo um aquecimento global concomitante). Nós, os autores, acreditamos que esses fatores podem não oferecer uma alta probabilidade de detecção, uma vez que esses artefatos são necessariamente transitórios. Basicamente, esperamos que alienígenas inteligentes aprendam a mudar seu comportamento para melhor ou se destruam.

No Capítulo 10, apresentamos uma breve discussão sobre a possibilidade de existência de espécies não biológicas. Observamos que há pouca dúvida de que existam limites químicos e metabólicos para o tamanho e o poder de processamento dos cérebros orgânicos, mas que esses mesmos limites não se aplicam aos computadores quânticos (ou mesmo aos eletrônicos). Isso significa que a capacidade intelectual e a intensidade dos cérebros orgânicos na Terra serão quase certamente superadas por alguma forma de inteligência artificial, dado que esta última se encontra em seus estágios iniciais. A única questão é quando isso vai acontecer. O cientista da computação Ray Kurzweil e alguns outros futuristas acreditam que a "singularidade" — o domínio da IA — não está a mais do que algumas décadas de distância. Mas mesmo que leve alguns milênios, isso não é nada comparado às escalas evolutivas de tempo necessárias para o surgimento dos seres humanos. Milhares de anos também não são mais do que um piscar de olhos em comparação ao tempo de vida de estrelas semelhantes ao Sol, na órbita das quais civilizações tecnológicas poderiam surgir. Isso significa que, pelo menos em princípio, os humanos podem ser intelectualmente muito inferiores às civilizações tecnológicas alienígenas.

Como já observamos, uma questão importante que surge está relacionada ao problema da consciência. Ou seja, pesquisadores e filósofos ainda estão debatendo se a consciência é uma propriedade *emergente* — que todos os sistemas computacionais suficientemente complexos acabarão possuindo — ou se ela está associada apenas aos cérebros biológicos. Se as máquinas, por mais "inteligentes" que possam se tornar, ainda assim não tiverem consciência de si mesmas e do mundo, provavelmente vamos considerá-las apenas aquilo que os filósofos chamam de "zumbis", e a detecção de tais seres, embora por si só interessante, será um pouco menos empolgante. Por outro lado, o desenvolvimento de sistemas robóticos que sejam eficazes na execução de atividades de propósito geral no mundo real quase certamente exigirá que o cérebro robótico modele não apenas o mundo externo, mas também seu estado interno, possivelmente levando ao surgimento espontâneo e não intencional da autoconsciência. A questão de como desejos e valores podem surgir espontaneamente em sistemas robóticos/computacionais é ainda mais misteriosa e relevante. Afinal de contas, por que um sistema de IA exploraria a galáxia (ou se esconderia) se não tivesse o desejo de fazê-lo?

A TERRA É EXCEPCIONAL?

Em relação à busca por tecnoassinaturas, a possibilidade de dominação por máquinas pós-humanas introduz mais uma intrigante reviravolta. O argumento que defendemos é que as criaturas orgânicas precisam de uma superfície planetária (e de um solvente) para que as reações químicas que levam à origem da vida ocorram. Mas se forem realmente seres inteligentes totalmente eletrônicos, os pós-humanos não precisarão mais nem de água líquida nem de uma atmosfera. Podem até preferir um ambiente de gravidade zero, especialmente para a construção de estruturas em grande escala. Portanto, talvez seja no espaço sideral, e não na superfície de um exoplaneta, que mentes não biológicas possam existir e prosperar.

O tipo de inteligência orgânica de nível humano com o qual estamos familiarizados pode ser, de maneira genérica, apenas uma breve fase da evolução, antes das máquinas assumirem o controle. Se a inteligência alienígena tivesse evoluído de forma semelhante, seria extremamente improvável que a detectássemos nesse breve período de tempo em que ela ainda existia na forma orgânica. Particularmente, se fôssemos detectar uma civilização tecnológica extraterrestre, seria muito mais provável que ela fosse eletrônica, onde as criaturas dominantes não são de carne e osso.

Portanto, embora até agora a busca por inteligência extraterrestre tenha se concentrado em sinais de rádio ou ópticos, devemos estar mais atentos às evidências de projetos de engenharia não naturais, como as "esferas de Dyson", construídas para coletar uma grande fração da energia estelar, e até mesmo à possível presença de artefatos alienígenas que permaneçam ocultos em nosso próprio sistema solar. Investigar essa última possibilidade é, na verdade, o objetivo do Projeto Galileo, liderado pelo astrônomo Avi Loeb, de Harvard, um defensor fervoroso da busca por tecnoassinaturas.

Em julho de 2023, Loeb e sua equipe descobriram restos de um meteoro que caiu nas águas de Papua-Nova Guiné em 2014, na forma de esférulas metálicas. Com base na velocidade registrada do meteoro, Loeb e seus colaboradores concluíram que ele provavelmente era de origem interestelar. As esférulas tinham entre 0,05 e 1,3 milímetro, totalizando cerca de 850. A partir de uma análise da composição de cerca de cinquenta esférulas, Loeb e sua equipe afirmaram que cinco delas (que apresentavam uma alta porcentagem de berílio, lantânio e urânio) se originaram fora do sistema solar. Inicialmente, Loeb especulou que esses poderiam ser fragmentos de uma espaçonave ou de algum outro dispositivo tecnológico.

Depois que as esférulas foram levadas para Harvard para uma análise mais aprofundada, a equipe declarou em uma publicação que a composição incomum "poderia ter se originado de um oceano de magma altamente diferenciado de um planeta com um núcleo de ferro fora do sistema solar ou de fontes mais exóticas". Um estudo independente posterior realizado por Patricio Gallardo, da Universidade de Chicago, sugeriu que a composição das esférulas é consistente com contaminantes de cinzas de carvão, ou seja, poluição industrial gerada pelo homem. Embora a equipe de Loeb tenha contestado essa afirmação, a maioria dos astrônomos é extremamente cética quanto à sugestão de que as esférulas estejam associadas a uma sonda espacial alienígena. Muitos até consideraram as declarações de Loeb tão extravagantes que levantaram a preocupação de que tais afirmações especulativas criariam uma falsa impressão sobre a sólida maneira com que a ciência é verdadeiramente conduzida. No entanto, devemos observar que nós, os autores, apoiamos a ideia geral de buscar possíveis artefatos alienígenas no sistema solar. Ao contrário dos sinais eletromagnéticos, que poderiam ser criptografados de tal forma que nem mesmo os reconheceríamos como algo criado artificialmente, os artefatos tecnológicos (se encontrados) poderiam ser mais fáceis de identificar como tais. Mesmo que artefatos de extraterrestres não sejam encontrados, essas buscas podem levar, assim como as buscas por sinais eletromagnéticos de ETs, à descoberta de surpresas cientificamente interessantes não relacionadas ao objetivo original.

Outro corpo astronômico que gerou considerável discussão e controvérsia foi um objeto interestelar detectado em 19 de outubro de

2017, passando rapidamente pelo sistema solar. Ele é mais conhecido como Oumuamua, que, em havaiano, quer dizer "primeiro mensageiro distante" ou "batedor". Além de ter claramente se originado de fora do sistema solar com base em sua velocidade e trajetória, o que tornava o Oumuamua intrigante era o seu formato incomum de charuto ou panqueca (tendo de 90 a 900 metros de comprimento e apenas de 35 a 170 metros de largura e espessura). Ele também não apresentava sinais de uma coma cometária — o envoltório nebuloso formado pela sublimação do núcleo de um cometa. Para efeito de comparação, os cometas costumam ter alguns quilômetros de diâmetro. Como resultado de suas características peculiares, pensou-se inicialmente que o objeto fosse um asteroide, mas uma análise mais aprofundada em 2018 mostrou que ele também exibia uma aceleração não gravitacional à medida que se afastava do sistema solar.

Dadas as propriedades únicas do Oumuamua, não causou surpresa que Loeb tenha sugerido que a rocha poderia ser uma sonda alienígena produzida por uma tecnologia extraterrestre. Entretanto, observações de rádio feitas pelo Allen Telescope Array, do SETI Institute, e pelo telescópio Green Bank, do Breakthrough Listen, não detectaram sinais de rádio incomuns. Além disso, em um artigo publicado em março de 2023, a astroquímica Jennifer Bergner, da Universidade da Califórnia, em Berkeley, e o astrônomo Darryl Seligman, da Universidade Cornell, sugeriram que o objeto era consistente com a hipótese de um cometa minúsculo, acelerado por quantidades muito pequenas de gás hidrogênio expelido de um núcleo gelado. Isso não quer dizer que todos concordem que esse seja o modelo correto, mas a maioria dos astrônomos acredita que, apesar de sua estranheza, não é possível afirmar que se trata de uma nave espacial alienígena. Basicamente, ele não passa no teste da máxima de Sagan: "Alegações extraordinárias exigem evidências extraordinárias." A propósito, um segundo objeto interestelar foi descoberto em 2019 pelo astrônomo amador Gennadiy Borisov (e batizado de "2I/Borisov"), mas, nesse caso, o objeto era sem dúvida um cometa oriundo de fora do sistema solar.

De modo geral, ainda não fizemos nenhuma detecção convincente de uma tecnoassinatura, mas também sabemos que talvez nossa abordagem tenha sido um tanto equivocada. Junto com alguns outros pesquisadores, como o astrofísico Martin Rees, da Universidade de Cambridge, nós, os autores, agora pensamos que, se o SETI tiver sucesso, é improvável que o sinal observado seja uma mensagem simples e decifrável. Em vez disso, pode ser o subproduto não intencional (ou talvez até mesmo o resultado de um acidente ou mau funcionamento) de alguma máquina supercomplexa, muito além da nossa compreensão. Mesmo que mensagens alienígenas tenham sido transmitidas, talvez não as reconheçamos como artificiais porque não saberemos como decifrá-las, da mesma forma que um engenheiro de rádio veterano, familiarizado apenas com a modulação de amplitude (AM), talvez tivesse dificuldade para decodificar comunicações modernas sem fio cifradas digitalmente. De fato, hoje, as técnicas de compressão de dados buscam fazer com que os sinais se pareçam o máximo possível com ruído irregular.

Para concluir: as conjecturas sobre vida tecnológica avançada e inteligente envolvem muito mais incertezas do que aquelas sobre a natureza da vida simples. Em particular, as buscas do SETI até agora podem ter sido mal orientadas. É bem possível que as civilizações tecnológicas alienígenas não sejam orgânicas ou biológicas. Dessa forma, elas podem não ter permanecido na superfície do exoplaneta onde seus precursores biológicos viveram e evoluíram, e certamente não seremos capazes de compreender ou prever seus motivos, intenções ou comportamento. Como resultado, as tentativas de estimar os fatores mais incertos da equação de Drake podem acabar não sendo úteis na busca por tecnoassinaturas.

Não podemos encerrar este capítulo sem ao menos mencionar as alegações de avistamento de Objetos Voadores Não Identificados (OVNIs) ou, como são chamados agora, Fenômenos Aéreos Não Identificados (FANIs). O assunto não pode ser ignorado, especialmente porque, em 26 de julho de 2023, três ex-oficiais militares declararam a um comitê de supervisão da Câmara dos Representantes do Congresso dos Estados

Unidos que acreditavam que o governo norte-americano sabia muito mais sobre FANIs do que divulgava para o público. Eles deram depoimentos confusos sobre o que consideraram avistamentos de objetos inexplicáveis e até mesmo sobre a posse governamental do que chamaram de matéria biológica "não humana", embora não tenham fornecido nenhuma evidência para corroborar essas alegações. Na verdade, como diversos especialistas têm apontado ao longo dos anos, muitos desses fenômenos podem ser atribuídos a vários tipos de balões, drones, eventos atmosféricos, ilusões de óptica, luzes piscantes de aviões comerciais, ou simplesmente fraudes. De fato, a reação do Pentágono foi a de que não viram nenhuma evidência que ligasse os FANIs a atividades alienígenas, embora *a priori* não descartem essa possibilidade.

Um grupo independente de dezesseis especialistas convocados pela Nasa também não encontrou nenhuma evidência de que os FANIs sejam de natureza extraterrestre, embora alguns eventos tenham desafiado explicações. Nós, os autores, não vimos em todas as alegações publicadas nada que atinja o nível de evidência extraordinária para a existência de civilizações tecnológicas alienígenas. Para nós, portanto, as histórias de OVNIs ou FANIs permanecem, por enquanto, como um artefato cultural interessante, em vez de representarem descobertas científicas. Nesse aspecto, o conselho de Jason Wright, astrobiólogo da Universidade Estadual da Pensilvânia, parece apropriado: "Mantenha-se cético, mas não cínico."

Isso nos leva a um breve resumo (no próximo capítulo) de onde achamos que estamos agora na corrida pela produção de uma célula viva a partir da química laboratorial e na busca por vida extraterrestre.

13. Epílogo

Uma descoberta iminente?

Portanto, a questão não é tanto ver aquilo que ninguém ainda viu, mas sim pensar, sobre algo visto por todos, o que ninguém ainda pensou.

Arthur Schopenhauer, *Parerga e Paralipomena*

Como começou a vida na Terra? A vida surgiu em outros lugares de nossa galáxia? Essas foram as duas perguntas principais e fundamentais com as quais começamos este livro. A solução parece próxima, mas ainda não temos uma resposta definitiva para nenhuma dessas questões. Na verdade, precisamos entender que talvez nunca saibamos *exatamente* o que aconteceu na Terra há cerca de 4 bilhões de anos, quando a química prebiótica formou as primeiras protocélulas, ou quando essas células primitivas começaram a evoluir para algo parecido com a vida moderna. No entanto, vimos como, usando o conhecimento adquirido por meio de experimentos químicos engenhosos, estudos geológicos, observações astronômicas avançadas e teorização imaginativa, pesquisadores conseguiram delinear um caminho muito plausível (ainda que incompleto) que leva desde a formação da Terra até o surgimento das primeiras células. Ao mesmo tempo, também apresentamos as surpreendentes descobertas de astrônomos e astrobiólogos nas últimas três décadas — as quais nos deixaram muito próximos de sermos capazes de detectar vida extraterrestre (se ela não for extremamente rara) ou, pelo menos, de impor restrições estatísticas significativas sobre quão rara essa vida pode ser.

A busca pela origem da vida ou por vida extraterrestre pode parecer esotérica e distante dos problemas que enfrentamos em nosso cotidiano, mas essa sempre foi a natureza da pesquisa básica. O renomado físico-químico sueco Svante Arrhenius publicou em 1909 um livro fascinante intitulado *The Life of the Universe* [A vida do universo]. Ele concluiu o livro com os seguintes comentários reflexivos:

> *Nada pode ser mais equivocado do que afirmar que o tempo gasto na teorização sobre problemas cosmogônicos é um desperdício, e que nunca avançaremos além do conhecimento dos filósofos da Antiguidade. (...) A cultura e a civilização se expandem quando a raça humana avança. E descobrimos, em particular, que o cientista tem, em todas as épocas, falado em nome da humanidade.*

A julgar pela história, concordamos com a afirmação de que existem dois tipos de ciência: a aplicada e a *ainda não* aplicada. Uma citação famosa a esse respeito é atribuída pelo historiador irlandês W. E. H. Lecky ao grande experimentalista em eletromagnetismo do século XIX, Michael Faraday. Ela se refere a uma conversa entre Faraday e William Gladstone, que na época era o chanceler do Tesouro britânico, responsável pelo orçamento nacional. Lecky escreve em seu livro de 1899, *Democracy and Liberty* [Democracia e liberdade]: "Um amigo íntimo de Faraday me relatou certa vez, quando Faraday estava tentando explicar a Gladstone e a vários outros uma nova e importante descoberta da ciência, como o único comentário de Gladstone foi: 'Mas, afinal de contas, para que serve isso?' 'Ora, senhor', respondeu Faraday, 'há grandes chances de que em breve o senhor possa taxá-la!'" De fato, quando James Watson e Francis Crick começaram a construir modelos da estrutura do DNA,

EPÍLOGO: UMA DESCOBERTA IMINENTE?

não poderiam imaginar que seu trabalho daria origem, por exemplo, a uma indústria de biotecnologia de DNA que revolucionou a medicina e vale centenas de bilhões de dólares.

Então, onde estamos agora nas tentativas de sintetizar uma célula viva em laboratório e nos esforços observacionais a fim de detectar vida extraterrestre? Em ambas as áreas, houve grandes avanços na última década, e há um crescente entusiasmo de que muitas das perguntas restantes também sejam respondidas em breve. Talvez o aspecto mais maravilhoso desse progresso seja o surgimento de novas questões que, até pouco tempo atrás, nem tínhamos o conhecimento satisfatório para elaborar. Eis um breve resumo do estado atual da ciência sobre a origem e a prevalência da vida, junto com algumas das perguntas que só pudemos fazer recentemente, porque acumulamos o conhecimento necessário para isso.

Origem da vida

Os problemas mais cruciais não resolvidos no caminho da química pura para a biologia podem ser divididos em três grupos: as questões remanescentes na síntese dos componentes básicos da biologia, os obstáculos associados à montagem das primeiras células e as dúvidas relativas à evolução subsequente da vida primitiva. Em termos da síntese de nucleotídeos, agora dispomos de um caminho químico conciso e eficiente para a produção dos nucleotídeos de pirimidina (os elementos básicos C e U). Como vimos, podemos traçar esse caminho desde a captura de cianeto da atmosfera, na forma de sais de ferrocianeto que se acumulam com o tempo para gerar um depósito de material inicial. O processamento térmico posterior desse material pelo calor e pela pressão de fluxos de lava ou impactos de meteoritos, seguido de resfriamento e posterior lixiviação por águas subterrâneas, geraria uma solução altamente concentrada de matérias-primas reativas, como cianeto e cianamida.

Uma vez trazidos para a superfície e expostos à luz ultravioleta, juntamente com a ajuda do sulfito proveniente da emissão de gases vulcânicos, carboidratos simples seriam formados, seguidos pela síntese do intermediário 2AO e, depois, do notável intermediário cristalino RAO. A reação com o cianoacetileno, por sua vez derivado de um depósito cristalino, gera o nucleosídeo anidro-C, que reage com sulfeto para formar o anômero α do tio-C (no qual um dos átomos de oxigênio foi substituído por um átomo de enxofre). A exposição à luz UV inverte a orientação da base nitrogenada para dar origem ao anômero biologicamente relevante β-2-tio-C, que permite ser desaminado em seguida (removendo o grupo amina) para dar origem ao 2-tio-U. Essas versões de C e U contendo enxofre podem então perdê-lo para gerar os nucleosídeos de pirimidina canônicos. Mas eis um exemplo de pergunta sobre a qual nem sequer sabíamos o suficiente para fazer antes que esse caminho tivesse sido traçado: o alfabeto genético primordial era baseado nas pirimidinas que continham enxofre ou em suas versões "modernas" sem enxofre? As vantagens e desvantagens de uma versão anterior do RNA baseada nos nucleotídeos que contêm enxofre são agora objeto de intenso trabalho experimental em vários laboratórios. Como mostramos, um aspecto muito satisfatório da química mencionada, que se baseia em cianeto, enxofre e luz UV, é que ela também explica a síntese de pelo menos oito dos aminoácidos que são universalmente usados como componentes básicos para a síntese de proteínas na biologia moderna. O fato dos aminoácidos e os nucleotídeos surgirem de um núcleo químico comum é um resultado surpreendente e verdadeiramente extraordinário dessas investigações químicas.

Esse breve resumo do elegante caminho para as pirimidinas C e U naturalmente levanta a questão dos nucleosídeos de purina (A e G), cuja síntese é a maior lacuna remanescente em nosso conhecimento sobre as origens do RNA. Nem é preciso dizer que isso também é objeto de intenso estudo experimental e debate, com a maioria dos pesquisadores compartilhando a esperança de que esse elo perdido seja encontrado em

EPÍLOGO: UMA DESCOBERTA IMINENTE?

breve. A segunda grande área de nossa ignorância é a química da ativação do fosfato (como anexar um fosfato aos nucleosídeos). Já temos uma variedade de meios químicos para ativar fosfatos que não são relevantes do ponto de vista prebiótico, e temos alguns (como um conhecido como química do isocianeto) que possuem pelo menos uma tênue plausibilidade prebiótica. No entanto, acredita-se amplamente que a descoberta de uma química robusta e realista que possa impulsionar a síntese de nucleotídeos ativados preencheria uma importante lacuna em nossa compreensão da síntese, cópia e replicação do RNA. Por fim, a síntese dos componentes lipídicos das membranas das protocélulas permanece em grande parte misteriosa e é claramente um aspecto da química prebiótica que merece mais atenção. Para concluir, ainda não chegamos lá, mas estamos nos aproximando de um estágio em que desvendaremos caminhos quimicamente eficientes para todos os componentes básicos da biologia.

Outras perguntas importantes ainda precisam ser respondidas. Em particular, a química que descrevemos deve ser colocada no contexto da geologia da Terra primitiva. Nesse estágio, temos apenas fragmentos de cenários prováveis. Um exemplo satisfatório é a plausibilidade bem modelada do acúmulo de sais de ferrocianeto em lagos de carbonato alcalinos, juntamente com o fosfato livre necessário para a produção de nucleotídeos. Há também a bela ideia recentemente proposta de que as formas de imagem espelhada do precursor de nucleotídeos RAO poderiam ser separadas por cristalização em uma superfície composta de magnetita. A magnetita é um mineral comum que se forma em lagos contendo ferro dissolvido que se oxida devido à exposição à luz UV e, em seguida, precipita-se na forma de complexos de ferro que se transformam em magnetita. Na presença de um campo magnético, como o campo magnético natural da Terra, os grãos microscópicos de magnetita são orientados por esse campo. A recente demonstração experimental de que uma das duas formas de imagem espelhada da RAO se cristaliza especificamente em uma superfície magnetizada é uma descoberta empolgante, que oferece uma possível solução para o problema da obtenção de nucleotídeos homoquirais em um ambiente abiótico. Existem experimentos sendo realizados para testar rigorosamente a plausibilidade desse processo em um ambiente realista da Terra primitiva.

Um último e muito difícil problema remanescente diz respeito à probabilidade de todos esses cenários geoquímicos separados terem se conectado na sequência certa para gerar todos os componentes básicos necessários para a vida juntos, ao mesmo tempo, no mesmo lugar. Por exemplo, a formação de depósitos de sais de ferrocianeto pode ser comum, mas, na maioria das vezes, eles também são passíveis de serem removidos ou destruídos e apenas raramente processados corretamente para produzir os compostos necessários para as etapas subsequentes. Além disso, esses compostos precisam ser transportados para um ambiente onde as próximas etapas possam ocorrer. Da mesma forma, depósitos cristalinos puros de RAO e CV-DCI podem se acumular em muitos locais, mas não sabemos com que frequência eles seriam posteriormente dissolvidos e combinados, nas condições certas, para gerar o próximo precursor dos nucleotídeos. O problema de como modelar corretamente essa série de acúmulos, processos de transporte e reações químicas continua sendo um grande desafio para o campo.

Resta ainda a questão de quão perto estamos de compreender como as primeiras protocélulas foram montadas. Vamos supor que um ambiente com todos os componentes necessários tenha existido em algum lugar da Terra primitiva. O que aconteceria então? Diante da presença de nucleotídeos ativados, a montagem espontânea de oligonucleotídeos de RNA (polímeros curtos de ácido nucleico) parece simples, já que vários tipos diferentes de ambientes em transição (com ciclos úmidos-secos e ciclos de congelamento-descongelamento) podem levar à polimerização. Da mesma forma, dada a presença de uma concentração suficientemente alta de lipídios, que poderiam ser tão simples quanto ácidos graxos, a automontagem de vesículas de membrana é praticamente inevitável.

EPÍLOGO: UMA DESCOBERTA IMINENTE?

Contanto que esses processos possam ocorrer juntos, não é difícil imaginar a montagem da estrutura básica da protocélula, ou seja, o RNA encapsulado dentro de vesículas de membrana. Até mesmo os aspectos mais complicados da reprodução da protocélula parecem estar perto de serem compreendidos, embora com certeza ainda existam lacunas em nosso conhecimento.

Como vimos, vários processos distintos podem levar ao crescimento e à subsequente divisão de vesículas de membrana simples, em condições que poderiam ocorrer facilmente na Terra primitiva. Mais pesquisas são necessárias para chegarmos a um entendimento semelhante sobre a replicação do RNA, mas a química básica de cópia está se tornando bem compreendida, e as ideias sobre como usar essa química para impulsionar a replicação estão sendo intensamente estudadas. A grande questão aqui é se a replicação, assim como o crescimento e a divisão das vesículas, deve ser impulsionada por flutuações ambientais — como ciclos de calor e frio — ou se poderia ocorrer em condições suaves e quase constantes. Outra questão importante em aberto é como a replicação do RNA poderia ocorrer com fidelidade suficiente para permitir a transmissão de uma quantidade útil de informações genéticas, ou seja, as informações necessárias para codificar um catalisador de RNA benéfico. Por fim, talvez o problema mais espinhoso e não resolvido de todos seja como a replicação do RNA poderia ocorrer em condições compatíveis com o crescimento e a divisão das vesículas. Afinal, tudo precisa funcionar em conjunto para que as protocélulas se reproduzam e comecem a evoluir. Ainda não se sabe se a solução para esse enigma está na descoberta de uma composição de membrana mais robusta, na descoberta de uma maneira diferente de catalisar a replicação de RNA ou em alguma combinação de ambos, mas suspeitamos que uma resposta será encontrada em um futuro não muito distante.

Uma vez que uma população de protocélulas reprodutoras tenha se estabelecido em algum ambiente local favorável, a questão é o que podemos esperar que tenha acontecido em seguida. A extinção instantânea poderia ser o resultado mais provável, dadas as ameaças da Terra primitiva, como erupções vulcânicas e impactos de meteoritos. Pode ser que populações de protocélulas tenham surgido muitas vezes em locais diferentes antes que uma delas tivesse a sorte de sobreviver por tempo suficiente para evoluir para uma forma de vida mais robusta, capaz de se dispersar pelo planeta, estabelecendo bases tão amplas que nenhum evento catastrófico pudesse destruir essa forma incipiente de vida primordial.

Como teriam sido as primeiras etapas da evolução darwiniana? Acredita-se que uma forte seleção para uma reprodução mais eficiente das protocélulas teria se concentrado na replicação do RNA. A evolução de uma ribozima capaz de catalisar a cópia e até mesmo a replicação de RNA, comumente chamada de replicase de RNA, é certamente uma possibilidade, e faz sentido que um catalisador que melhorasse a química da cópia de RNA ajudasse a tornar sua replicação mais robusta. Mas a replicação aprimorada do RNA só seria selecionada se melhorasse a reprodução ou a sobrevivência da própria protocélula. Isso poderia acontecer se a replicação do RNA estivesse associada ao crescimento da membrana, por exemplo, por meio de pressão osmótica. Entretanto, outra hipótese é que a primeira ribozima tenha feito algo completamente diferente. Uma vez que existisse uma ribozima inicial que tivesse um efeito vantajoso na protocélula, a replicação dessa sequência de RNA de maneira mais eficiente e precisa seria fortemente selecionada. A evolução de um maquinário de replicação mais qualificado permitiria que uma célula primordial mantivesse um genoma maior, capaz de codificar ribozimas adicionais que desempenhassem outras funções. Esse efeito em cascata poderia, passo a passo, permitir que uma população crescente de células primordiais explorasse ambientes diversos. Como essas células primitivas teriam se espalhado por ambientes distantes? Uma ideia popular é que poderiam ter sido capturadas em gotículas de aerossol resultantes da quebra de ondas e, em seguida, levadas pelo vento por longas distâncias.

EPÍLOGO: UMA DESCOBERTA IMINENTE?

Outra suposição é que as células primitivas poderiam ter secado e sido espalhadas como partículas de poeira. Quando pousavam em uma lagoa ou lago cheio de nutrientes, essas células se reidratavam e reiniciavam seu ciclo de crescimento e divisão. Embora no momento sejam apenas hipóteses, todas essas possibilidades podem ser testadas em experimentos de laboratório, o que deve nos dar uma ideia melhor de como a vida inicialmente se espalhou e colonizou toda a Terra primitiva.

Nesse ponto, podemos começar a pensar em como, uma vez que o processo de evolução darwiniana estava bem estabelecido, surgiram os sistemas complexos que são característicos de todas as formas modernas de biologia. Esses sistemas incluem o metabolismo celular, o sistema de tradução que permite a síntese de enzimas proteicas codificadas, as proteínas incrivelmente complexas que medeiam todo o transporte através das membranas celulares e, é claro, a especialização do armazenamento de informações no DNA. De fato, como as células relativamente simples do Mundo de RNA deram origem às células muito mais complexas da biologia atual continua sendo, em grande parte, um mistério — ou melhor, um conjunto de mistérios.

Embora não tenhamos evidências diretas, há algumas considerações lógicas simples que impõem restrições sobre como a vida moderna se desenvolveu e que podem ajudar a orientar futuras pesquisas. Vamos começar pensando na estrutura básica da protocélula: fragmentos de RNA replicante encapsulados em uma vesícula de membrana. Essa membrana precisava ser permeável o suficiente para permitir que nutrientes, como os nucleotídeos, produzidos no ambiente externo, entrassem na célula de forma espontânea. Isso implica que qualquer nutriente útil produzido dentro das células teria a mesma probabilidade de vazar para fora do que de ser usado internamente e, portanto, não haveria utilidade em ter um metabolismo interno até que a própria membrana se tornasse menos permeável. Por que isso aconteceria? Como vimos, a síntese de até mesmo uma pequena quantidade de fosfolipídios, talvez por uma ribozima com a atividade catalítica correta, levaria a um maior crescimento da membrana. Isso resultaria em uma corrida evolutiva, uma vez que as células competiriam para produzir mais fosfolipídios, o que, por sua vez, levaria a uma mudança na composição da membrana com consequências importantes para as protocélulas em evolução. À medida que se tornasse progressivamente mais rica em fosfolipídios, a membrana se tornaria menos permeável, dificultando a importação de nutrientes do ambiente pela célula, mas, ao mesmo tempo, tornando vantajoso sintetizar nutrientes internamente, ou seja, por meio de seu próprio metabolismo celular.

O metabolismo celular moderno é uma rede altamente complexa que envolve centenas a milhares de reações catalisadas por enzimas. Para entender a evolução dessa rede, temos que lembrar que cada inovação — cada nova enzima de RNA que catalisa uma reação metabólica — tem que resultar em uma vantagem seletiva para a célula hospedeira. As primeiras inovações metabólicas provavelmente aumentaram a síntese dos nucleotídeos ativados necessários para a replicação do RNA e/ou a síntese de componentes da membrana. Mas não é fácil entender como as células poderiam ter feito a transição gradual de uma dependência completa de nutrientes fornecidos pelo ambiente (um estilo de vida heterotrófico) para a capacidade de produzir todos os seus próprios componentes a partir de materiais iniciais simples, abundantes e prontamente disponíveis. Atualmente, essa é uma das questões mais interessantes sobre a evolução da vida primitiva.

Outra questão intrigante diz respeito à substituição de um conjunto rudimentar de reações metabólicas, todas catalisadas por enzimas de RNA, por enzimas proteicas, e ao surgimento paralelo do maquinário proteico que controla o transporte através da membrana celular. A maioria das teorias sobre a origem da síntese de proteínas tem se concentrado na origem do código genético. Esse processo permanece bastante obscuro, embora existam certos padrões no código que apontam para o surgimento gradual do sistema de codificação completo. Parece provável que um subconjunto dos vinte aminoácidos canônicos tenha sido usado para codificar as primeiras proteínas, com aminoácidos adicionais sendo acrescentados ao código em momentos posteriores.

O ribossomo em si é um aparato molecular incrivelmente complexo, com duas subunidades principais, uma das quais catalisa a formação de novas ligações peptídicas, enquanto a outra direciona a codificação propriamente dita. A atividade de síntese de peptídeos poderia ter surgido primeiro se peptídeos não codificados conferissem algum benefício, com a codificação dirigida por mRNA sendo adicionada ao sistema em um momento posterior. Os substratos que o ribossomo usa para a síntese de peptídeos também são complexos: são moléculas de RNA específicas que têm determinados aminoácidos ligados em uma extremidade. O ribossomo não poderia ter evoluído, a menos que seus substratos já existissem, mas por que as células primitivas estariam produzindo RNAs aminoacilados (RNA com aminoácidos ligados)? Uma possibilidade é que os RNAs aminoacilados desempenhassem um papel anterior na facilitação da montagem de ribozimas, antes de serem cooptados para sua função na síntese de peptídeos. De acordo com essa hipótese, as primeiras enzimas eram ribozimas compostas apenas de RNA; em seguida, surgiram enzimas quiméricas aprimoradas de RNA-aminoácido e, por fim, elas deram lugar a enzimas peptídicas (proteínas). A capacidade de gerar proteínas codificadas com superfícies hidrofóbicas também permitiu a evolução de proteínas que podiam ficar dentro da membrana, onde atuavam como canais, poros e bombas para facilitar a importação e a exportação de moléculas, conforme a necessidade da célula.

Por fim, há o próprio DNA. A vantagem do DNA como meio de armazenamento de grandes quantidades de informação é clara, porque ele é muito mais estável do que o RNA no que diz respeito à degradação química. Além disso, a especialização da função do DNA para armazenamento de informações e replicação do genoma, e do RNA para seus papéis funcionais, pareceria ser inerentemente vantajosa, uma vez que cada molécula poderia executar suas próprias funções de maneira otimizada, evitando os comprometimentos associados a um único biopolímero que tenta executar múltiplas funções. Uma questão importante é se o DNA evoluiu para ser o principal material de armazenamento genético no início ou mais tarde na evolução — e também se a mudança para o uso do DNA para armazenamento de informações ocorreu rapidamente ou através de uma transição gradual.

Um argumento a favor da possibilidade de um papel precoce para o DNA é que a síntese de desoxinucleotídeos pode ter ocorrido junto com a síntese de ribonucleotídeos. Se os ribo- e os desoxirribonucleotídeos foram sintetizados juntos, é possível que as células primordiais contivessem um polímero misto de RNA/DNA. A especificidade necessária para a produção de RNA "puro" talvez tenha tido que esperar pela evolução de uma ribozima RNA polimerase (uma enzima de RNA capaz de catalisar a síntese de RNA). Nesse caso, uma enzima mutante com preferência pela síntese de DNA poderia ter possibilitado uma mudança relativamente rápida para a síntese de DNA para o armazenamento de informações, enquanto o RNA manteve sua função ancestral de catálise. Embora talvez nunca saibamos a sequência exata de eventos que ocorreram há tanto tempo durante a evolução inicial da vida, o espaço de possibilidades pode ser demonstrado por meio de experimentos de evolução em laboratório. A capacidade de sintetizar células simples em vários níveis de complexidade é certamente uma perspectiva muito empolgante para o futuro, e pode nos permitir traçar um caminho plausível para a transição evolutiva desde as primeiras protocélulas mais simples para células com a complexidade das bactérias modernas.

Vida extraterrestre

No campo da astronomia, talvez estejamos ainda mais próximos de uma grande descoberta. Como descrevemos neste livro, já testemunhamos nos últimos anos várias alegações (reconhecidamente prematuras) de possíveis detecções de bioassinaturas extraterrestres — uma no próprio sistema solar (na forma de *fosfina* em Vênus) e outra na suposta identificação de *sulfeto de dimetila* no planeta extrassolar hiceano K2-18b. O ponto importante é que ambas as afirmações serão testadas em breve por observações planejadas. Além disso, houve até mesmo afirmações (embora extremamente especulativas) de que tecnoassinaturas poderiam ter sido reveladas, uma na forma de vestígios de meteoritos na Terra, supostamente originários de uma sonda espacial alienígena, e a outra com a ajuda da detecção, no sistema solar, de um intrigante objeto interestelar visitante (batizado de Oumuamua).

Embora a maioria dos astrônomos esteja convencida de que nenhuma dessas "detecções" represente de fato uma bioassinatura ou uma tecnoassinatura genuína, os astrônomos parecem já estar bem posicionados para encontrar vida extraterrestre (supondo que ela exista) dentro de apenas uma ou duas décadas. Essa expectativa se torna especialmente provável devido à ênfase dada pela última Pesquisa Decadal em conseguir exatamente essa constatação. Por exemplo, com base em estudos realizados para dois conceitos de missão anteriores chamados Large Ultraviolet Optical Infrared Surveyor (LUVOIR) e Habitable Exoplanet Observatory (HabEx), a Nasa está planejando lançar (talvez por volta de 2040) o *Habitable Worlds Observatory* (HWO), que buscará em luz infravermelha, óptica e ultravioleta bioassinaturas (e talvez até tecnoassinaturas) de vida extraterrestre em cerca de 25 planetas potencialmente habitáveis que orbitam estrelas como o nosso Sol. Se for bem-sucedido, esse observatório será nada menos que uma maravilha tecnológica. Para conseguir captar imagens de um planeta extrassolar semelhante à Terra — um objeto minúsculo a dezenas de anos-luz de distância —, o HWO precisará ser extraordinariamente estável, ou seja, deverá manter uma estabilidade fenomenal.

Se já é difícil prever qual será a reação a uma descoberta de vida extraterrestre, imagine quanto à detecção de uma tecnoassinatura. Lembre-se, por exemplo, da reação ao anúncio (em retrospecto, falso) de que vida havia sido descoberta no meteorito ALH84001 de Marte. O *New*

A TERRA É EXCEPCIONAL?

York Times publicou em sua primeira página, em 7 de agosto de 1996, a seguinte manchete: "Indícios de Meteoritos Parecem Mostrar Sinais de Vida em Marte Há Muito Tempo." Contudo, como essa notícia específica dizia respeito apenas à possível detecção de vida primitiva (e ainda assim, em um objeto do sistema solar), o entusiasmo foi sentido sobretudo na comunidade científica, com o público em geral demonstrando apenas um nível modesto de interesse.

Sem dúvida, um sinal de civilização inteligente provavelmente gerará uma reação muito mais forte, mas a intensidade e a natureza dessa reação podem depender de outros fatores, como a distância percebida entre a Terra e essa civilização avançada. A empolgação também pode ser acompanhada de nervosismo e medo. Afinal, até mesmo o famoso astrofísico Stephen Hawking aconselhou a humanidade a ter cautela ao buscar contato com civilizações alienígenas. Em um vídeo on-line, ele disse: "Encontrar uma civilização avançada pode ser como os nativos americanos encontrando Colombo", acrescentando, de forma repreensiva: "e isso não terminou muito bem." É provável que as crenças religiosas também sejam afetadas, embora talvez não na medida em que se poderia imaginar. Por exemplo, o diretor do Observatório do Vaticano, irmão Guy J. Consolmagno, expressou seu otimismo pessoal em relação à resiliência das religiões ao comentar: "Se sua religião sobreviveu a milênios — se ela conseguiu lidar com Copérnico, Galileu e até mesmo Darwin —, então a vida extraterrestre deve acabar se provando aceitável."

Será que, apesar do fato de existirem centenas de milhões de exoplanetas habitáveis somente em nossa galáxia, e o número de galáxias no universo observável estar na casa dos trilhões, a Terra é o único lugar onde há vida inteligente? Onde existe alguma forma de vida? O problema com as tentativas de responder a essas perguntas é que não temos ideia nem sobre a probabilidade do surgimento espontâneo da vida nem sobre a probabilidade da vida primitiva evoluir para vida inteligente. As evidências experimentais e observacionais que apresentamos nos Capítulos 2-6 e nossa discussão anterior neste capítulo demonstram que

EPÍLOGO: UMA DESCOBERTA IMINENTE?

muitos dos componentes básicos da biologia podem ser produzidos pela química que esperamos ter sido realizada em condições semelhantes às da Terra primitiva. Entretanto, também mostramos que toda a sequência de etapas necessárias requer o acúmulo de depósitos químicos específicos que devem estar disponíveis em momentos específicos e nos locais apropriados. Esses pré-requisitos tornam (pelo menos nos dias atuais) praticamente impossível estimar a probabilidade de ocorrência de todo o processo. Assim, a resposta à pergunta "Estamos sozinhos?" terá de vir da astronomia, e encontrá-la pode não ser fácil, a menos que tenhamos muita sorte ou que a vida cósmica seja de fato onipresente. O ponto crucial é que, como disse certa vez o físico Philip Morrison: "A probabilidade de sucesso é difícil de estimar, mas se não procurarmos, a chance de sucesso é zero."

Agradecimentos

Seria praticamente impossível citar todos os colaboradores, colegas e autores que contribuíram, direta ou indiretamente, para a escrita deste livro. Portanto, a lista a seguir deve ser considerada apenas parcial e representativa, em vez de completa. Somos especialmente gratos a Fred Adams, Philip Armitage, John Barrow, Anat Bashan, Sagi Ben-Ami, David Catling, Irene Chen, Adam Frank, Patrick Godon, Andrew King, Ram Krishnamurthy, Doron Lancet, Stephen Lepp, Jack Lissauer, Avi Loeb, Stephen Lubow, Renu Malhotra, Sheref Mansy, Rebecca Martin, Michel Mayor, Peter McCullough, Eran Ofek, Jim Pringle, Fred Rasio, Martin Rees, Dimitar Sasselov, Hilke Schlichting, Sara Seager, Seth Shostak, Lionel Siess, Joe Silk, Jeremy Smallwood, Noam Soker, Massimo Stiavelli, John Sutherland, Jill Tarter, Chris Tout, Jeff Valenti, Eva Villaver, Ada Yonath e Lijun Zhou.

Agradecimentos especiais ao nosso editor, T. J. Kelleher, e a Kristen Kim, Lara Heimert e toda a equipe de produção da Basic Books.

Leitura complementar

1. Um acidente químico insólito ou um imperativo cósmico?

Bibliografia comentada

Um relato técnico e abrangente de muitos dos aspectos do surgimento e das características da vida na Terra e da busca por vida no universo pode ser encontrado em Lingam e Loeb (2021). Uma descrição mais popular das origens e da evolução da vida na Terra, em Ward e Kirschvink (2016). O tema da origem da vida também é discutido de forma não técnica em Deamer (2020). Joyce e Szostak (2018) apresentam uma discussão sobre os dois componentes-chave das protocélulas: um genoma de ácido nucleico autorreplicante e uma membrana autorreplicante. Uma introdução simples à astrobiologia como disciplina pode ser encontrada em Plaxco e Gross (2021). Um relato mais pessoal da busca por vida extraterrestre por um importante pesquisador é o feito por Seager (2020). Uma coleção interessante e diversificada de ensaios relacionados à busca por vida extraterrestre pode ser encontrada em Al-Khalili (2016). O pequeno livro de Erwin Schrödinger *O que é a vida?*, que inspirou grande parte da pesquisa moderna, foi reimpresso diversas vezes, por exemplo, em Schrödinger (2018). Uma visão mais recente sobre a questão geral da natureza e das características da vida é apresentada em Nurse (2020). A ideia de que a vida pode ser um imperativo cósmico foi expressa em de

Duve (2011). Embora England (2013) tenha feito a sugestão especulativa de que havia descoberto até mesmo a física que impulsiona a origem e a evolução da vida, muitos ainda não estão convencidos. O debate histórico sobre a questão da "pluralidade de mundos habitados" é discutido de forma abrangente por Dick (1980). O belo livro de Greene (2020) sobre a exploração do cosmos inclui uma breve discussão sobre a origem da vida. Uma perspectiva esclarecedora sobre as leis que regem o universo e como essas leis permitiram o surgimento da vida é apresentada em Rees (2000). Uma análise estatística que examina se o surgimento precoce da vida na Terra significa que a vida é comum foi apresentada em Spiegel e Turner (2012). Uma interessante coleção de artigos que discutem se as constantes físicas em nosso universo são de alguma forma ajustadas para permitir o surgimento e a complexidade da vida pode ser encontrada em Sloan et al. (2020). Tyson e Trefil (2021) apresentam um passeio muito envolvente por uma variedade de questões cósmicas, incluindo a da vida cósmica. Green (2023) faz uma fusão encantadora de ciência e ficção científica em sua descrição da busca por vida no cosmos.

Referências

AL-KHALILI, J. (org.). *Aliens: The World's Leading Scientists on the Search for Extraterrestrial Life*. Nova York: Picador, 2016.

DEAMER, D. W. *Origin of Life: What Everyone Needs to Know*. Oxford: Oxford University Press, 2020.

DICK, S. J. "The Origins of the Extraterrestrial Life Debate and Its Relation to the Scientific Revolution". *Journal of the History of Ideas*, 41, n. 1, jan.-mar. 1980.

DE DUVE, C. "Life as a Cosmic Imperative?". *Philosophical Transactions of the Royal Society*, A 369, n. 1936, fev. 2011.

ENGLAND, J. L. "Statistical Physics of Self-Replication". *Journal of Chemical Physics*, 139, n. 12, set. 2013.

GREEN, J. *The Possibility of Life: Science, Imagination, and Our Quest for Kinship in the Cosmos*. Nova York: Hanover Square Press, 2023.

LEITURA COMPLEMENTAR

GREENE, B. *Until the End of Time: Mind, Matter, and Our Search for Meaning in an Evolving Universe*. Nova York: Alfred A. Knopf, 2020. [Edição brasileira: *Até o fim do tempo: mente, matéria e nossa busca por sentido num universo em evolução*. São Paulo: Companhia das Letras, 2021.]

JOYCE, G. F. e SZOSTAK, J. W. "Protocells and RNA Self-Replication". *Cold Spring Harbor Perspectives in Biology*, 10, n. 9, set. 2018.

LINGAM, M. e LOEB, A. *Life in the Cosmos: From Biosignatures to Technosignatures*. Cambridge, MA: Harvard University Press, 2021.

NURSE, P. *What Is Life? Understand Biology in Five Steps*. Oxford: David Fickling Books, 2020. [Edição brasileira: *O que é a vida?: compreendendo a biologia em cinco passos*. Rio de Janeiro: Intrínseca, 2021.]

PLAXCO, K. W. e GROSS, M. *Astrobiology: An Introduction*. Baltimore: Johns Hopkins University Press, 2021.

REES, M. *Just Six Numbers: The Deep Forces That Shape the Universe*. Nova York: Basic Books, 2000.

SCHRÖDINGER, E. *What Is Life? With Mind and Matter and Autobiographical Sketches*. Cambridge: Cambridge University Press, 2018. [Edição brasileira: *O que é vida?: o aspecto físico da célula viva*. São Paulo: Unesp, 2007.]

SEAGER, S. *The Smallest Lights in the Universe: A Memoir*. Nova York: Crown, 2020.

SLOAN, D.; BATISTA, R. A.; HICKS, M. T. e DAVIES, R. *Fine-Tuning in the Physical Universe*. Cambridge: Cambridge University Press, 2020.

SPIEGEL, D. S. e Turner, E. L. "Bayesian Analysis of the Astrobiological Implications of Life's Early Emergence on Earth". *Proceedings of the National Academy of Sciences USA*, 109, n. 2, jan. 2012.

TYSON, N. D. e TREFIL, J. *Cosmic Queries: StarTalk's Guide to Who We Are, How We Got Here, and Where We're Going*. Washington, D.C.: National Geographic, 2021.

WARD, P. e KIRSCHVINK, J. *A New History of Life: The Radical New Discoveries About the Origins and Evolution of Life on Earth*. Nova York: Bloomsbury Publishing, 2016.

2. A origem da vida: O Mundo de RNA

Bibliografia comentada

Um resumo conciso e popular de parte da história, das ideias e dos estudos sobre a origem da vida na Terra foi apresentado por Marshall (2021). Breves revisões profissionais de pesquisas recentes sobre o tema da origem da vida na Terra foram apresentadas por Sutherland (2016, 2017) e por Szostak (2017a, 2017b) e Joyce e Szostak (2018). O papel crucial da "química de sistemas" no surgimento da vida na Terra primitiva foi brevemente explicado em Szostak (2009). A superioridade do RNA em relação a possíveis moléculas alternativas foi demonstrado experimentalmente em Kim et al. (2021). Um modelo potencial para a replicação do RNA primordial foi sugerido por Zhou, Ding e Szostak (2021). Como observamos, apesar do que consideramos evidências convincentes, nem todos os pesquisadores concordam com o cenário que apresentamos para a origem da vida.

Referências

JOYCE, G. F. e SZOSTAK, J. W. "Protocells and RNA Self-Replication". *Cold Spring Harbor Perspectives in Biology*, 10, n. 9, set. 2018.

KIM, S. C. et al. "The Emergence of RNA from the Heterogeneous Products of Prebiotic Nucleotide Synthesis". *Journal of the American Chemical Society*, 143, n. 9, mar. 2021.

MARSHALL, M. "BBC Earth: The Secret of How Life on Earth Began". BBC, 31 de outubro de 2016, republicado em página pessoal da web, <https://www.michaelcmarshall.com/blog/bbc-earth-the-secret-of-how-life-on-earth-began>, 2021.

SUTHERLAND, J. D. "The Origin of Life — Out of the Blue". *Angewandte Chemie International Edition*, 55, n. 1, jan. 2016.

SUTHERLAND, J. D., "Studies on the Origin of Life-the End of the Beginning". *Nature Reviews Chemistry*, 1, n. 12, 2017.

SZOSTAK, J. W. "Systems Chemistry on Early Earth". *Nature*, 459, 14 mai. 2009.
SZOSTAK, J. W. "The Narrow Road to the Deep Past: In Search of the Chemistry of the Origin of Life". *Angewandte Chemie International Edition*, 56, n. 37, set. 2017a.
SZOSTAK, J. W. "The Origin of Life on Earth and the Design of Alternative Life Forms". *Molecular Frontiers Journal*, 1, n. 2, dez. 2017b.
ZHOU, L., DING, D. e SZOSTAK, J. W. "The Virtual Circular Genome Model for Primordial RNA Replication". *RNA*, 27, n. 1, jan. 2021.

3. A origem da vida: Da química à biologia

Bibliografia comentada

O possível caminho da química para a biologia na origem da vida na Terra foi analisado por Szostak (2017). Gollihar, Levy e Ellington (2014) explicaram que pode haver muitos caminhos que levam ao primeiro sistema autorreplicante. O papel crucial desempenhado pela luz ultravioleta, tanto na síntese fotoquímica de moléculas prebióticas quanto na seletividade de moléculas que funcionam com sucesso na biologia, é descrito por Green, Xu e Sutherland (2021), e a origem comum dos precursores das moléculas da vida é discutida em Patel et al. (2015).

Referências

GOLLIHAR, J.; LEVY, M. e ELLINGTON, A. "Many Paths to the Origin of Life". *Science*, 343, 17 jan. 2014.
GREEN, N. J.; XU, J. e SUTHERLAND, J. D. "Illuminating Life's Origins: UV Photochemistry in Abiotic Synthesis of Biomolecules". *Journal of the American Chemical Society*, 143, n. 19, mai. 2021.
PATEL, B. H.; PERCIVALLE, C.; RITSON, D. J.; DUFFY, C. D. e SUTHERLAND, J. D. "Common Origins of RNA, Protein and Lipid Precursors in a Cyanosulfidic Protometabolism". *Nature Chemistry*, 7, n. 4, abr. 2015.

SUTHERLAND, J. D. "The Origin of Life — Out of the Blue". *Angewandte Chemie International Edition*, 55, n. 1, jan. 2016.

SZOSTAK, J. W. "The Narrow Road to the Deep Past: In Search of the Chemistry of the Origin of Life". *Angewandte Chemie International Edition*, 56, n. 37, set. 2017.

4. A origem da vida: Aminoácidos e peptídeos

Bibliografia comentada

Para uma introdução geral aos aminoácidos, consulte, por exemplo, Nelson e Cox (2021). A série de reações químicas que produzem um aminoácido a partir de um aldeído foi descoberta por Strecker (1850). Trabalhos profissionais sobre ligação de peptídeos estão em Canavelli et al. (2019) e Foden et al. (2020). A síntese simultânea dos precursores de ribonucleotídeos e aminoácidos é discutida em Ritson e Sutherland (2013).

Referências

CANAVELLI, P.; ISLAM, S. e POWNER, M. W. "Peptide Ligation by Chemoselective Aminonitrile Coupling in Water". *Nature*, 571, 25 jul. 2019.

FODEN, C. S.; ISLAM, S.; FERNÁNDEZ-GARCÍA, C.; MAUGERI, L.; SHEPPARD, T. D. e POWNER, M. W. "Prebiotic Synthesis of Cysteine Peptides That Catalyze Peptide Ligation in Neutral Water". *Science*, 370, 13 nov. 2020.

NELSON, D. L. e COX, M. M. *Lehninger Principles of Biochemistry*. 8ª ed. Nova York: W. H. Freeman, 2021. [Edição brasileira: *Princípios de bioquímica de Lehninger*. São Paulo: Artmed, 2022.]

RITSON, D. J. e SUTHERLAND, J. D. "Synthesis of Aldehydic Ribonucleotide and Amino Acid Precursors by Photoredox Chemistry". *Angewandte Chemie International Edition in English*, 52, n. 22, mai. 2013.

STRECKER, A., "Ueber die künstliche Bildung der Milchsäure und einen Neuen, dem Glycocoll Homologen Körper". *Annalen der Chemie und Pharmacie*, 75, n. 1, 1850.

LEITURA COMPLEMENTAR

5. A origem da vida: O caminho até a protocélula

Bibliografia comentada

Um artigo seminal sobre a essência da vida celular e sua possível origem na Terra é Szostak, Bartel e Luisi (2001). A formação, o crescimento e a divisão de vesículas foram estudados experimentalmente, por exemplo, por Hanczyc et al. (2003), Chen et al. (2004), Budin e Szostak (2011), Budin et al. (2014) e Kindt et al. (2020). A cópia de moldes de RNA dentro de protocélulas modelo foi examinada por Adamala e Szostak (2013) e O'Flaherty et al. (2018). O modelo do Genoma Circular Virtual foi testado por Ding et al. (2023). Diversos aspectos da montagem e replicação não enzimática foram estudados por Rajamani et al. (2010) e por Radakovic et al. (2022). O que há de mais moderno na evolução laboratorial das enzimas de RNA com atividade de RNA polimerase é lindamente ilustrado em Papastavrou et al. (2024).

Referências

ADAMALA, K. e SZOSTAK, J. W. "Nonenzymatic Template-Directed RNA Synthesis Inside Model Protocells". *Science*, 342, 29 nov. 2013.

BUDIN, I. e SZOSTAK, J. W. "Physical Effects Underlying the Transition from Primitive to Modern Cell Membranes". *Proceedings of the National Academy of Sciences USA*, 108, n. 14, mar. 2011.

BUDIN, I.; PRYWES, N.; ZHANG, N. e SZOSTAK, J. W. "Chain-Length Heterogeneity Allows for the Assembly of Fatty Acid Vesicles in Dilute Solutions", *Biophysical Journal*, 107, n. 7, out. 2014.

CHEN, I. A.; ROBERTS, R. W. e SZOSTAK, J. W. "The Emergence of Competition Between Model Protocells". *Science*, 305, 3 set. 2004.

DING, D.; ZHOU, L.; MITTAL, S. e SZOSTAK, J. W. "Experimental Tests of the Virtual Circular Genome Model for Nonenzymatic RNA Replication". *Journal of the American Chemical Society*, 145, n. 13, abr. 2023.

HANCZYC, M. M.; FUJIKAWA, S. M. e SZOSTAK, J. W. "Experimental Models of Primitive Cellular Compartments: Encapsulation, Growth, and Division". *Science*, 302, 24 out. 2003.

KINDT, J., SZOSTAK, J. W. e WANG, A. "Bulk Self-Assembly of Giant, Unilamellar Vesicles". *ACS Nano*, 14, n. 11, nov. 2020.

O'FLAHERTY, D.; KAMAT, N. P.; MIZRA, F. N.; LI, L.; PRYWES, N. e SZOSTAK, J. W. "Copying of Mixed Sequence RNA Templates Inside Model Protocells". *Journal of the American Chemical Society*, 140, n. 15, abr. 2018.

PAPASTAVROU, N.; HORNING, D. P. e JOYCE, G. F. "RNA-Catalyzed Evolution of Catalytic RNA". *Proceedings of the National Academy of Sciences USA*, 121, n. 11, mar. 2024.

RADAKOVIC, A. et al. "Nonenzymatic Assembly of Active Chimeric Ribozymes from Aminoacylated RNA Oligonucleotides". *Proceedings of the National Academy of Sciences USA*, 119, n. 7, fev. 2022.

RAJAMANI, S.; ICHIDA, J. K.; ANTAL, T.; TRECO, D. A.; LEU, K.; NOWAK, M. A.; SZOSTAK, J. W. e CHEN, I. A. "Effect of Stalling After Mismatches on the Error Catastrophe in Nonenzymatic Nucleic Acid Replication". *Journal of the American Chemical Society*, 132, n. 16, abr. 2010.

SZOSTAK, J. W.; BARTEL, D. P. e LUIGI LUISI, P. "Synthesizing Life". *Nature*, 409, 18 jan. 2001.

6. Unindo tudo: Da astrofísica e da geologia à química e biologia

Bibliografia comentada

Sasselov, Grotzinger e Sutherland (2020) mostraram como uma abordagem integrativa combinando experimentos em laboratório com observações geológicas, geoquímicas e astrofísicas auxilia na construção de um robusto caminho químico para a vida. Mann (2018) apresentou uma breve descrição popular das mudanças de opinião sobre a realidade (ou não) do Bombardeio Pesado Tardio na Terra. Uma possível solução para o "paradoxo do jovem Sol fraco" e suas implicações foram discutidas em

O'Callaghan (2022). Evidências que reforçam ainda mais a ideia de que a vida na Terra pode ter surgido em lagos rasos de água em terra, em vez de no fundo dos oceanos, foram apresentadas por Ranjan et al. (2019). Em uma entrevista publicada pela *Quanta Magazine*, o bioquímico David Deamer também explicou por que ele prefere lagos como o local onde a vida na Terra teria se originado [ver Singer (2016)]. Uma opinião contrária, sugerindo que a vida se originou em fontes hidrotermais de águas profundas, foi analisada e discutida por Russell (2021). Um suporte adicional para o cenário de lagos rasos vem do fato de Zhang et al. (2022) terem mostrado que flutuações ambientais simples e comuns de ciclos de congelamento e descongelamento poderiam ter desempenhado um papel importante na ativação prebiótica de nucleotídeos, na cópia não enzimática de RNA e, portanto, no surgimento de um sistema de informação genética na Terra primitiva. O potencial papel dos impactos de asteroides na Terra primitiva na geração de uma atmosfera reduzida, na introdução de água superficial e na criação de berços para a origem da vida foi analisado e discutido em Zahnle et al. (2020), em Osinski et al. (2020) e em Martin e Livio (2021, 2022).

Referências

MANN, A. "Bashing Holes in the Tale of Earth's Troubled Youth". *Nature*, 553, 24 jan. 2018.

MARTIN, R. G. e LIVIO, M. "How Much Water Was Delivered from the Asteroid Belt to the Earth After Its Formation?". *Monthly Notices of the Royal Astronomical Society*, 506, n. 1, set. 2021.

MARTIN, R. G., e LIVIO, M. "Asteroids and Life: How Special Is the Solar System?". *Astrophysical Journal Letters*, 926, n. 2, fev. 2022.

O'CALLAGHAN, J. "A Solution to the Faint Sun Paradox Reveals a Narrow Window for Life". *Quanta Magazine*, 27 jan. 2022. Disponível em: <https://www.quantamagazine.org/the-sun-was-dimmer-when-earth-formed-how-did-life--emerge-20220127/>.

OSINSKI, G. R.; COCKELL, C. S.; PONTEFRACT, A. e SAPERS, H. M. "The Role of Meteorite Impacts in the Origin of Life". *Astrobiology*, 20, n. 9, set. 2020.

RANJAN, S. et al. "Nitrogen Oxide Concentrations in Natural Waters on Early Earth". *Geochemistry, Geophysics, Geosystems*, 20, n. 4, abr. 2019.

RUSSELL, M. J. "The 'Water Problem' [sic], Illusory Pond and Life's Submarine Emergence — A Review". *Life*, 11, n. 5, mai. 2021.

SASSELOV, D. D.; GROTZINGER, J. P. e SUTHERLAND, J. D. "The Origin of Life as a Planetary Phenomenon". *Science Advances*, 6, n. 6, fev. 2020.

SINGER, E. "In Warm Greasy Puddles, the Spark of Life?". *Quanta Magazine*, 17 mar. 2016. Disponível em: <https://www.quantamagazine.org/in-warm-greasy-puddles-the-spark-of-life-20160317/>.

ZAHNLE, K. J.; Lupu, R.; Catling, D. C. e Wogan, N. "Creation and Evolution of Impact-Generated Reduced Atmospheres of Early Earth". *Planetary Science Journal*, 1, n. 1, mai. 2020.

ZHANG, S. J.; DUZDEVICH, D.; DING, D. e SZOSTAK, J. W. "Freeze-Thaw Cycles Enable a Prebiotically Possible and Continuous Pathway from Nucleotide Activation to Nonenzymatic RNA Copying". *Proceedings of the National Academy of Sciences USA*, 119, n. 17, abr. 2022.

7. Existe vida extraterrestre em outros planetas do sistema solar?

Bibliografia comentada

A busca por vida em Marte é descrita de forma bela e abrangente em Stewart Johnson (2020). Shindell (2023) apresenta a história do fascínio humano por Marte. Uma apresentação repleta de ilustrações e muito bem explicada da missão *Curiosity* a Marte é apresentada em Kaufman (2014). As primeiras etapas da história do meteorito ALH84001 foram apresentadas por Sawyer (2006). As descobertas mais recentes sobre o meteorito, indicando que as moléculas orgânicas nele contidas foram formadas por processos geológicos (e não bióticos), são apresentadas em Steele et al. (2022). Uma análise anterior dos dados do meteorito foi publicada por Martel et al. (2012). Os experimentos da *Viking* e seus resultados são descritos em detalhes em Cooper (1980). A história do mistério do metano em Marte é contada em Shekhtman (2021). A questão sobre se as placas tectônicas são absolutamente necessárias para sustentar a vida foi investigada por Foley e Smye (2018). Novas evidências de atividade vulcânica em Marte foram descritas e discutidas por Plait (2023), e alguns dos resultados do rover *Perseverance* foram resumidos por Chang (2022). A possibilidade de fontes termais na cratera Gusev, em Marte, foi apresentada por Ruff et al. (2020), e van Kranendonk et al. (2021) analisaram o fenômeno dos campos hidrotermais no contexto da busca por vida no sistema solar. Um relato popular sobre a suposta descoberta de fosfina na atmosfera densa de Vênus e suas possíveis implicações pode ser encontrado em Stirone, Chang e Overbye (2021). A descoberta científica em si foi anunciada em Greaves et al. (2021). Discussões mais técnicas analisando o resultado e avaliando possíveis fontes abióticas para a fosfina estão em Bains et al. (2021) e Bains et al. (2022).

Referências

BAINS, W. et al. "Venusian Phosphine: A 'Wow!' Signal in Chemistry?". Pré-impressão, 9 nov. 202, arXiv:2111.05182.

BAINS, W. et al. "Constraints on the Production of Phosphine by Venusian Volcanoes". *Universe*, 8, n. 1, jan. 2022.

CHANG, K. "On Mars, a Year of Surprise and Discovery". *New York Times*, 15 fev. 2022. Disponível em: <https://www.nytimes.com/2022/02/15/science/mars-nasa-perseverance.html>.

COOPER JR., H. S. F. *The Search for Life on Mars: Evolution of an Idea.* Nova York: Henry Holt and Company, 1980.

FOLEY, B. J. e SMYE, A. J. "Carbon Cycling and Habitability of Earth-Sized Stagnant Lid Planets". *Astrobiology* 18, n. 7, jul. 2018.

GREAVES, J. S. et al. "Phosphine Gas in the Cloud Decks of Venus". *Nature Astronomy*, 5, jul. 2021.

KAUFMAN, M. *Mars Up Close: Inside the Curiosity Mission*. Washington, D.C.: National Geographic, 2014.

MARTEL, J. et al. "Biomimetic Properties of Minerals and the Search for Life in the Martian Meteorite ALH84001". *Annual Review of Earth and Planetary Sciences*, 40, 2012.

PLAIT, P. "Volcanic Activity on Mars Upends Red Planet Assumptions". *Scientific American*, 5 jan. 2023. Disponível em: <https://www.scientificamerican.com/article/volcanic-activity-on-mars-upends-red-planet-assumptions/>.

RUFF, S. W. et al. "The Case for Ancient Hot Springs in Gusev Crater, Mars". *Astrobiology*, 20, n. 4, abr. 2020.

SAWYER, K. *The Rock from Mars: A Detective Story on Two Planets*. Nova York: Random House, 2006.

SHEKHTMAN, L. "First You See It, Then You Don't: Scientists Closer to Explaining Mars Methane Mystery". Laboratório de Propulsão a Jato da NASA, 29 jun. 2021. Disponível em: <https://www.jpl.nasa.gov/news/first-you-see-it-then-you-dont-scientists-closer-to-explaining-mars-methane-mystery>.

SHINDELL, M. *For the Love of Mars: A Human History of the Red Planet*. Chicago: University of Chicago Press, 2023.

STEELE, A. et al. "Organic Synthesis Associated with Serpentinization and Carbonation on Early Mars". *Science*, 375, 13 jan. 2022.

STEWART JOHNSON, S. *The Sirens of Mars: Searching for Life on Another World*. Nova York: Crown, 2020.

STIRONE, S.; CHANG, K. e OVERBYE, D. "Life on Venus? Astronomers See a Signal in Its Clouds". *New York Times*, 22 jun. 2021. Disponível em: <https://www.nytimes.com/2020/09/14/science/venus-life-clouds.html>.

VAN KRANENDONK, M. J. et al. "Terrestrial Hydrothermal Fields and the Search for Life in the Solar System". *Bulletin of the American Astronomical Society*, 53, n. 4, mai. 2021.

8. Existe vida extraterrestre nas luas do sistema solar?

Bibliografia comentada

Hand (2020) faz uma excelente descrição da exploração das luas de Júpiter e Saturno e da busca por vida nos oceanos subsuperficiais dessas luas. O potencial de habitabilidade da lua Europa foi originalmente discutido por Reynolds et al. (1983). Considera-se que a ideia de que possa existir vida em oceanos líquidos sob camadas muito espessas de gelo seja apoiada por estudos de formas de vida encontradas no lago Vostok, na Antártida [ver Gura e Rogers (2020)]. Estudos semelhantes foram realizados por John Priscu nos lagos Mercer e Whillans, da Antártida [ver Nadis (2020)]. Uma boa explicação, em linguagem popular, sobre por que Encélado se tornou um dos alvos mais atraentes na busca por vida no sistema solar é fornecida pela Nasa (2017). A possibilidade de vida em Titã foi discutida de forma abrangente em McKay (2016), e Titã foi descrita em detalhes em Lorenz (2020). O fato de que as taxas de escape de metano observadas em Encélado eram, pelo menos provisoriamente, consistentes com a hipótese de condições habitáveis para metanógenos foi descrito em Affholder et al. (2021). A descoberta de cianeto de hidrogênio em uma coluna de vapor de Encélado foi descrita em Peter, Nordheim e Hand (2023). Ideias especulativas sobre a possibilidade de diferentes tipos de vida em Titã foram examinadas por Sandström e Rahm (2020), e a ideia de que pequenas quantidades de cianeto de hidrogênio podem agir para solvatar moléculas polares (em particular gelo de água) em hidrocarbonetos líquidos foi sugerida por Lorenz, Lunine e Neish (2011).

Referências

AFFHOLDER, A. et al. "Bayesian Analysis of Encelado's Plume Data to Assess Methanogenesis". *Nature Astronomy*, 5 jun. 2021.

GURA, C. e ROGERS, S. O. "Metatranscriptomic and Metagenomic Analysis of Biological Diversity in Subglacial Lake Vostok (Antarctica)". *Biology*, 9, n. 3, mar. 2020.

HAND, K. P. *Alien Oceans: The Search for Life in the Depths of Space.* Princeton: Princeton University Press, 2020.

LORENZ, R. *Saturn's Moon Titan: From 4.5 Billion Years Ago to the Presenti.* Sparkford, Reino Unido: Haynes Publishing, 2020.

LORENZ, R. D.; LUNINE, J. I. e NEISH, C. D. "Cyanide Soap? Dissolved Material in Titan's Seas. European Planetary Science Congress (EPSC) — Division for Planetary Sciences meeting, 488, 2011.

MCKAY, C. P. "Titan as the Abode of Life". *Life*, 6, n. 1, fev. 2016.

NADIS, S. "He Found 'Islands of Fertility' Beneath Antarctica's Ice". *Quanta Magazine*, 20 jul. 2020. Disponível em: <https://www.quantamagazine.org/john-priscu-finds-life-in-antarcticas-frozen-lakes-20200720/>.

NASA. "The Moon with the Plume". 12 abr. 2017. Disponível em: <http://solarsystem.nasa.gov/news/13020/the-moon-with-the-plume/>.

PETER, J. S.; NORDHEIM, T. A. e HAND, K. P. "Detection of HCN and Diverse Redox Chemistry in the Plume of Encelado". *Nature Astronomy*, 8, 2023.

REYNOLDS, R. T.; SQUIRES, S. W.; COLBURN, D. S. e MCKAY, C. P. "On the Habitability of Europa". *Icarus*, 56, n. 2, nov. 1983.

SANDSTRÖM, H. e RAHM, M. "Can Polarity-Inverted Membranes Self-Assemble on Titan?". *Science Advances*, 6, n. 4, jan. 2020.

9. Vida no cosmos: A busca astronômica

Bibliografia comentada

A literatura sobre a detecção de exoplanetas em geral, e sobre planetas habitáveis e suas propriedades em particular, é vasta. Uma bela descrição da busca por planetas semelhantes à Terra é apresentada por Kaltenegger (2024). Um resumo de alguns dos métodos envolvidos e das características dos exoplanetas está em Mason (2010). Talvez a referência mais abrangente para a busca de exoplanetas seja Perryman (2018). Outro livro que enfatiza a grande diversidade de exoplanetas é o de Summers e Trefil (2017). O número de exoplanetas habitáveis é estimado em Dressing e Charbonneau (2015) e em Bryson et al. (2021). Schulze-Makuch et al. (2020) identificam alguns exoplanetas que, em sua opinião, são ainda melhores para a vida do que a Terra. Hill et al. (2023) apresentam um catálogo de exoplanetas na zona habitável de suas estrelas hospedeiras.

LEITURA COMPLEMENTAR

O tópico da construção de nicho é explicado em Laland, Mathews e Feldman (2016). Uma entrevista interessante com Lisa Kaltenegger, especialista em modelagem de mundos potencialmente habitáveis, pode ser encontrada em Sokol (2022). As atmosferas de exoplanetas e os métodos para estudá-las são descritos em Seager e Deming (2010) e em Deming e Seager (2017). Discussões excelentes e detalhadas (técnicas) sobre possíveis bioassinaturas de exoplanetas são apresentadas, por exemplo, em Catling et al. (2018) e em Schwieterman et al. (2018). O tópico mais geral sobre o que constitui uma bioassinatura é analisado em Chan et al. (2019). O tópico específico do oxigênio como bioassinatura é cuidadosamente examinado por Meadows et al. (2018). A viabilidade de detectar o brilho do oceano em exoplanetas foi analisada por Lustig-Yaeger et al. (2018). A habitabilidade de planetas orbitando estrelas anãs M tem sido amplamente debatida. Exemplos de discussões sobre vários aspectos dos problemas envolvidos em planetas que orbitam estrelas de baixa massa podem ser encontrados em Shields, Ballard e Asher Johnson (2016), Wandel (2018), Ranjan, Wordsworth e Sasselov (2017) e Childs, Martin e Livio (2022). Uma lista de exoplanetas potencialmente habitáveis é mantida e atualizada no "Habitable Exoplanets Catalog" do PHL@UPR Arecibo: <https://phl.upr.edu/projects/habitable-exoplanets-catalog>. A possibilidade de haver vida em exoluas (luas que orbitam exoplanetas) é muito bem discutida em um artigo popular de Billings (2017). Algumas das observações recentes dos exoplanetas do TRAPPIST-1 são descritas em Greene et al. (2023) e Zieba at al. (2023), e suas possíveis implicações são discutidas em Selsis et al. (2023). Os espectros de erupções do TRAPPIST-1 foram estudados por Howard et al. (2023). A detecção de metano e dióxido de carbono e a possível detecção sugerida de sulfeto de dimetila na atmosfera do K2-18b são descritas em Madhusudhan et al. (2023). Shorttle et al. (2024) sugerem que o K2-18b pode ter uma superfície fundida em vez de um oceano de água. As recomendações da Pesquisa Decadal de Astrofísica de 2020 podem ser encontradas em Dreier (2021) e Kaufman (2021).

Referências

BILLINGS, L. "The Search for Life on Faraway Moons". *Scientific American*, edição especial, outono 2017.

BRYSON, S. et al. "The Occurrence of Rocky Habitable-Zone Planets Around Solar-Like Stars from Kepler Data". *Astronomical Journal*, 161, n. 1, dez. 2021.

CATLING, D. C. et al. "Exoplanet Biosignatures: A Framework for Their Assessment". *Astrobiology*, 18, n. 6, jun. 2018.

CHAN, M. A. et al. "Deciphering Biosignatures in Planetary Contexts". *Astrobiology*, 19, n. 9, set. 2019.

CHILDS, A. C.; MARTIN, R. G. e LIVIO, M. "Life on Exoplanets in the Habitable Zone of M Dwarfs?". *Astrophysical Journal Letters*, 937, n. 2, out. 2022.

DEMING, L. D. e SEAGER, S. "Illusion and Reality in the Atmospheres of Exoplanets". *Journal of Geophysical Research: Planets*, 122, 2017.

DREIER, C. "Your Guide to the 2020 Astrophysics Decadal Survey: The Future, If You Want It". *Planetary Society*, 3 dez. 2021. Disponível em: <https://www.planetary.org/articles/the-2020-astrophysics-decadal-survey-guide>.

DRESSING, C. D. e CHARBONNEAU, D. "The Occurrence of Potentially Habitable Planets Orbiting M Dwarfs Estimated from the Full Kepler Dataset and an Empirical Measurement of the Detection Sensitivity". *Astrophysical Journal*, 807, n. 1, jul. 2015.

GREENE, T. P. et al. "Thermal Emission from the Earth-Sized Exoplanet TRAPPIST-1 b Using JWST". *Nature*, 618, 1º jun. 2023.

HILL, M. L. et al. "A Catalog of Habitable Zone Exoplanets". *Astronomical Journal*, 165, n. 34, fev. 2023.

HOWARD, W. S. et al. "Characterizing the Near-Infrared Spectra of Flares from TRAPPIST-1 During JWST Transit Spectroscopy Observations". 5 out. 2023, arXiv:2310.03792.

KALTENEGGER, L. *Alien Earths: The New Science of Planet Hunting in the Cosmos*. Nova York: St. Martin's Press, 2024.

KAUFMAN, M. "NASA Should Build a Grand Observatory Designed to Search for Life Beyond Earth, Panel Concludes". *Many Worlds*, 5 nov. 2021. Disponíel em: <https://manyworlds.space/2021/11/05/nasa-should-build-a-grand-observatory-designed-to-search-for-life-beyond-earth-panel-concludes/>.

LALAND, K.; MATTHEWS, B. e FELDMAN, M. W. "An Introduction to Niche Construction Theory". *Evolutionary Ecology*, 30, n. 2, 2016.

LEITURA COMPLEMENTAR

LUSTIG-YAEGER, J. et al. "Detecting Ocean Glint on Exoplanets Using Multiphase Mapping". *Astronomical Journal*, 156, n. 6, dez. 2018.

MADHUSUDHAN, N. et al. "Carbon-Bearing Molecules in a Possible Hycean Atmosphere". 4 out. 2023, arXiv:2309.05566.

MASON, J. W. (org.) *Exoplanets: Detection, Formation, Properties, Habitability*. Chichester, Reino Unido: Praxis Publishing, 2010.

MEADOWS, V. S. et al. "Exoplanet Biosignatures: Understanding Oxygen as a Biosignature in the Context of Its Environment". *Astrobiology*, 18, n. 6, jun. 2018.

PERRYMAN, M. *The Exoplanet Handbook*. 2ª ed. Cambridge: Cambridge University Press, 2018.

RANJAN, S.; WORDSWORTH, R. e SASSELOV, D. "The Surface UV Environment on Planets Orbiting M Dwarfs: Implications for Prebiotic Chemistry and the Need for Experimental Follow-Up". *Astrophysical Journal*, 843, n. 110, jul. 2017.

SCHULZE-MAKUCH, D.; HELLER, R. e GUINAN, E. "In Search for a Planet Better Than Earth: Top Contenders for a Superhabitable World". *Astrobiology*, 20, n. 12, dez. 2020.

SCHWIETERMAN, E. W. et al. "Exoplanet Biosignatures: A Review of Remotely Detectable Signs of Life". *Astrobiology*, 18, n. 6, jun. 2018.

SEAGER, S. e DEMING, D. "Exoplanet Atmospheres". *Annual Review of Astronomy and Astrophysics*, 48, 2010.

SELSIS, F. et al. "A Cool Runaway Greenhouse Without Surface Magma Ocean". *Nature*, 620, 9 ago. 2023.

SHIELDS, A. L.; BALLARD, S. e ASHER JOHNSON, J. "The Habitability of Planets Orbiting M-Dwarf Stars". *Physics Reports*, 663, dez. 2016.

SHORTTLE, O. et al. "Distinguishing Oceans of Water from Magma on Mini-Neptune K2-18b". *Astrophysical Journal Letters*, 962, n. 1, fev. 2024.

SOKOL, J. "A Dream of Discovering Alien Life Finds New Hope". *Quanta Magazine*, 3 nov. 2022. Disponível em: <https://www.quantamagazine.org/alien-life-a--dream-of-discovery-finds-new-hope-20221103/>.

SUMMERS, M. e TREFIL, J. *Exoplanets: Diamond Worlds, Super Earths, Pulsar Planets, and the New Search for Life Beyond Our Solar System*. Washington, D.C.: Smithsonian Books, 2017.

WANDEL, A. "On the Biohabitability of M-Dwarf Planets". *Astronomical Journal*, 856, n. 3, abr. 2018.

ZIEBA, S. et al. "No Thick Carbon Dioxide Atmosphere on the Rocky Exoplanet TRAPPIST-1 c". *Nature*, 620, 24 ago. 2023.

10. A vida como ela é (ou não é): A concepção de formas de vida naturais e não naturais

Bibliografia comentada

Szostak (2017) discute o fato de que o amplo escopo da química sintética sugere ser possível projetar vida artificial com base em uma bioquímica diferente da vida na Terra. Moskowitz (2017) apresenta um interessante relato em linguagem popular sobre moléculas extremas que estão sendo detectadas no espaço. Petkowski, Bains e Seager (2020) apresentam um excelente estudo sobre o silício como um possível componente básico da vida (em vez do carbono). Bains et al. (2021) examinaram a possibilidade de usar ácido sulfúrico como solvente alternativo à água. Kunieda, Nakamura e Evans (1991) estudaram a produção de vesículas de membrana invertidas em solventes orgânicos apolares. A formação de membranas artificiais (quimicamente diferentes das biológicas) foi estudada por Hardy et al. (2015). Scoles (2023) faz um relato em linguagem popular da busca por vida diferente da que conhecemos. Códigos genéticos alternativos são brevemente analisados por Kubyshkin e Budisa (2019). Em um livro imaginativo e especulativo, Trefil e Summers (2019) exploram possíveis respostas para a questão de como seria a vida alienígena. Uma tentativa interessante de identificar leis de escala universal em reações bioquímicas usadas pela vida é Gagler et al. (2022). Bostrom (2014) apresenta uma excelente discussão sobre o tópico de uma possível vida baseada em IA e "superinteligência".

Referências

BAINS, W.; PETKOWSKI, J. J.; ZHAN, Z. e SEAGER, S. "Evaluating Alternatives to Water as Solvents for Life: The Example of Sulfuric Acid". *Life*, 11, n. 5, mai. 2021.

BOSTROM, N. *Superintelligence: Paths, Dangers, Strategies*. Oxford: Oxford University Press, 2014. [Edição brasileira: *Superinteligência*: caminhos, perigos, estratégias. São Paulo: Darkside, 2018.]

HARDY, M. D. et al. "Self-Reproducing Catalyst Drives Repeated Phospholipid Synthesis and Membrane Growth". *Proceedings of the National Academy of Sciences USA*, 112, n. 27, jul. 2015.

GAGLER, D. C.; KARAS, B.; KEMPES, C. P. e WAKER, S. I. "Scaling Laws in Enzyme Function Reveal a New Kind of Biochemical Universality". *Proceedings of the National Academy of Sciences USA*, 119, n. 9, mar. 2022.

KUBYSHKIN, V. e BUDISA, N. "Anticipating Alien Cells with Alternative Genetic Codes: Away from the Alanine World!". *Current Opinion in Biotechnology*, 60, dez. 2019.

KUNIEDA, H.; NAKAMURA, K. e EVANS, D. F. "Formation of Reversed Vesicles". *Journal of the American Chemical Society*, 113, n. 3, 1991.

MOSKOWITZ, C. "Extreme Molecules in Space". *Scientific American*, edição especial, outono 2017.

PETKOWSKI, J. J.; BAINS, W. e SEAGER, S. "On the Potential of Silicon as a Building Block for Life". *Life*, 10, n. 6, jun. 2020.

SCOLES, S. "The Search for Extraterrestrial Life as We Don't Know It". *Scientific American*, 1º fev. 2023.

SZOSTAK, J. W. "The Origin of Life on Earth and the Design of Alternative Life Forms". *Molecular Frontiers Journal*, 1, n. 2, dez. 2017.

TREFIL, J. e SUMMERS, M. *Imagined Life: A Speculative Scientific Journey Among the Exoplanets in Search of Intelligent Aliens, Ice Creatures, and Supergravity Animals*. Washington, D.C.: Smithsonian Books, 2019.

11. À procura de inteligência: Considerações preliminares

Bibliografia comentada

A equação de Drake tem sido amplamente discutida. Exemplos podem ser encontrados em Lemonick (1998) e Frank (2018). A sugestão de que civilizações alienígenas inteligentes provavelmente existiram em algum lugar do universo também é examinada em Frank (2018). A versão diferente da equação de Drake, que fornece uma estimativa do número de exoplanetas com bioassinaturas detectáveis a partir de uma combinação de observações do TESS e do JWST, é discutida em Seager (2016). Setenta e cinco possíveis soluções para o Paradoxo de Fermi são apresentadas, analisadas e discutidas em Webb (2015). Uma revisão breve e popular da busca por vida extraterrestre pode ser encontrada em Livio e Silk (2017). Uma abordagem empírica que tenta estimar o número de espécies tecnológicas na Via Láctea é apresentada por Engler e von Wehrden (2019). Argumentos de que a vida complexa é rara e que podemos estar sozinhos no cosmos são apresentados em Carter (1983), Ward e Brownlee (2000), Davies (2010) e Gribbin (2011). Livio (1999) apresentou uma possível fraqueza no argumento de Carter. O Princípio Antrópico é discutido de forma compreensível por Bostrom (2002). Livio (2023) apresenta uma discussão em linguagem popular sobre algumas implicações do Princípio de Copérnico.

Referências

BOSTROM, N. *Anthropic Bias: Observation Selection Effects in Science and Philosophy*. Abingdon: Routledge, 2002.

CARTER, B. "The Anthropic Principle and Its Implications for Biological Evolution". *Philosophical Transactions of the Royal Society of London*, A 310, dez. 1983.

DAVIES, P. *The Eerie Silence: Renewing Our Search for Alien Intelligence*. Boston: Houghton Mifflin Harcourt, 2010.

ENGLER, J.-O. e VON WEHRDEN, H. "'Where Is Everybody?': An Empirical Appraisal of Occurrence, Prevalence and Sustainability of Technological Species in the Universe". *International Journal of Astrobiology*, 18, n. 6, 2019.

FRANK, A. *Light of the Stars: Alien Worlds and the Fate of the Earth*. Nova York: W. W. Norton, 2018.

GRIBBIN, J. *Alone in the Universe: Why Our Planet Is Unique*. Hoboken, NJ: John Wiley & Sons, 2011.

LEMONICK, M. D. *Other Worlds: The Search for Life in the Universe*. Nova York: Simon & Schuster, 1998.

LIVIO, M. "How Rare Are Extraterrestrial Civilizations, and When Did They Emerge?". *Astrophysical Journal*, 511, n. 1, jan. 1999.

LIVIO, M. "How Far Should We Take Our Cosmic Humility?". *Scientific American*, 19 abr. 2023. Disponível em: <https://www.scientificamerican.com/article/how-far-should-we-take-our-cosmic-humility1/>.

LIVIO, M. e SILK, J. "Where Are They?". *Physics Today*, 70, n. 3, mar. 2017.

SEAGER, S. "Are They Out There? Technology, the Drake Equation, and Looking for Life on Other Worlds". In: AL-KHALILI, J. (org.). *Aliens: The World's Leading Scientists on the Search for Extraterrestrial Life*. Nova York: Picador, 2016, p. 188.

WARD, P. D. e BROWNLEE, D. *Rare Earth: Why Complex Life Is Uncommon in the Universe*. Nova York: Copernicus, 2000.

WEBB, S. *If the Universe Is Teeming with Aliens... WHERE IS EVERYBODY? Seventy-Five Solutions to the Fermi Paradox and the Problem of Extraterrestrial Life*. Nova York: Springer, 2015.

Capítulo 12. À procura de inteligência: As buscas

Bibliografia comentada

Uma boa descrição das primeiras buscas do SETI pode ser encontrada em Shostak (2009). Um livro recente e encantador sobre a busca por alienígenas é Frank (2023). Uma análise da ciência do SETI que também acompanha uma de suas pioneiras, Jill Tarter, está em Scoles (2017). As buscas do SETI como uma metáfora de "agulha no palheiro" são discutidas, por exemplo, em Tarter et al. (2010). Uma avaliação mais recente dos esforços do SETI está em Wright, Kanodia e Lubar (2018). A sugestão controversa de Loeb de que o objeto interestelar Oumuamua era uma peça de tecnologia avançada criada por uma civilização alienígena é amplamente descrita em Loeb (2021). Os resultados da análise de esférulas de um meteorito estão em Loeb et al. (2023). Siegel (2023) apresenta claramente o argumento de que as esférulas podem ser compostas simplesmente de poluentes industriais, o que é contestado em Loeb et al. (2024). O estranho comportamento da Estrela de Boyajian e as possíveis explicações foram discutidos, por exemplo, por Cartier e Wright (2017). A análise conclusiva do sinal apelidado de BLC1 foi publicada em Sheikh et al. (2021). Rees e Livio (2023) discutem a possibilidade de que a maioria das espécies tecnológicas em nossa galáxia sejam máquinas de IA.

Referências

CARTIER, K., e WRIGHT, J. T. "Strange News from Another Star". *Scientific American*, edição especial (outono 2017).

FRANK, A. *The Little Book of Aliens*. Nova York: HarperCollins, 2023.

LOEB, A. *Extraterrestrial: The First Sign of Intelligent Life Beyond Earth*. Boston: Houghton Mifflin Harcourt, 2021. [Edição brasileira: *Extraterrestre: o primeiro sinal de vida inteligente fora da Terra*. Rio de Janeiro: Intrínseca, 2021.]

LOEB, A. et al. "Discovery of Spherules of Likely Extrasolar Composition in the Pacific Ocean Site of the CNEOS 2014-01-08 (IM1) Bolide". Pré-impressão, 9 ago. 2023, arXiv:2308.15623.

LOEB, A. et al. "Recovery and Classification of Spherules from the Pacific Ocean Site of the CNEOS 2014 January 8 (IM1) Bolide". *Research Notes of the AAS*, 8, n. 1, jan. 2024.

REES, M. e LIVIO, M. "Most Aliens May Be Artificial Intelligence, Not Life as We Know It". *Scientific American*, 1º jun. 2023. Disponível em: <https://www.scientificamerican.com/article/most-aliens-may-be-artificial-intelligence-not-life-as-we-know-it/>.

SCOLES, S. *Making Contact: Jill Tarter and the Search for Extraterrestrial Intelligence*. Nova York: Pegasus Books, 2017.

SHEIKH, S. Z. et al. "Analysis of the Breakthrough Listen Signal of Interest blc1 with a Technosignature Verification Framework". *Nature Astronomy*, 5, 2021.

SHOSTAK, S. *Confessions of an Alien Hunter: A Scientist's Search for Extraterrestrial Intelligence*. Washington, D.C.: National Geographic, 2009.

SIEGEL, E. "Harvard Astronomer's 'Alien Spherules' Are Industrial Pollutants". *Big Think*, 14 nov. 2023. Disponível em: <https://bigthink.com/starts-with-a-bang/harvard-astronomer-alien-spherules/>.

TARTER, J. C. et al. "SETI Turns 50: Five Decades of Progress in the Search for Extraterrestrial Intelligence". *Proceedings of the SPIE*, 7819, ago. 2010.

WRIGHT, J. T.; KANODIA, S. e LUBAR, E. "How Much SETI Has Been Done? Finding Needles in the n-Dimensional Cosmic Haystack". *Astronomical Journal*, 156, n. 6, nov. 2018.

13. Epílogo: Uma descoberta iminente?

Bibliografia comentada

Para ter uma ideia do quanto nosso conhecimento sobre o universo progrediu no último século, Arrhenius (1909) proporciona uma leitura fascinante. A ciência que poderia ser alcançada com um novo espectrógrafo UV é descrita na página da web do Habitable Worlds Observatory em um relatório técnico de Tumlinson et al.

Referências

ARRHENIUS, S. *The Life of the Universe: As Conceived by Man from the Earliest Ages to the Present Time*. Londres: Harper & Brothers, 1909.

TUMLINSON, J. et al. "Unique Astrophysics in the Lyman Ultraviolet". Disponível em: <https://www.stsci.edu/~tumlinso/LymanUV-Tumlinson.pdf>.

Índice

Os números de páginas em *itálico* indicam imagens.

#

2-amino-oxazol (2AO), 57-59, *57*, 69-70, 82-83, *83*, 294

2-aminoimidazol (2AI): 2AO e 2AT em comparação com, 83-84, *83* replicação do RNA e, 114

2-metilimidazol, 114

2AI *ver* 2-aminoimidazol

2AO *ver* 2-amino-oxazol

2AT, 69-70, 83-84, *83*

2I/Borisov, 288

A

A (adenina), base nitrogenada, 51-52, *51*, 71, 76

α-amino nitrilas, 86-88

α-anômero, 56-57, 72

AAO, 59-60

abiogênese, 111, 256

Academia Nacional de Ciências dos EUA, 9, 236

acetileno, 200-01

acetona, 90

acidificação, vida na Terra e, 216-17

ácido aspártico, 90-91, *91*

ácido glutâmico, 90-91, *91*

ácido nucleico de arabinose (ANA), 122

ácido nucleico de treose (ATN), 122

ácido sulfúrico, 245-46

ácidos graxos: estabilização de membrana nos, 127-28 ésteres de glicerol dos, 128 membranas de camada dupla nos, 123 membranas de protocélulas e, 100-02 micelas e, 124-25 síntese de, 100

ácidos nucleicos, 23 arabinose, 122 replicação de RNA e, artificiais, 121-23 treose, 122 *ver também* DNA; RNA

ácidos nucleicos artificiais, replicação do RNA e, 121-23

acrilonitrila, 92

adaptação, origem da vida na Terra e, 152-53

adenina (A), base nitrogenada, 51-52, *51*, 71, 76

adenosina trifosfato (ATP), 118, 151

Affholder, Antonin, 195

Akatsuki (sonda), 177

alanina, 88-90, *88*

albedo, 211

aldeídos, 69, 87-90

Aldrin, Buzz, 158

ALH84001 ("rocha 84001"), 167-70, 303-04

Alice através do espelho (Carroll), 7

Allen, Mark, 201

Allen Telescope Array (conjunto de telescópios), 28
Alone in the Universe [Sozinhos no universo] (Gribbin), 269-70
Altman, Sidney, 19, 42-43
aminoácidos, 23 α-amino nitrilas e, 86-88 aldeídos e, 88-90 arginina e, 91-92, *91* experimento de Miller-Urey sobre, 86-87, 140-41 imagem espelhada de, 240-41 nucleotídeos e, 90-91, *91* prolina e, 91-92, *91* síntese de, 85-86 tradução e, 85 *ver também aminoácidos específicos*
amônia, 87-89, 245
ANA (ácido nucleico de arabinose), 122
Anderson, John, 187
Andrews-Hanna, Jeffrey, 163
anidro-araC, 82, *82*
anidronucleosídeo (nucleosídeo anidro-C), 72, 294
apatita, 58
aquecimento das marés, 184-86
arabinose, 59
"Are We Alone in the Universe?" [Estamos sozinhos no universo?] (Churchill), 277-78
arginina, 91-92, *91*
argumento probabilístico da vida na Terra, 34
Aristóteles, 13
Arrhenius, Svante, 292
artefatos tecnológicos, 287-88
asparagina, 90-91, *91*
astrometria, de exoplanetas, 209
astronomia, 9
Atacama Large Millimeter/submillimeter Array (ALMA), rádio-observatório, 133-34, 179
ativação, química de, 107-08

ATP (adenosina trifosfato), 118, 151
Automated Planet Finder (telescópio), 282
azol, 83-84, *83*

B
β-anômero, 56-57, 72
Bains, William, 246-47
base nitrogenadas, 50-58, *51*, 70-76, *75*, 80, *80*, 294
Bean, Jacob, 215
Béghin, Christian, 199
Benneke, Björn, 233
Benner, Steven, 244
Bennett, Alan, 33
Bergner, Jennifer, 288
Berzelius, Jöns Jacob, 15
Beyond the Fringe (Bennett), 33
Bianciardi, Giorgio, 166
Big Ear (radiotelescópio), 279
bioassinaturas de exoplanetas, 27, 206
 Borda Vermelha da Vegetação como, 225-27 cloreto de metila como, 224-25 construção de nicho e, 216 desequilíbrio termoquímico como, 220-21 detecção de, 232-37 dióxido de carbono como, 222-23, 229-30 DMS como, 224-25, 230-31 espectroscopia de ocultação para, 235 espectroscopia de transmissão para, 232-36 falsos positivos e, 224 gasosas, 217-25, 227-30 metano como, 222-24 névoa orgânica como, 223-24 óxido nitroso como, 221-22 ozônio como, 221 quiralidade como, 226-27 superfície, 225-27 variáveis no tempo, 227
bioassinaturas gasosas de exoplanetas, 217-25, 227-30

ÍNDICE

bioassinaturas variáveis no tempo de exoplanetas, 227
biodiversidade, vida na Terra e, 216-17
bissulfito, 68
Black, Roy, 128
Bombardeio Pesado Tardio, 135
borato, 77
Borda Vermelha da Vegetação (VRE), 225-27
Borisov, Gennadiy, 288
Boyajian, Tabetha S., 282
Bradbury, Ray, 156
Bragg, Lawrence, 49
Breakthrough Listen, 28, 280-81
Broquet, Adrien, 163
Brownlee, Donald, 270
Bruno, Giordano, 11-12
Burroughs, Edgar Rice, 156

C

C (citosina), base nitrogenada, 50-58, *51*, 70-76, *75*, 80, *80*, 294
Cable, Morgan, 191
cal hidratada (hidróxido de cálcio), 53
Calisto, 185
"canais" de Marte, 156
carboidratos: arabinose, 59 estabilização, 69-70 ribose, 50, *51*, 53-54, *54*, 57 síntese de formose e, 54-55, *54*
carbono, 50
Carroll, Lewis, 7
Carter, Brandon, 264-67
Cassen, Patrick, 185-86
Cassini, missão, 185, 192-95, 197-99
catalisadores, 14, 22
Catling, David, 63, 148, 231
Cech, Thomas, 19, 40-43
células: como unidades de vida na Terra, 95-99 compartimentalização de, 96-99 metabolismo das, 14, 22, 43-44 protocélulas em comparação com as modernas, 100-01 resistência a parasitas e, 98-99 *ver também* protocélulas
Ceres, 134, 203-04
cetona, 69-70
Charbonneau, David, 232
Chryse Planitia ("Planície Dourada"), Marte, 165
Churchill, Winston, 277-78
cianamida, 52-58, 70, 74, *75*, 80, 149, 293
cianeto, 52, 55-56, 293-94 formação da Terra e, 141 formação e concentração de, 61-65, 74 geração de α-amino nitrila e, 87-88 glicolonitrila de formaldeído e, 82-83, *82* potência do, 61-62 *química fotorredox cianossulfídica* e, 68 *ver também* cianeto de hidrogênio
cianeto de hidrogênio (HCN): adenina e, 51-52 em Encélado, 195 em Titã, 201-02
cianoacetaldeído, 53, 80, *80*
cianoacetileno, 53, 60, 71-72, 79-80, *80*, 84
cianoidrina, 55, 67, 87-88
ciclagem de temperatura, 119
ciclofosfolipídios, 128-29
ciclos úmidos-secos, na origem da vida na Terra, 296
cinturão de Kuiper, 196, 204
Ćirković, Milan, 267
cisteína, 93
citosina (C), bases nitrogenadas, 50-58, *51*, 70-76, *75*, 80, *80*, 294
citrato, 127
Clark, Roger, 201
Clinton, Bill, 167, 169
cloreto de metila, como bioassinatura de exoplanetas, 225
CO_2 *ver* dióxido de carbono

coacervados, 103-04
Cobb, Matthew, 267
Cocconi, Giuseppe, 279
código genético de códons, 46, 85, 132
cofatores, no Mundo de RNA, 44
compostos orgânicos, cristalização de, 60-61, 72-73
congelamento, montagem de RNA e, 108-09
consciência, IA e, 248-50, 285
Consolmagno, Guy J., 304
Copérnico, Nicolau, 11, 272
coronógrafos, 210
Cosmic Dust Analyzer (CDA), 192-93
Cosmos (Sagan), 167
crescimento das protocélulas, 123-29
Crick, Francis, 17-18, 40, 85, 274, 292
cristalização de compostos orgânicos, 60-61, 72-73
crônicas marcianas, As (Bradbury), 156
Curiosity (rover), 157, 162, 172-74
CV-DCI, 71-74, 84, 84

D
Da Terra à Lua (Verne), 183
DART (Double Asteroid Redirection Test), 251
Darwin, Charles, 15-16, 145, 272-73
datação isotópica, sobre a formação da Terra, 133
Davies, Paul, 24, 33-34, 267-70
DAVINCI, missão, 138, 178-81
Dawn, missão, 203
DCI, 71
decano, 244
Deimos, 183
Democracy and Liberty [Democracia e liberdade] (Lecky), 292
desequilíbrio termoquímico como bioassinatura, 220-21

desoxinucleotídeos, 47, 302
Devaraj, Neal, 242
diagramas químicos, leitura, 79-84
dicianoimidazol, 84
di-hidroxiacetona, *83*
Dijkstra, Edsger, W., 248
dinucleotídeos, 116
dióxido de carbono (CO_2): como bioassinatura de exoplaneta, 222-23, 229-30 Europa e, 188-89 experimento de desidratação com, 106 "paradoxo do jovem Sol fraco" e, 137 placas tectônicas e, 162-63 planetas de tampa estagnada e, 164
dióxido de enxofre (SO_2), 68-69, 73-74
discos protoplanetários, 133-34
dissulfeto de dimetila, 224
divisão de protocélulas, 123-29
DMS (sulfeto de dimetila), 224-25, 230-31
DNA: alternativas ao, 240-46 cópia de fita dupla, 118 descoberta da estrutura do, 17-18 desoxinucleotídeos e, 47 estabilidade do RNA comparada com, 301 forma de imagem espelhada do, 240-41 *fosforamidato*, 243 Mundo de RNA e, 19 RNA suplantado por, 47-48 síntese de proteínas e, 44-47 vantagens no armazenamento de informações, 301-02
DNA fosforamidato, 243
Double Asteroid Redirection Test (DART), 272
Dragonfly, missão, 202-03
Drake, Frank, 253, 279
Duve, Christian de, 21

E
efeito catalítico, replicação de RNA e, 115-16

efeito Doppler, 207
Ehman, Jerry, 279
Einstein, Albert, 49
elétrons aquosos, luzes UV e, 66-67
ELT (Extremely Large Telescope), 28
emissão MIR (infravermelho médio), 283-84
Encélado: colunas de vapor e jatos em, 192-95 depósitos de sílica em, 193 extremófilos e, 196 fosfato em, 195 HCN em, 195 idade dos anéis de Saturno e sua formação, 196-97 marés de Saturno governadas por, 194 metano e, 195-96 nomeação de, 191 oceano subsuperficial em, 192-96 sobrevoos de, 192 tamanho de, 191
energia escura, 273
EnVision, missão, 138, 178
envoltório membranoso, das protocélulas, 99-103, 300
enxofre, 50, 68
enzimas, replicação de RNA e, 112
EPOXI, missão, 211, 218
equação de Drake, 253-62, 270-71, 275
Éris, 204
Eschenmoser, Albert, 122
Escher, M. C., 17
"esferas de Dyson", 283, 286
Espectrômetro de Íons e Massa Neutra (INMS), 193
espectroscopia, nas luas de Júpiter, 185
espectroscopia de ocultação, 217
espectroscopia de polarização, 227
espectroscopia de trânsito *ver* espectroscopia de transmissão
espectroscopia de transmissão (espectroscopia de trânsito), 232-36
estabilização da membrana, em ácidos graxos, 128

"estatísticas Fermi-Dirac", 262
ésteres de glicerol de ácidos graxos, 128
estilingue gravitacional, Paradoxo de Fermi e, 263
estrelas anãs brancas, 209
estrelas anãs M, 213-15, 232-33
estrelas anãs marrons, 209
estromatólitos, 143
etano, 198-200, 224
eucariontes, 47
Europa, 154, 185 aquecimento de maré em, 186-87 campo gravitacional de, 187 colunas de vapor em, 188 dados do lago Vostok para, 189-90 dióxido de carbono em, 188-89 impactos de asteroides em, 190 medições magnéticas de, 187-88 missões planejadas a, 190-91 oceano subsuperficial em, 186-89 superfície lisa de, 186
Europa Clipper, 154, 190
evolução da física, A (Einstein e Infeld), 49
exoluas (luas extrassolares), 212
ExoMars, missão, 160, 172
experimento Miller-Urey, 86-87, 140-41
experimentos de desidratação, na montagem do RNA, 105-09
Experimento de Liberação Marcada (LR), 165-66
expressão gênica, RNA e, 47
Extremely Large Telescope (ELT), 28
extremófilos, Encélado e, 196

F
Faraday, Michael, 292
Farley, Kenneth A., 176-77
FAST (Five-hundred-meter Aperture Spherical Telescope), 28, 280

Fauchez, Thomas, 229
fenilalanina, 92
Fenômenos Aéreos Não Identificados (FANIs), 289-90
Fermi, Enrico, 24-25, 262-63 ver também Paradoxo de Fermi
"férmions", 262
ferricianeto, 68
ferrocianeto, 63-66, 68 em lagos de carbonato alcalinos, 148-49, 295-96
filossilicatos, em Marte, 162
fim da vida na Terra, 7-8
Five-hundred-meter Aperture Spherical Telescope (FAST), 28, 280
Fobos, 183
Foley, Bradford, 163-64
Fontenelle, Bernard Le Bovier de, 12
fontes hidrotermais de águas profundas, modelo de, 145-48
fontes termais, protocélulas em, 109
formação da Terra: "Bombardeio Pesado Tardio"e, 135 cianeto e, 141 construção de nicho e, 216 datação isotópica em, 133 impactos de asteroides e, 134-36 luz UV e, 140-41 metano e, 223 observações astronômicas e, 133-34, 138-39 oxigênio e, 216 "paradoxo do jovem Sol fraco" e, 136-38 placas tectônicas e, 139 ver também origem da vida na Terra
formaldeído ($CH2O$), 53-55, 66-67, 82, 83
formamida, 62, 150
formose, síntese de, 54-55, *54*
fosfato, 50-51, *51*, 58-60 em Encélado, 195 protocélulas e o problema do, 110
fosfina, Vênus e, 179-82, 245

fosforilação, 76-77
fósforo, 50
fotometria de trânsito, de exoplanetas, 206-09
Frank, Adam, 259
Freud, Sigmund, 251
"fumarolas negras", 146
futuro de uma ilusão, O (Freud), 251

G
G (guanina), base nitrogenada, 51-52, *51*, 76
Galileo (sonda espacial), 185, 187-88
Galileu Galilei, 12, 26, 29, 186
Gallardo, Patricio, 287
Gandhi, Mahatma, 133
Ganimedes, 203
gelo de acreção, 189
Giant Magellan Telescope (GMT), 28
Gibran, Kahlil, 7
Gilbert, Walter "Wally", 43
GJ 1252b, 235
Gladstone, William, 292
gliceraldeído, 59-60, 67, 69-70, 75, 90 isomerização em di-hidroxiacetona, *83* RAO de 2AO e, 82, *82*
glicina, 87-88
glicolaldeído, 57-58, 67, 70, 81, *83*
glicolonitrila, 82-83, *82*
glint (reflexão especular), 197, 211, 221
glutamina, 90-91, *91*
Goethe, Johann Wolfgang von, 239
Greaves, Jane, 179-80
Green Bank Telescope, 279-80
Gribbin, John, 269-70
Griffith, Roger, 283
Grinspoon, David, 257
grupo imidazol, 107-08
guanina (G), base nitrogenada, 51-52, *51*, 76

guerra dos mundos, A (Wells), 155
Gupta, Sanjeev, 176
Gura, Colby, 190

H

H_2S (sulfeto de hidrogênio), 73-74, 245
Habitable Exoplanet Observatory (HabEx), 303
Habitable Worlds Observatory (HWO), 303
Haldane, J. B. S., 245
Hanson, Robin, 25
Hat Creek Radio Observatory, 28
Hawking, Stephen, 304
HCN *ver* cianeto de hidrogênio
HD 139139, 281-82
HD 209458b, 232
helicases, 118, 151
Herschel, John, 191
Herschel, William, 191
hidrocarbonetos aromáticos policíclicos (HPAs), 168-69
hidrogênio em Titã, 198 no universo, 50
hidróxido de cálcio (cal hidratada), 53
"hipótese de Gaia", 217
Holley, Robert, 18
Hooker, Joseph Dalton, 16
Hoyle, Fred, 274
Hubble (telescópio espacial), 133, 187-88, 228
Hubble, Edwin, 273
Huygens, Christiaan, 12
Huygens (sonda), 198-99

I

IA *ver* inteligência artificial
Iess, Luciano, 196-97, 199
Igreja Católica, 13
imagens diretas de exoplanetas, 209-10
impactos de asteroides: Europa e, 190 formação da Terra e, 134-36 formação de cianeto e, 64 mecanismos de defesa contra, 271-72 Vênus e, 135 vida extraterrestre inteligente e, 270-71
Infeld, Leopold, 49
InSight (sonda espacial), 163
inteligência artificial (IA): à base de silício, 246-47 abordagem da química de cliques para, 242 ácido sulfúrico e, 245-46 amônia e, 245 como vida em forma de imagem espelhada, 240-41 consciência e, 248-50, 285 decano e, 244 desafios de criar, 247 *DNA fosforamidato* e, 243 "singularidade" e, 285 sulfeto de hidrogênio e, 245 tecnoassinaturas e, 285-86 vida artificial IA, consciência e, 248-50 vida extraterrestre inteligente e, 253 vida natural distinta da, 239-40
Io, atividade vulcânica em, 185

J

James Clerk Maxwell Telescope (telescópio), 179
James Webb Space Telescope (JWST, telescópio): atmosferas de exoplanetas e, 229-31 busca de vida extraterrestre inteligente com o TESS e, 27, 261 capacidades do, 133-34 detecção de oxigênio e, 228-29 dióxido de carbono em Europa identificado com o, 188-89 estrelas anãs M e, 215 metano em Éris e Makemake detectado por, 204 observações do sistema TRAPPIST-1, 233-34
Jezero, cratera de Marte, 153, 158-60, 176

Joyce, Gerald, 37, 180
Juno (sonda espacial), 185, 190
Júpiter, 12, atividade vulcânica de Io e, 185 campo magnético de, 186-87 espectroscopia nas luas de, 185 Ganimedes e, 203 *ver também* Europa
Jupiter Icy Moons Explorer (JUICE), 203

K
K2-18b, 230-31, 303
Keller, Sarah, 128
Kempf, Sascha, 197
Kepler (telescópio), 20, 207
Kepler, Johannes, 12, 207
Kepler, missão, 207-08
Khorana, Har Gobind, 18
Khurana, Krishan, 187-88
KIC 8462852, 281-82
Kivelson, Margaret, 187-88
Klug, Aaron, 18
Knapp, Michelle, 136
Konopinski, Emil, 262
Kranendonk, Martin Van, 143
Kreidberg, Laura, 234
Krissansen-Totton, Joshua, 228
Kunieda, Hironobu, 244
Kurzweil, Ray, 285

L
lagos de carbonato alcalinos: origem da vida na Terra e, 148-49, 295-96 protocélulas em, 109-10
"lagos de sal e soda", 109-11
Large Ultraviolet Optical Infrared Surveyor (LUVOIR), 236, 303
laser colimado óptico, feixes de, para tecnoassinaturas, 281
Last Universal Common Ancestor *ver* Último Ancestral Comum Universal

Lasswitz, Kurd, 155
Lecky, W. E. H., 292
Lederberg, Joshua, 218
"lei da eponímia de Stigler", 263
Levin, Gilbert, 166
Lewes, George Henry, 95
Lewis, Nikole, 233
LHS 3844b, 235
libração em longitude, 194
Life of the Universe, The [A vida do universo] (Arrhenius), 292
Lim, Olivia, 234
lipídios, 23, 129-32
litosfera, 139
Loeb, Avi, 286-88
Lorenz, Ralph, 201
Lovelock, James, 217-18
Lowell, Percival, 156-57
LP 890-9c (SPECULOOS-2c), 233
LR (*Experimento de Liberação Marcada*), 165-66
Lua, 134-35, 158, 183, 218
luminosidade no ultravioleta próximo (NUV), 284
Lunine, Jonathan, 201
luz cinérea, 218, 227
luz ultravioleta (UV): como fonte de energia, 65-66 conversão de C para U na, 74, 75 criação do RNA e, 37-38 elétrons aquosos e, 66-67 ferricianeto e, 68 formação da Terra e, 140-41 modelo de pequeno lago morno, 145, 148-52 origem da vida na Terra e, 266-67 *química fotorredox cianossulfídica* e, 68
luz ultravioleta próxima, 284
luz UV *ver* luz ultravioleta

M
Madhusudhan, Nikku, 230
magnésio, 127-28
magnetita, 295-96

Mahaffy, Paul, 174
Makemake, 204
Mallory, George, 158
Mariner 4, 157
Mars Express (sonda espacial), 172
Marte: água líquida em, 159-60 atmosfera em, 159-62 "canais" de, 156 Chryse Planitia, 165 cratera Jezero, 153, 158-60, 176 depósitos de sílica em, 175 exploração espacial e, 157 ficção sobre, 155-56 *filossilicatos* em, 162 futura exploração geoquímica de, 23 gravidade em, 161 metano e, 171-75, 223 "paradoxo do jovem Sol fraco" e, 137-38 preservação da superfície, 139 retornos de amostras de, 176 rover *Perseverance* em, 137-39, 153, 158, 176-77 sistema de cânions Valles Marineris, 160 tamanho de, 161 tectônica de placas e, 162 Utopia Planitia, 165 *ver também* vida em Marte
Martin, William, 146
matéria escura, 273
Matrix, 274
Mayor, Michel, 19
McKay, Chris, 200-01
McKay, David, 168-69
membranas celulares, 17, 202
metabolismo celular, 14, 22, 43-44
metano: como bioassinatura de exoplaneta, 222-24 em Éris e Makemake, 204 em Titã, 198 Encélado e, 195-96 formação da Terra e, 223 Marte e a busca por, 171-75, 223
metanogênicos, 175
Método Científico, 26
micelas, 124-25
microfósseis, controvérsias sobre, 143-44

microlente gravitacional, de exoplanetas, 209, 255
Miller, Stanley, 53, 86
Milner, Yuri, 280
Mimas, 203
modelo de genoma circular virtual (GCV), 120-21
montagem do genoma, protocélulas e, 105-11
Moores, John, 173-74
Morning Star, missões, 181
Morrison, Philip, 279, 305
mRNA (RNA mensageiro), 45-46
mudanças climáticas, 25, 216-17
mulher sem importância, Uma (Wilde), 15
multiverso, 273
Mundo de RNA: adaptação e, 152-53 células modernas e, 47 cofatores no, 44 complexidade decorrente do, 299-300 conceito de, 19, 36-37 criação de RNA no, 37-39 descobertas que levaram a, 39-44 síntese de proteínas e, 44-47
Musk, Elon, 158

N
Nasa *ver instrumentos e missões específicos*
Neish, Catherine, 201
Netuno, 203
névoa orgânica, 223-24
New Horizons (sonda espacial), 185
New York Times, 303-04
nichos, construção de, 216
Nirenberg, Marshall, 18
nitrilas, α-amino, 86-88
nitrogênio, em Titã, 198
nucleosídeos, 55-60, 71, 74, 75, 76, 294
nucleosídeos trifosfatos (NTPs), 112

nucleotídeos: 2AO e, 57-59, *57*, 69-70, 82-83, *83*, 294 aminoácidos e, 90-91, *91* ativadas por imidazol, 107-08 cíclicos, 106-07 como componentes básicos do RNA, 38, 44-46, 112-13 condensação dos, 106-08 estrutura química dos, 50-53, *51*, 55 fosforilação e, 76-77 montagem do RNA e, 105-11 origem da vida na Terra e, 148-49, 293-94 pareamento de bases Watson-Crick-Franklin e, 112-13 RAO e, 56-60, 70-74, *75*, 81, *81-82* reações de isomerização e, 69 replicação do RNA e, 111-13 síntese de formose e, 53-54, *54*
nucleotídeos cíclicos, 106-07

O
O que é a vida? (Schrödinger), 309
Observatório Espacial Herschel, 193
Observatório Keck, 188
ocultação, 207
olivina, 171
Oparin, Alexander, 103
Orgel, Leslie, 72 Mundo de RNA e, 18, 37, 40, 43, 53 panspermia e, 274 química de ativação e, 107-08 reações de cianamida e, 55-56 sobre a replicação não enzimática do RNA, 112-15
origem da vida na Terra: adaptação e, 152-53 ambiente para, 144-53 argumento probabilístico sobre, 33-34 ciclos úmidos-secos na, 148-50 componentes básicos da, 23 componentes para a, 147 conceitos históricos de, 11 conceitualização, 49-50 conexão da vida extraterrestre com, 9-11, 39 controvérsias sobre microfósseis e, 143-44 Darwin sobre, 15-16 debates sobre, 22-23 desafios para encontrar evidências da, 142 estromatólitos e, 143 experimentos de laboratório para, 26-27, 60-62, 77-78 formamida e, 150 hipótese da protocélula, 34-36 lagos de carbonato alcalinos e, 148-49, 295-96 LUCA e, 129, 144-45 luz UV e, 266-67 mistérios da, 8-9, 23-26, 291-92 modelo de fontes hidrotermais de águas profundas para, 145-48 modelo do pequeno lago morno para, 145, 148-52 mudança de pensamento sobre, 268-69 nucleotídeos na, 148-49, 293-94 proteínas e, 85 química, 17-20, 30-31, 33-37 religião e, 29 "relógio molecular" e, 144-45 replicação de RNA e, 150-51 velocidade da, 256 Wilde sobre, 15 *ver também* formação da Terra; vida; vida na Terra
origem química da vida na Terra, 17-20, 30-31, 33-37 *ver também* Mundo de RNA
Oró, Joan, 51-52
Oumuamua, 288
oxazol, 83-84, *83*
óxido nitroso, como bioassinatura, 221-22
oxigênio, 50 exoplanetas e, 212, 219-20, 227-29 formação da Terra e, 216
ozônio como bioassinatura, 221

P
pandemia de covid-25, 119-20
panspermia, 205, 274
Paradoxo de Fermi, 262 conceito do, 24-25, 263-64 estilingue gravitacional e,

ÍNDICE

263 grande filtro no, 25 origem do, 262-63 panspermia e, 274 soluções potenciais para o 263-64, 271-76
"paradoxo do jovem Sol fraco", 136-38
parasitas, resistência a, 98-99
Parerga e Paralipomena (Schopenhauer), 291
Parkes(telescópio), 280
partículas minerais, colonização pelo RNA de, 104
Pauling, Linus, 92
PCR (reação em cadeia da polimerase), 119-20
Peale, Stanton, 185-86
peptídeos, 86, 88, 91-92, *91*
pequeno lago morno, modelo do, 145, 148-52
pequeno príncipe, O (Saint-Exupéry), 30
Perdido em Marte (filme), 158
permeabilidade da membrana, protocélulas e redução da, 131, 299-300
Perseverance (rover), 137-39, 153, 158, 176-77
Pesquisa Decadal, Academia Nacional de Ciências dos EUA, 236-37
Petkowski, Janusz, 246
Phoenix (módulo de aterrisagem), 157
Physiology of Common Life, The (Lewes), 95
pirimidinas, base nitrogenadas, *51*, 73-76, *75*, 293-94
Planck, Max, 140, 234
planetas "super-habitáveis", 211
planetas de "tampa estagnada", 163-64
planetas extrassolares (exoplanetas), 9 astrometria de, 209 bioassinaturas de, 27, 206, 216, 218-24, 232-37 bioassinaturas de superfície, 225-27 bioassinaturas gasosas e, 217-25, 228-30 bioassinaturas variáveis no tempo de, 227 brilho de, 211 cloreto de metila como bioassinatura de, 225 construção de nicho e, 216 *cronometragem de pulsares*, 210 densidade média de, 208-09 desequilíbrio termoquímico e, 220-21 detecção, 20-21, 206-10, 232-37 dióxido de carbono como bioassnatura de, 222-23, 229-30 distância de, 206 DMS como bioassinatura de, 224-25, 230-31 efeito de microlente gravitacional de, 209 equação de Drake e, 255 espectroscopia de ocultação para bioassinaturas de, 235 espectroscopia de transmissão para bioassinaturas de, 232-36 estrelas anãs M e, 213-15 falsa detecção de, 209, 220 fotometria de trânsito de, 206-09 imagem direta de, 209-10 impacto da vida extraterrestre sobre, 205-06 JWST na atmosferas de, 229-31 limite inferior para a massa da estrela, 213-14 massa de, 208 metano como bioassinatura de, 222-23 névoa orgânica como bioassinatura de, 223-24 óxido nitroso como bioassinatura de, 221-22 oxigênio e, 212, 219-20, 227-29 ozônio como bioassinatura de, 221 Pesquisa Decadal sobre, 236-37 planetas hiceanos e, 230-31 quiralidade como bioassinatura de, 226-27 "super-habitável", 211 tempo de vida da estrela hospedeira previsto para, 212-13 velocidade radial, 206-07 VRE como bioassinatura de, 225-27 zona habitável e, 210-15
planetas hiceanos, 230-31

planetas semelhantes à Terra, em zona habitável, 20-21
pluralismo cósmico, 12
Plutão, 203
polarização circular, 227
polarização linear, 227
polímeros, coacervados e, 103-04
Postberg, Frank, 194
"Prêmio Pierre Guzman", 157
princesa de Marte, Uma (Burroughs), 155-56
Princípio Antrópico, 264
Princípio de Copérnico, 272-73
princípio de "seguir a água", para vida extraterrestre, 183-84, 199-200
Priscu, John, 189
probabilidade "biotecnológica", vida extraterrestre inteligente e, 260
Projeto Galileo, 28, 286
prolina, 91-92, *91*
proteínas: origem da vida na Terra e, 85 síntese de, 44-47, 300-01 tradução e, 45, 85 transcrição e, 44-45
protocélulas: ambiente geoquímico no crescimento e na divisão de, 125 células modernas em comparação com, 100-01 coacervados e, 103-04 colonização pelo RNA de partículas minerais e, 104 crescimento competitivo de, 126 crescimento e divisão de, 123-29, 297 envoltório membranoso, 99-103, 300 estabilização de membrana e, 127-28 fontes termais e, 109 hipótese de, 34-36 lagos de carbonato alcalinos e, 109-10 LUCA e, 129 micelas e, 124-25 modelo atual de, 129 montagem do RNA e, 105-11 permeabilidade reduzida da membrana em, 131, 299-300 problema do fosfato e, 110 replicação do RNA e, 111-23, 297-98 síntese mediada por ribozima de lipídios de duas cadeias e, 130-32 *ver também* células
Proxima Centauri, 232-33, 281
Prywes, Noam, 115
pulsar, cronometragem de, exoplanetas e, 210
purinas, base nitrogenadas, *51*, 52-53, 76, 294

Q
Qβ, vírus, 98
Queloz, Didier, 19
química de cliques, 242
química de sistemas, 58, 60
química fotorredox cianossulfídica, 68
química prebiótica, 23
quiralidade: como bioassinatura de exoplanetas, 226-27 da vida na Terra, 240-41

R
radiação eletromagnética: eletromagnetismo, 187 tecnoassinaturas e, 278-81
rádio, sinais de, tecnoassinaturas e, 278-81
radiofrequência, interferência de (RFI), 280
Rahm, Martin, 202
Random Transiter, 281-82
Rare Earth [Terra rara] (Ward e Brownlee), 270
reação de hidrólise, 62, 77, 105-06
reação em cadeia da polimerase (PCR), 119-20
reações de isomerização, 69

reatividade intramolecular, 60
Rees, Martin, 289
reflexão especular (*glint*), 197, 211, 221
religião: origem da vida na Terra e, 29 vida extraterrestre e, 12-13 vitalismo e, 13
"relógio molecular", 144-45
replicação, 22 *ver também* RNA, replicação do
Reves, Emery, 277
Reves, Wendy, 277
Reynolds, Ray, 185-86
riboC, 72, *72*, 75, 82, *82*
ribonuclease P (RNase P), 42
ribonucleotídeos, 36, 47, 121, 123, 302
ribose, carboidrato, 50, *51*, 53-54, *54*, 57
ribose amino-oxazolina (RAO), 56-60, 70-74, *75*, 81, *81-82*
riboswitches, 47
ribozimas, 42-43, 130-32
Rich, Alexander, 18
Riley, Timothy, 277
RNA: alternativas ao, 240-46 aminoacilado, 301 base celular da vida e, 96-98 base nitrogenadas no, 50-58, *51*, 70-76, *75*, 80, *80*, 294 colonização de partículas minerais, 104 congelamento e montagem de, 108-09 criação do, 37-38 estabilidade do DNA em comparação com, 301 estrutura do, 18-19 experimentos de desidratação gradual e controlada para montagem de, 105-09 expressão gênica e, 47 forma de imagem espelhada de, 240-41 fosforilação e, 76-77 grupo imidazol e montagem de, 107-08 hidrólise de, 77, 105-06 mensageiro, 45-46 nucleotídeos cíclicos e, 106-07 nucleotídeos como componentes básicos do, 38, 44-46, 112-13 protocélulas e montagem de, 105-11 replicase, 40, 43, 97-98 ribonucleotídeos e, 36, 47 ribossômico, 45-46 *riboswitches* e, 47 ribozimas e, 42-43 síntese de formose em, 54-55, *54* síntese de proteínas e, 44-47*splicing*, 40-42 suplantação pelo DNA, 47-48 transportador, 18, 46 viral, 98
RNA, mundo de *ver* Mundo de RNA

RNA, replicação do: 2-metilimidazol e, 114 2AI e, 114 autorreplicação, 40, 43, 97-98 ciclagem térmica e, 119 efeito catalítico e, 115-16 enzimas e, 112 helicases e, 151 modelo GCV e, 120-21 nucleotídeos na, 112-13 origem da vida na Terra e, 150-51 PCR e, 119-20 processos típicos da, 118 protocélulas e, 111-23, 297-98 substratos ligados, 116-17
RNA aminoacilado, 301
RNA mensageiro (mRNA), 45-46
RNAs transportadores (tRNAs), 18, 46
RNAs ribossômicos (rRNAs), 45-46
"Rocha 84001" (ALH84001), 167-70, 303-04
Rogers, Scott, 189-90
Ruff, Steven, 175
Russell, Michael, 146

S
Sagan, Carl, 21, 167, 169-70, 246, 257, 288
Saint-Exupéry, Antoine de, 30
Sample Analysis at Mars (SAM), 172-74
Sandström, Hilda, 202

Sasselov, Dimitar, 232
Satélite Wide-field Infrared Survey Explorer (WISE), 283
Saturno: anel E de, 192-93 Encélado travado por maré, 194 idade dos anéis de, 196-97 Mimas e, 203 *ver também* Encélado; Titã
Scheiner, Julius, 246
Schiaparelli, Giovanni, 156
Schopenhauer, Arthur, 291
Schrödinger, Erwin, 13
Schulze-Makuch, Dirk, 166
Science, 169
Scientific American, 166
Seager, Sara, 181, 215, 232, 247, 260-61
Search for Extraterrestrial Intelligence (SETI), 28, 252-53, 278-82, 284
Secchi, Angelo, 156
segunda gênese, 10, 200, 205, 256
seleção natural, 15
Seligman, Darryl, 288
Selsis, Franck, 235
serina, 88, *88*, 93
serpentinização, 171, 195
Shapley, Harlow, 273
Shklovsky, Iosif, 257
Short History of Science, A (Bragg), 49
sílica, depósitos de: em Encélado, 193 em Marte, 175
sílica opalina, 175
silício, vida artificial baseada em, 246-47
sinais detectáveis, vida extraterrestre inteligente e, 256-57
"singularidade", IA e, 285
"síntese de deslocamento de fita", 120
síntese de α-citidina, 81, *81*
síntese de Strecker, 87-90
TRAPPIST-1, sistema, 20809, 229, 232-35

sistemas estelares binários eclipsantes, 209
sistema *informacional*, 14
Smye, Andrew, 164
SO_2 (dióxido de enxofre), 68-69, 73-74
Soul Force (Gandhi), 133
SPECULOOS-2c (LP 890-9c), 233
Spiegelman, Sol, 98
Spirit (rover), 175
Sputnik Planitia, Plutão, 203
starshade (bloqueador solar gigante), 210
Steele, Andrew, 170
Steitz, Thomas, 46
Straat, Patricia Ann, 166
Stratospheric Observatory for Infrared Astronomy (SOFIA), 180
Strecker, Adolph, 87
Strobel, Darrell, 201
subducção, 139, 142
substratos ligados, na replicação do RNA, 116-17
sulfeto de dimetila (DMS), 224-25, 230-31
sulfeto de hidrogênio (H_2S), 73-74, 245
sulfito, 68
Sullivan, Woodruff, 259
superfície, bioassinaturas de, de exoplanetas, 225-27
Sutherland, John, 8, 23, 36, 57-60
Szostak, Jack, 23, 38, 73, 114-15, 120, 243

T
Taoudenni 002, 168
Tartu Observatory pH Sensor (TOPS), 181
tecnoassinaturas, 17 Breakthrough Listen para, 280-81 consequên-

cias da detecção de, 276, 303-04 feixes de laser óptico colimado para, 281 HD 139139 e, 281-82 IA e, 286 KIC 8462852 e, 281-82 luminosidade MIR e luz ultravioleta próxima para, 283-84 Oumuamua e, 288 sinais de rádio, radiação eletromagnética e, 278-81 tempo estimado necessário para localização de, 282-83
tecnologias de comunicação interestelar, 258
tectônica de placas, 139, 162-64
Telescópio Espacial Hubble *ver* Hubble (telescópio espacial)
Teller, Edward, 262
tempo de vida das civilizações tecnológicas, vida extraterrestre inteligente e, 259-60, 271-72
teoria da evolução, 15
Tetrahymena thermophila, 41
Thirty Meter Telescope (TMT), 28
tiazol, 84, *84*
Ting Zhu, 241
tirosina, 92
Titã: atmosfera e temperatura de, 197-99 campo gravitacional de, 199 HCN em, 201-02 hidrogênio, metano, nitrogênio em, 198 mares e lagos em, 197-98 oceano subsuperficial salgado em, 198-99 possibilidades de vida extraterrestre em, 199-201, 244 princípio "seguir a água" e, 199-200 teoria da membrana celular para, 202
Tito Lucrécio Caro, 11
TOI-700, sistema, 229
Toner, Jonathan, 63, 148
Trace Gas Orbiter (TGO), 160, 172-74
tradução, 45, 85

transcrição, 44-45
Transiting Exoplanet Survey Satellite (TESS), 20, 27-28, 261
treonina, 89-90
Trifonov, Edward, 13
triptofano, 92
Tritão, 203
Tsiolkovsky, Konstantin, 263
Turbet, Martin, 138
Two Planets [Dois planetas] (Lasswitz), 155

U

Último Ancestral Comum Universal (LUCA), 129, 144-45
uracila (U), base nitrogenada, 51-52, *51*, 74, *75*, 294
ureia, 52-53, 80
Urey, Harold, 86
Utopia Planitia ("Planície da Terra de Lugar Nenhum"), Marte, 165

V

valina, 89-90
Valles Marineris, sistema de cânions, Marte, 160
Van Gogh, Vincent, 205
velocidade radial, de exoplanetas, 206-07
Venera, missões, 177
Vênus: ácido sulfúrico e, 245-46 atividade vulcânica em, 178 atmosfera de, 177-82 expectativas históricas de, 177-78 fosfina e, 179-82, 245 história da água líquida de, 178 impactos de asteroides, 135 missões a, 177-79 missões da Nasa para, 138 missões *Morning Star* e, 181-82 "paradoxo do jovem Sol fraco" e, 138 *ver também aminoácidos específicos*

Venus Life Finder (VLF), 181
VERITAS, missão, 138, 178-79
Verne, Júlio, 183
Very Large Telescope (VLT), 133
vida: características da, 14, 22 conceitos históricos de, 11-15 definições de, 13-14 imagem espelhada, 240-41 pluralismo cósmico e, 12 vida artificial diferenciada da natural, 239-40 vitalismo e, 13 *ver também* origem da vida na Terra; vida extraterrestre; vida extraterrestre inteligente; vida em Marte; vida na Terra
vida de imagem espelhada, 240-41
vida em Marte: adaptação e, 153 ALH84001 e, 167-70, 303-04 busca por, 153-56 "canais" e, 156 céticos em relação a, 157 experimentos LR e, 165-66 exploração espacial e busca por, 157 ficção sobre, 155-56 ingredientes para, 159-60 metano e, 171-75, 223 pesquisas controversas sobre a possibilidade de, 164-70 possível surgimento de, 160-61 vida na Terra comparada à possibilidade de, 160-64 *ver também* Marte
vida extraterrestre: aquecimento de marés e, 184-86 busca por, 8-10 conexão da origem da vida na Terra com, 9-11, 39 debate histórico sobre, 11-13 esforços atuais na busca por, 27-30, 302-04 Ganimedes e, 203 impacto de exoplanetas e, 205-06 otimismo em relação a, 21, 28-29 Paradoxo de Fermi e, 24-25 pesquisa sobre, 9 pluralismo cósmico e, 12 possibilidades de Titã para, 199-201, 244 "Prêmio Pierre Guzman" e, 157 princípio "siga a água" para, 183-84, 199-200 probabilidade de, 8-9, 23-26 religião e, 12-13 sistema solar e, 155, 182 Tritão e, 203 ZOI e, 10 zona habitável e, 20-21, 183-86 *ver também planetas e luas específicos*
vida extraterrestre inteligente: abiogênese e, 256 IA e, 253 impactos de asteroides e, 270-71 probabilidade "biotecnológica" e, 260 desafios de estimar, 251 Princípio de Copérnico e, 272-73 sinais detectáveis e, 256-57 equação de Drake para estimar, 253-62, 270-71, 275 como algo extremamente raro, 270 tecnologias de comunicação interestelar e, 257-58 tempo de vida das civilizações tecnológicas e, 259-60, 271-72 panspermia e, 274 potenciais motivações de, 251-52 requisitos para detecção, 252-53 SETI e, 28, 252-53, 278-82, 284 ceticismo em relação a, 264-68 TESS/JWST e busca por, 27, 261 *ver também* tecnoassinaturas
vida inteligente *ver* vida extraterrestre inteligente
vida na Terra: abundância histórica de, 21 acidificação e, 217 argumento probabilístico de, 34 bioassinaturas gasosas e, 218-19 biodiversidade e, 216-17 células como unidades de, 95-98 elementos e propriedades da, 14, 22, 50, 239-40 estromatólitos e, 143 possibilidade de vida em Marte em comparação com, 160-64 princípio "seguir a água" e, 183-84 probabilidade de, 24, 26 quiralidade da, 240-41 *ver também* origem da vida na Terra
Viking (sondas espaciais), 165-67

Villanueva, Geronimo, 194
viroides, 119
vitalismo, 13
Viúdez-Moreiras, Daniel, 174
Vostok, lago, 189-90
Voyager 1 (sonda), 185
Voyager 2 (sonda), 185-86, 191-92
VRE (Vegetation Red Edge) *ver* Borda Vermelha da Vegetação

W
Wallace, Alfred Russel, 157
Walton, Travis, 115
Ward, Peter, 270
WASP-39b, exoplaneta, 229-30
Watson, James, 292
Watson-Crick-Franklin, pareamento de bases, 112
Webster, Chris, 173
Weller, Matthew, 179
Wells, H. G., 155
Whillans, lago, 189
Wilde, Oscar, 15
Wisdom, Jack, 197
Woese, Carl, 40
Wogan, Nicholas, 230
Wöhler, Friedrich, 15, 52
"Wow!", sinal, 279-80
Wright, Jason, 290

Y
York, Herbert, 262

Z
zero-um-infinito (ZOI), princípio, 10
Zhurong (rover), 160
Zieba, Sebastian, 234
zirconita, 136-37, 144
ZOI (princípio zero-um-infinito), 10
zona habitável: aquecimento de maré e, 184-86 α-amino nitrilas e, 86-88 critério para, 210 equação de Drake e, 255 estimativa da vida da estrela hospedeira e, 212-13 estrelas anãs M e, 213-15 exoplanetas em, 210-15 limite inferior para a massa da estrela e, 213-14 planetas semelhantes à Terra em, 20-21 princípio "seguir a água" e, 183-84

Este livro foi composto na tipografia Minion Pro,
em corpo 11,5/16, e impresso em papel off-white
no Sistema Cameron da Divisão Gráfica
da Distribuidora Record.